二维蒙脱石
制备与功能化应用

赵云良　宋少先　著

科学出版社

北京

内 容 简 介

本书系统介绍从蒙脱石到二维纳米片再到二维蒙脱石功能化应用的全过程。全书阐述蒙脱石水化膨胀过程及机理，介绍循环冷冻-解冻二维蒙脱石制备、二维蒙脱石表面水化膜厚度测量等新方法；梳理二维蒙脱石的形貌特征、表面电动性质、稳定性及流变性能；阐述蒙脱石纳米片功能化设计及组装调控体系，介绍系列基于二维蒙脱石的凝胶吸附剂、相变储能材料、阻燃材料、环境催化材料和抑菌材料等先进功能材料。本书相关研究成果可用于实现廉价的蒙脱石向能源、环境先进功能材料的高值化转变，有助于读者认识蒙脱石新的价值属性，推动我国丰富的蒙脱石资源的高值化利用和行业的转型升级。

本书可作为高等院校矿物加工工程、矿物学、材料科学、环境科学等专业研究工作者、教师和学生的科研用书，也可作为矿物加工工程、非金属矿物材料课程的课外教材或黏土矿物材料及非金属矿相关行业技术人员的培训教材。

图书在版编目（CIP）数据

二维蒙脱石制备与功能化应用/赵云良，宋少先著. —北京：科学出版社，2022.2

ISBN 978-7-03-070916-5

Ⅰ.① 二⋯ Ⅱ.① 赵⋯ ②宋⋯ Ⅲ.① 蒙脱石-制备-研究 Ⅳ.① P578.967

中国版本图书馆 CIP 数据核字（2021）第 261932 号

责任编辑：刘 畅/责任校对：高 嵘
责任印制：彭 超/封面设计：苏 波

科 学 出 版 社 出版
北京东黄城根北街 16 号
邮政编码：100717
http://www.sciencep.com
武汉中远印务有限公司印刷
科学出版社发行 各地新华书店经销
*
开本：787×1092 1/16
2022 年 2 月第 一 版 印张：12 彩插：8
2022 年 2 月第一次印刷 字数：285 000
定价：118.00 元
（如有印装质量问题，我社负责调换）

前　言

　　蒙脱石是一种典型的层状黏土矿物,储量丰富、价格低廉。蒙脱石片层由两层硅氧四面体层夹一层铝氧八面体层组成,主要通过微弱的静电力和范德瓦耳斯力连接;由于类质同象取代,片层表面永久荷负电,为了平衡层间负电荷,单元层之间吸附一定数量的可交换阳离子,如 Na^+ 和 Ca^{2+}。当蒙脱石进入水中时,层间阳离子的渗透作用使水分子进入蒙脱石层间,将蒙脱石片层撑开,进一步减弱蒙脱石片层之间的引力作用,从而使蒙脱石片层分散为多个薄的片层。在矿物和煤浮选体系中,这种现象非常普遍,严重影响有用矿物或煤的有效分选和富集。然而,通过这种现象反向思维,可以通过超声波或机械剪切力的作用,将水化膨胀撑开的蒙脱石剥离成单元层或者几个单元层结构的二维纳米片,从而规模化和低成本地制备铝硅酸盐二维纳米片。

　　二维纳米材料是目前科学技术研究的前沿和热点,低维结构使二维材料具有特殊的微观物理效应,在环境和能源等领域具有广阔的应用前景。剥离天然层状矿物成纳米级厚度甚至单分子层的纳米片是一条制备二维纳米片的有效途径,如剥离石墨制备石墨烯。从经济和环境保护的角度来看,基于蒙脱石的水化膨胀特性实现蒙脱石的深度剥离从而制备铝硅酸盐二维纳米片,具有重要的经济价值和社会效益;以矿物自身特殊结构性能为源头的学术思想,对推动矿物材料的技术进步,具有重要的现实和借鉴意义。

　　自 2015 年起,本书作者所在的武汉理工大学研究团队对蒙脱石剥离制备二维纳米片及功能化应用进行了深入和系统的理论和应用研究,取得了一批理论和应用研究成果。迄今为止,已经发表国际高水平论文 75 篇,其中 1 篇为热点论文、6 篇为高被引论文;以 Montmorillonite(蒙脱石)为关键词检索过去 6 年发表的英文国际学术论文,作者团队的论文数量排在世界第一位。作者从宏观和微观分子尺度系统研究蒙脱石水化膨胀过程及机理,阐述蒙脱石层间域环境对水化剥离的作用规律,提出循环冷冻-解冻等二维蒙脱石制备新方法,实现大尺寸蒙脱石纳米片的可控制备;构建蒙脱石纳米片功能化设计及组装调控体系,成功开发基于二维蒙脱石的凝胶吸附剂、相变储能材料、阻燃材料、环境催化材料和抑菌材料等先进功能材料,为廉价蒙脱石的高值化、功能化应用奠定理论和技术基础。

　　上述研究成果是作者及其所指导的博士研究生李宏亮、陈天星、易浩、王伟,以及硕士研究生刘佳、康石长、陈鹏、张弦、陈立才、温通、白皓宇等共同努力下取得的。

本书是在以上博士和硕士研究生的学位论文的基础上整理成书的，在此对他们的贡献表示感谢。在成书的过程中，易浩、王伟、陈立才、温通、白皓宇参与了本书资料收集和整理工作，谨此致谢。

感谢国家自然科学基金项目"浮选矿浆的泥化现象与黏土矿物层间水化膜和电荷的关系的基础研究"（51474167）、"基于硅氧烷分子结构和表面改性的胶体黏土矿物疏水团聚的基础研究"（51674183）、"基于聚团空间构型的黏土矿物浮选行为调控的基础研究"（51874220）和"基于蒙脱石纳米片剥离调控的自组装凝胶吸附剂可控制备的基础研究"（51904215）的经费资助。

由于作者目前的认识程度有限，书中不足之处在所难免，恳请各位读者批评指正。

作　者

2021 年 8 月

目 录

二维蒙脱石制备与功能化应用

6.2.4　MMTNS/SA/AgNP 微胶囊复合相变材料合成与热物性能 ………… 145

6.3　三维网状蒙脱石纳米片/硬脂酸定形复合相变材料 ………………… 151

6.3.1　3D-MMTNS/SA 定形复合相变材料设计与合成 ……………… 151

6.3.2　3D-MMTNS/SA 定形复合相变材料表征与合成机理 ………… 151

6.3.3　3D-MMTNS/SA 定形复合相变材料热物性能 ………………… 153

6.3.4　3D-MMTNS/SA/AgNW 定形复合相变材料合成与热物性能 … 156

参考文献 …………………………………………………………………… 160

第 7 章　蒙脱石纳米片/壳聚糖薄膜阻燃材料 ………………………………… 162

7.1　层层自组装制备蒙脱石纳米片/壳聚糖薄膜 …………………………… 162

7.2　蒙脱石纳米片/壳聚糖薄膜阻燃性能 …………………………………… 164

7.2.1　热稳定性 ………………………………………………………… 164

7.2.2　阻燃特性 ………………………………………………………… 165

7.3　蒙脱石纳米片/壳聚糖薄膜阻燃机理 …………………………………… 165

参考文献 …………………………………………………………………… 168

第 8 章　MoS$_2$@蒙脱石纳米片/聚丙烯酸/聚丙烯酰胺-铜水凝胶抑菌材料 ……… 169

8.1　MoS$_2$@蒙脱石纳米片/聚（丙烯酸-co-丙烯酰胺）水凝胶构建 ……… 169

8.1.1　水凝胶构建机理 ………………………………………………… 169

8.1.2　水凝胶制备 ……………………………………………………… 170

8.2　MoS$_2$@蒙脱石纳米片/聚（丙烯酸-co-丙烯酰胺）水凝胶表征 ……… 171

8.2.1　XRD 分析 ………………………………………………………… 171

8.2.2　FTIR 分析 ………………………………………………………… 172

8.2.3　形貌分析 ………………………………………………………… 173

8.3　Cu(II)吸附性能 ………………………………………………………… 174

8.3.1　溶液初始 pH 的影响 …………………………………………… 174

8.3.2　吸附动力学 ……………………………………………………… 175

8.3.3　吸附等温线 ……………………………………………………… 176

8.3.4　吸附机理 ………………………………………………………… 177

8.4　MoS$_2$@蒙脱石纳米片/聚（丙烯酸-co-丙烯酰胺）水凝胶抑菌性能 … 180

8.4.1　MoS$_2$ 含量对抑菌性能的影响 ………………………………… 180

8.4.2　水凝胶用量对抑菌性能的影响 ………………………………… 181

8.4.3　抑菌机理 ………………………………………………………… 182

参考文献 …………………………………………………………………… 183

附图 …………………………………………………………………………… 185

· vi ·

绪 论

蒙脱石（montmorillonite，MMT）是一种铝硅酸盐构成的层状黏土矿物，属于蒙皂石（smectite）族矿物，因其最初发现于法国蒙特莫里隆（法文名为 Montmorillon，又称蒙脱石城）而得名。膨润土和蒙脱石的概念相近，易于混淆，因此在分辨蒙脱石和膨润土时经常产生分歧。膨润土与蒙脱石的关系可以理解为包含与被包含的关系：膨润土的主要矿物成分是蒙脱石，但通常含有少量石英、长石、方解石等矿物，而蒙脱石则是一种纯度较高的膨润土，其定义更接近矿物学中的单体概念。

蒙脱石的成因比较复杂，包括火山沉积、风化残积和热液蚀变等。全球膨润土的总储量约为 70 亿 t，储量丰富，主要分布在环太平洋、印度洋带及地中海、黑海地区附近，最著名的膨润土产地在美国的南达科他州和怀俄明州，格鲁吉亚等区域。我国膨润土资源分布可分为 5 个矿带，分别为黑龙江—吉林—辽宁—河北—山西—陕西—四川矿带、河南—安徽—湖北—湖南矿带、浙江—江苏—福建—广东—广西矿带、新疆—甘肃矿带、西藏—云南—贵州矿带。我国膨润土总储量达 24.6 亿 t，位居世界第一，尽管如此，优质的钠基膨润土资源却十分有限。

蒙脱石不仅廉价易得，而且由于其具有水化膨胀、黏结性、分散悬浮性、吸附、阳离子交换等多种特性，在钻井泥浆、铸造型砂、环境治理、医药化妆品制造、畜牧生产、功能材料制备等领域已被广泛应用，成为生产生活中不可或缺的黏土矿物之一。并且随着黏土剥层等关键技术的不断突破，蒙脱石纳米片及其复合材料展现出独特的优势，其应用潜力巨大，因而蒙脱石纳米材料的开发和应用逐渐引起了人们广泛的关注。

1.1 蒙脱石矿物特征

天然蒙脱石在显微镜下可以观察到明显的片状晶体结构。产出环境及矿物成因的差别会导致蒙脱石的化学和结构产生非均质性，矿物特征的不同会促使蒙脱石的理化特性发生变化，并直接影响其在人们生产生活中的功能化应用。

1.1.1 蒙脱石化学组成

蒙脱石是由硅氧四面体和铝氧八面体构成的层状黏土矿物。当不考虑层间阳离子时，其理论化学组成为 66.7% SiO_2、28.3% Al_2O_3 和 5% H_2O（Bhattacharyya et al.，2008）。

蒙脱石的化学组成会因类质同象的影响而发生改变，但其化学式大致可以表示为 $E_x(H_2O)_4(Al_{2-x}, Mg_x)_2(Si,Al)O_{10}(OH)_2$，式中 E 代表层间可交换阳离子。从上述化学式中可以观察到，四面体中 Al^{3+} 取代了 Si^{4+}，八面体中 Mg^{2+} 取代了 Al^{3+}，而在实际环境中，Fe^{2+}、Fe^{3+}、Zn^{2+}、Mn^{2+} 等离子同样会参与取代过程。这种阳离子置换过程是蒙脱石最基本的，也是最重要的行为，决定着蒙脱石各项理化特性。置换离子、置换比例及置换位置的不同不仅形成了一系列的亚族矿物，同时也成为蒙脱石片层永久荷负电的根本原因。为了平衡层间负电荷，单元层之间通常会吸附一定数量的可交换阳离子。可交换阳离子的种类以 Na^+ 和 Ca^{2+} 最为常见，但 K^+ 和 Li^+ 等也可替换层间已有的阳离子；交换阳离子的数量则与蒙脱石负电性有关。蒙脱石层间阳离子的种类会影响其各项理化性能，因而成为一种常见的蒙脱石分类标准。依据层间可交换阳离子的碱性系数 $[(E_{Na^+} + E_{K^+})/(E_{Ca^{2+}} + E_{Mg^{2+}})]$，常见蒙脱石类型为钠基蒙脱石（碱性系数 ≥1）和钙基蒙脱石（碱性系数 <1）。

1.1.2 蒙脱石晶体结构特征

蒙脱石属于单斜晶系 C2/m 空间群，是典型的 2∶1 型黏土，为 TOT 型结构。如图 1.1（Zhu et al.，2019）所示，其单元层结构厚度约为 1 nm，是由两个 Si—O 四面体夹一个 Al(Mg)—O 八面体构成的单元层堆叠而成，相邻的层主要通过范德瓦耳斯力和静电引力结合在一起；Si—O 四面体则是通过共用顶点氧的形式连接成六芳环网格的硅氧片。四面体和八面体中的阳离子会被其他元素离子取代，但整个晶体结构并不发生明显改变。蒙脱石矿物的单元层间称为"层间"或"层间域"。一个"单位构造"则是由一个结构单元和一个层间域组成，其高度被称为"单位构造高度"或"层间距"。通常蒙脱石层间距会受层间阳离子的种类、数量及水分子的比例影响，所以层间距会因产地而异，但一般都在 1.2～1.6 nm。此外，相邻层之间的作用力也会因层间距的改变而发生变化，

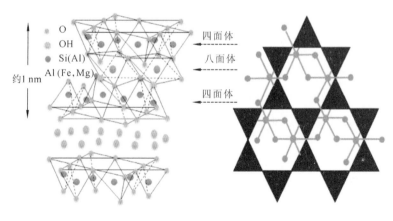

（a）单元侧视图　　　　　　　　　　（b）单元俯视图

图 1.1　蒙脱石结构示意图（后附彩图）

因此，通过适当的方式对蒙脱石进行改性，并通过物理和化学手段则可以克服范德瓦耳斯力和静电力的作用，使蒙脱石颗粒剥离成纳米片层。一般而言，这种纳米片的比表面积较大，可在阻燃材料、吸附材料等特定领域中发挥更加优异的效果。

1.2 蒙脱石理化特性

蒙脱石因其矿物特征而表现出许多特殊的功能价值，素有"万能黏土矿物"之称。各行业使用蒙脱石时主要利用其理化特性，例如：钻井工程中应用蒙脱石使泥浆具备润滑、冷却、护壁等功能来提高钻井效率，主要是利用蒙脱石的造浆、分散和吸附等特性；医药中应用蒙脱石治疗腹泻等肠胃疾病，是利用蒙脱石的离子交换性能、表面负电性和吸附特性；环保领域应用蒙脱石处理有机、无机废水，则是利用蒙脱石的离子交换和吸附等特性。由此可见，蒙脱石功能优异且应用广泛，在开发和利用蒙脱石的过程中，理解并掌握蒙脱石的各项理化特性十分必要。本节将对蒙脱石稳定性、负电性和电荷异性、离子交换特性、吸附特性、分散特性、吸水膨胀特性及其水溶液流变特性等主要的基本理化特性进行概述。

1.2.1 稳定性

1. 化学稳定性

通常情况下，蒙脱石能够在酸性环境中被侵蚀，并溶出其中的碱金属、碱土金属、铁及铝；在碱性环境中则被侵蚀溶出结构中的 SiO_2。由于蒙脱石结构元素的溶出会破坏其基本单元层，侵蚀过程会打开蒙脱石的结构边缘，甚至还可能导致蒙脱石结晶度降低，这种现象多因环境酸碱度和侵蚀时间的差异而不同（España et al.，2019；Krupskaya et al.，2019）。在酸环境中，蒙脱石矿物的碱金属和碱土金属通常最容易溶出，其次是铁，最后是铝。因而，当蒙脱石中的铝大量溶出便暗示了其结构的解离，会伴随出现晶格破坏的现象。

此外，蒙脱石矿物也会因电渗析而分解。H^+ 在置换蒙脱石中可交换阳离子的过程中，八面体结构的阳离子也可能发生迁移而转变为可交换阳离子。富铁和富镁的蒙脱石都会不同程度地出现这种现象，最终由于铁和镁的移除，黏土的结构破坏分解。

2. 热稳定性

蒙脱石的结构和组成会因环境温度的不同而发生改变，这主要是因为在关键位点的吸附水和结晶水会发生脱水、脱羟基作用（Attar et al.，2018）。因此，蒙脱石的层间距会发生变化，甚至结构八面体中的阳离子发生迁移，导致结晶度降低（Zhou et al.，2018）。蒙脱石从 200℃ 加热到 700℃ 的过程中会表现出缓慢膨胀，当继续加热时膨胀会短暂剧烈，而后急剧收缩。加热温度过高会导致蒙脱石熔化，熔点温度与蒙脱石的成分有直接关系。通常富铁的蒙脱石在 1 000 ℃以下便能熔化，而贫铁蒙脱石的熔点会不同程度升高。

1.2.2　负电性和电荷异性

蒙脱石电荷的性质与矿物晶体结构特征息息相关，大致可以分为三个方面。

晶格中阳离子置换是蒙脱石表面荷负电的主要原因。当低价阳离子取代晶格中的高价 Al 或 Si 时，结构单元层便会出现多余的负电，在晶胞的累积叠加中最终表现为晶片荷负电。以化学式为 $(Si_8)(Al_{3.4}Mg_{0.6})O_{20}(OH)_4$ 的蒙脱石为例，由于八面体中 Mg^{2+} 取代了 Al^{3+}，蒙脱石单位晶胞的净层电荷为 $[8(+4)]+[3.4(+3)]+[0.6(+2)]+[20(-2)]+[4(-1)]=-0.6$。

端面断键也是蒙脱石荷负电不可忽视的原因。蒙脱石端面会暴露 Al—O 八面体，因而存在大量的 Al—O 键或 Al—OH 键。这些化学键会在水介质中因环境的改变而发生质子化和去质子化作用，从而表现出差异性的电荷分布特性。在酸性介质中，Al—O 发生质子化过程会使蒙脱石端面荷正电；而在碱性介质中 Al—OH 发生去质子化而使端面荷负电。而通常情况下蒙脱石层面荷负电，这也是蒙脱石具有各向异性的原因。

此外，蒙脱石端面八面体可能分离出 Al^{3+} 和 OH^-/AlO_3^{3-}，因而使蒙脱石的端面荷电。这种荷电方式主要受环境 pH 的影响。在酸性环境中主要发生 OH^-/AlO_3^{3-} 的离解，使蒙脱石端面荷正电；而在碱性环境中主要发生 Al^{3+} 的离解，端面荷负电；等电点大约为 9.1。

尽管蒙脱石具有各向异性，但与蒙脱石总表面积相比，端面面积几乎可以忽略，因而端面荷电对整体荷电并不会影响太多。但是随着黏土矿物材料科学研究与应用的深入，端面荷电在蒙脱石功能化改性中也起到了重要作用，是一项不可忽视的性质，例如有研究就利用端面铝羟基与壳聚糖链上的氨基相结合，制备出吸附性能优异的蒙脱石水凝胶（Kang et al.，2018）。

1.2.3　离子交换特性

蒙脱石矿物层间的阳离子能够与溶液环境中的其他阳离子（Ca^{2+}、Mg^{2+}、Na^+、K^+、有机阳离子等）进行当量交换，因而具有离子交换的特性。层间阳离子常常可以影响蒙脱石的各项物理化学性质，决定其应用价值，因而阳离子交换属性是蒙脱石矿物最重要的特性之一。

如钙基蒙脱石（Ca-MMT）钠化的阳离子交换过程可以表示为

$$Ca\text{-}MMT+2Na^+ \rightleftharpoons 2Na\text{-}MMT+Ca^{2+} \tag{1.1}$$

阳离子交换过程是可逆的，因而离子交换动力会受到多种因素影响。一般而言，常见阳离子的交换能力遵循 $Li^+ < Na^+ < K^+ < NH_4^+ < Mg^{2+}/Ca^{2+} < Ba^{2+}$。除 H^+ 外，阳离子价态越

高其交换能力越强。同价离子的水化能力越弱则更容易实现交换，并且一旦完成离子交换而存在于蒙脱石层间便很难再被交换出来。此外，阳离子交换能力还需考虑阳离子浓度和环境温度等因素，例如对交换能力相差较大的不同价态阳离子（Na^+/Ca^{2+}、NH_4^+/Ca^{2+}等）而言，当溶液中离子浓度发生波动时，离子交换能力会显著变化。

蒙脱石离子交换性能还以阳离子交换量（cation exchange capacity，CEC）为依据，即在中性条件下 100 g 蒙脱石吸附 K^+、Mg^{2+}、Ca^{2+} 等离子的总量。CEC 越大，暗示蒙脱石荷电量越多。蒙脱石的 CEC 可以通过多种方法获得，以《膨润土试验方法》（JC/T 593—1995）中描述的测试方法为例，其主要原理及过程为：①使用含有指示阳离子 NH_4^+ 的提取剂将干燥的蒙脱石样品转变为铵基土；②将铵基土和提取液固液分离后，提取液中的 K^+、Na^+、Ca^{2+}、Mg^{2+} 等离子的量即为相应的可交换阳离子总量，其单位为 g/100 g。

1.2.4　吸附特性

蒙脱石的吸附特性已经被广泛认知，由于吸附效果良好，其在医药、环保等诸多领域得到应用。蒙脱石的吸附可以分为离子交换吸附、物理吸附和化学吸附三种。

离子交换吸附利用了蒙脱石层间可交换阳离子的特性，当溶液中存在有机或无机阳离子时，可以实现等电量的离子交换完成吸附。离子交换吸附过程是一个可逆的过程，因而在合适的条件下，已吸附的吸附质可以重新脱附。

物理吸附是由范德瓦耳斯力提供，即依靠吸附剂与吸附质之间的分子间作用力，这一过程是可逆的。蒙脱石具有发达的孔隙和大的比表面积，能够通过物理吸附的形式将吸附质固定。通常增加蒙脱石矿物的孔隙度和比表面积，可以有效地提高蒙脱石的吸附能力。

化学吸附主要依靠吸附剂与吸附质之间的化学键作用力，此过程一般不可逆。蒙脱石的化学吸附与端面裸露的 Al 等金属原子有关，例如在钙基蒙脱石吸附油酸钠的研究中发现，溶液中的油酸根离子可能与裸露的 Al 原子结合从而形成稳固的化学键（Ren et al.，2015）。

总体而言，尽管蒙脱石吸附的机理比较多样，但在实际过程中离子交换吸附和物理吸附仍起到主导作用，这也是热处理、酸洗等蒙脱石改性过程中需要重点关注的因素。

1.2.5　分散特性

蒙脱石在溶液中通常会以胶体状态存在，从而具有良好的分散悬浮特性，这也是蒙脱石具有造浆性能的主要原因。影响蒙脱石分散特性的因素较多。首先，蒙脱石的种类对分散性影响较大，通常认为钠基蒙脱石分散性能较优，这可能与其水化膨胀性能有关。其次，水的矿化度越高，对蒙脱石的分散能力抑制作用越大，这主要是因为水中的阳离子会促进蒙脱石聚团，从而改变其悬浮性能。配置溶液的工艺也是不可忽视的因素，不同的工艺条件会对蒙脱石的分散特性产生影响，例如搅拌强度越高，分散性能越好。此外，通过无机或有机手段合理改性蒙脱石也是提高分散特性的可行手段。

蒙脱石在分散体系中可能是以单一晶胞片层存在，也可能是以许多晶胞的聚集体呈现。如图 1.2（王鸿禧，1980）所示，单一晶胞称为"层（layer）"，层的堆垛会形成"颗粒（particle）"，通过颗粒的聚集又可以获得"聚集体（aggregate）"，最终聚集体会以不同形态排列而组装（assembly）（Bergaya et al.，2013）。蒙脱石出现聚集体的现象可以解释为，在分子间作用力和静电力的影响下，蒙脱石片层通过面-面、面-端或端-端的方式形成聚集体。层的排列和聚集的形态存在差异，因此会产生层间孔隙、颗粒间孔隙和聚集体孔隙。

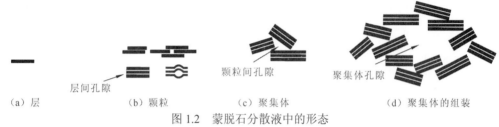

（a）层　　　　　（b）颗粒　　　　　（c）聚集体　　　　　（d）聚集体的组装

图 1.2　蒙脱石分散液中的形态

1.2.6　水溶液流变特性

工业上通常使用蒙脱石作为分散剂，在这些应用中，流动特性特别是黏度十分重要。蒙脱石水溶液的流变特性指的是在一定外力作用下，发生流动和变形的特性。对于钻井液而言，其流变性主要体现在流动特性。例如触变性、切力、黏度等都属于流变性研究的范畴。

通常蒙脱石水溶液的流变特性与蒙脱石的种类有关。钠基蒙脱石水溶液可以在低浓度时满足牛顿流型，而当浓度为 5%～6%（体积分数）时其具有较高的黏度和触变性。相比之下，钙或镁基蒙脱石水溶液即使在高浓度条件下黏度也不会升高，且不会产生触变性。除了蒙脱石种类及水溶液浓度，蒙脱石分散体的黏度还取决于 pH、蒙脱石颗粒的大小和形状、电解质的类型等因素。一般来说，低电荷的蒙脱石容易发展成高黏度，而高电荷的蒙脱石趋向于发展成低黏度。

1.2.7　吸水膨胀特性

蒙脱石矿物中存在三种形态的水，即自由水、吸附水和结构水。自由水存在于矿物表面，在高于室温的条件下就可以完全蒸发。吸附水处于蒙脱石层间，主要来源分为取向排列的偶极水与可交换阳离子的水化膜，这种形态的水通常在 300℃作用下就可以完全脱除。结构水参与构成了蒙脱石晶体，其脱除温度因矿物构成不同而存在差异，但一般在 500℃以上会大量脱除。

蒙脱石具有良好的吸水性能，在水溶液环境中易发生水化膨胀，主要原因可归结为三点：①蒙脱石晶体的静电引力可吸引极性水分子进入单元晶层之间使其晶格发生膨胀；②蒙脱石片层之间具有的可交换阳离子易于水化使层间距扩大；③蒙脱石晶体自身的水化能较高，（001）解理面易发生水化而使晶体膨胀（谭罗荣，1997）。蒙脱石的膨胀类型有三种，晶格膨胀、渗透膨胀和布朗膨胀（Li et al.，2018）。蒙脱石膨胀既受可交换阳离子和结晶底面的水化能驱动，同时也受层间范德瓦耳斯力和可交换阳离子的静电引力制约。蒙脱石水化膨胀后主要表现为层间距 d 增大：当 d 为 1.0~2.2 nm 时，蒙脱石处于晶格膨胀阶段；当 d 大于 2.2 nm 时，蒙脱石处于渗透膨胀阶段，此阶段的膨胀可扩至数倍。布朗膨胀是发生在不同蒙脱石颗粒之间的膨胀（Ferrage et al.，2005）。膨胀后的蒙脱石，片层之间的作用力减弱，在剪切力的作用下，易于实现剥离得到蒙脱石二维纳米片。

1.3 蒙脱石水化膨胀

蒙脱石水化膨胀性质是蒙脱石在许多工业应用中的重要因素，研究蒙脱石水化膨胀行为非常重要。然而，传统实验手段很难探究微观的水化膨胀过程。计算机分子模拟手段可从微观原子水平上研究物质的微观结构和分子的扩散性质。因此，分子模拟手段在研究蒙脱石层间的结构和性质中展现出良好的优越性，可较好地用于定量计算蒙脱石层间随水含量的变化关系，揭示层间阳离子的平衡位置、水化和扩散特性等，广泛应用于蒙脱石水化膨胀性质研究。Hensen 等（2002）运用分子动力学（molecular dynamics，MD）和蒙特卡罗（Monte Carlo，MC）方法研究了钠基蒙脱石（Na-MMT）的水化膨胀行为，揭示了黏土矿物层间从一层水合物膨胀到两层水合物的内在机理。Boek 等（1995a，1995b）的模拟研究表明，蒙脱石的层间距 d_{001} 随着水含量的增加而增大，且层间阳离子 Li^+ 和 Na^+ 容易水化，可以从蒙脱石的硅氧表面分离出来。相比之下，K^+ 易束缚在硅氧表面，从理论上解释了 K^+ 可作为蒙脱石膨胀抑制剂的原因。但是，前人的研究主要集中于层间含有常见阳离子的蒙脱石，作者团队利用分子模拟的手段更为系统地探究了一系列碱金属（Na、K、Cs）和碱土金属（Mg、Ca、Sr、Ba）蒙脱石的晶格膨胀性质，旨在揭示具有不同种类层间阳离子蒙脱石的水化膨胀微观过程，以及层间阳离子水化性质对蒙脱石膨胀的影响。

1.3.1 水化膨胀微观过程

本小节利用 Materials Studio 8.0 软件，对层间不同种类阳离子蒙脱石在晶格膨胀阶段的水化膨胀过程进行研究。

1. 模型构建和模拟方法

（1）模型构建。在 Materials Studio 8.0 软件的晶体建模（crystal builder）模块中

构建一系列碱金属基和碱土金属基蒙脱石模型。设置初始体系为单斜晶系的单位晶胞，空间群为 C2/m。理论晶胞参数来自 Boek 的经验模型：$a=0.520$ nm，$b=0.897$ nm，c 值取决于层间水的含量，$\alpha=\gamma=90°$，$\beta=98.866°$（Krupskaya et al., 2019）。蒙脱石的单位晶胞建立后，用一个镁原子替代八面体中的一个铝原子，再以单位晶胞为基础建立包含 $4\times2\times2$ 个单位晶胞的超级晶胞。碱金属和碱土金属的单位晶胞分子式为 $Cation_{0.25}(Al_{3.5}Mg_{0.5})Si_8O_{20}(OH)_4$。图 1.3 展示了蒙脱石超级晶胞的初始结构，层间阳离子位于蒙脱石层间的中间平面上，同时水分子环绕在层间阳离子周围。

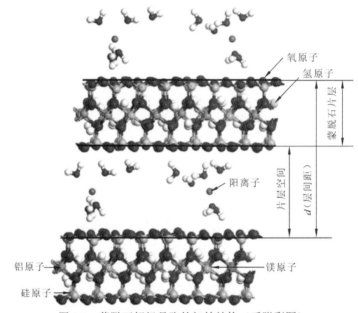

图 1.3　蒙脱石超级晶胞的初始结构（后附彩图）

（2）模拟方法。能量优化和分子动力学模拟在 Materials Studio 8.0 软件 Forcite 模块及 ClayFF 力场下完成。首先，对构建的金属基和碱土金属基蒙脱石系统进行几何优化，每一个金属基和碱土金属基蒙脱石系统都包含蒙脱石超胞结构、层间离子、水分子（含水量从 0 至饱和）。优化的迭代次数设置为 2 000。然后，对碱金属基和碱土金属基蒙脱石系统进行分子动力学模拟。为了获得水化膨胀的蒙脱石，在分子动力学模拟过程中需要保持压力为常数，因此采用等温等压系统对结构系统进行平衡。温度、压力、时间步长和模拟时间分别为 298.15 K、101 kPa、1 ps（1 ps$=10^{-12}$ s）和 500 ps。最后，在优化后的模型上进行水化膨胀和径向分布函数（radial distribution function，RDF）分析。图 1.3 展示了蒙脱石片层结构、层间域及层间距 d 的示意图。在本节中，d 被用来描述晶体的膨胀程度，可通过 Reflex/powder Diffraction 模块对优化结构系统进行 X 射线衍射（X-ray diffraction，XRD）粉末分析，并由布拉格方程计算得到。

2. 晶格膨胀中 d 的改变

蒙脱石晶格膨胀过程可由 d 随着进入层间的水分子数量的变化函数来描述。图 1.4

展示了 d 随水分子数量变化的曲线。随着碱金属基和碱土金属基蒙脱石中水含量的增加，可以观察到非线性升高的 d 值的曲线。水分子进入含有不同阳离子的蒙脱石层间，最终 d 值的大小排序为 Na-MMT > K-MMT > Cs-MMT > Mg-MMT。与之前的研究（Teich-McGoldrick et al.，2015；Zhang et al.，2014）结果相比较，Na-MMT、K-MMT、Cs-MMT 和 Mg-MMT 之间 d 值的增加都非常相似。此外，该模拟结果与实际实验结果相一致。

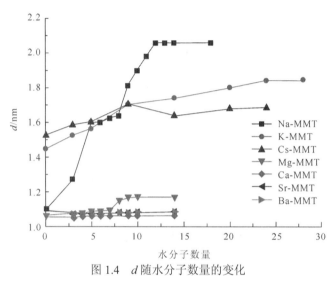

图 1.4　d 随水分子数量的变化

3. 层间水化过程

蒙脱石的晶格膨胀主要受层间水化的影响。图 1.5 展示了 Na-MMT、K-MMT、Cs-MMT 和 Mg-MMT 的晶格膨胀过程。首先，当层间没有水分子存在的时候，层间的 Na^+、K^+、Cs^+ 位于靠近片层表面的地方，而 Mg^{2+} 则位于层间域中间的位置，结果如图 1.5[（a）（1）、（b）（1）、（c）（1）]所示。当三个水分子/一个阳离子为一个体系且成对进入层间后，结果如图 1.5[（a）（2）、（b）（2）、（c）（2）]所示，Na^+、K^+、Cs^+ 都会移动到层间域中间的位置。水分子会吸附到 Na^+、K^+、Cs^+ 周围，与此同时，水分子被疏水的电中性的硅氧烷表面所排斥（Malandrini et al.，1997）。接下来，Na^+、K^+、Cs^+ 和水分子都会移动到层间的中间。然后，当更多的水分子被吸附到 Na^+、K^+、Cs^+ 周围时，Na-MMT、K-MMT、Cs-MMT 层间的水分子可以自由地在层间域中间位置上下移动。因此，Na-MMT、K-MMT、Cs-MMT 中层间域的阳离子易于水化使层间距扩大。然而，Mg-MMT 的 d 值很小，Mg^{2+} 周围的水化层会受到层间域的束缚，结果如图 1.5（d）（5）所示。最后，如图 1.5[（a）（4）（6）、（b）（4）（6）、（c）（4）（6）]所示，当水分子被吸入含不同阳离子的层间时，Na-MMT、K-MMT、Cs-MMT 的 d 达到最大值然后保持不变，水分子会吸附到阳离子周围。额外的水分子只会填充自由空间，不会影响 d。这个发现表明在晶体膨胀过程中，阳离子水化会提供驱动力增大层间距。

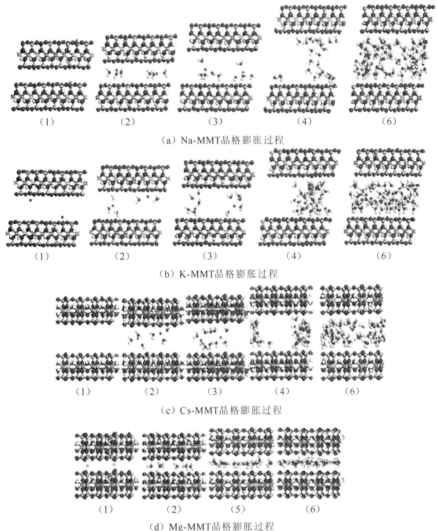

（a）Na-MMT晶格膨胀过程

（b）K-MMT晶格膨胀过程

（c）Cs-MMT晶格膨胀过程

（d）Mg-MMT晶格膨胀过程

图 1.5 不同层间阳离子的蒙脱石晶格膨胀过程（后附彩图）

（1）—无水分子；（2）—3 个水分子；（3）—5 个水分子；（4）—20 个水分子；（5）—9 个水分子；（6）—饱和水分子

1.3.2 层间阳离子影响

在晶体膨胀过程中，阳离子水化会提供能量以增大层间距。阳离子水化后的水化壳分布等相关信息可由径向分布函数（RDF）进行分析。图 1.6 显示了碱金属蒙脱石体系和碱土金属蒙脱石体系层间域中的水分子数量达到饱和、层间距保持不变时阳离子周围水分子的 RDF 图。每个 RDF 图可以观察到三个峰，分别代表阳离子周围的第一层、第二层和第三层水化壳。Na^+的第一层水化壳中的第一个层大概是 0.24 nm，与之前 Sun 等（2015）模拟的结果 0.25 nm 相吻合。在同类蒙脱石中，水化壳的占比随同族阳离子原子序数的增加而增加。随着水化壳占比的增加，水分子和正电荷之间的距离都会增加。因此，水分子和阳离子之间的吸引力都会增加。这表明，随着同一族阳离子原子序数的增加，阳离子周围水化壳的强度会降低。因此，随着阳离子原子序数的增加，用于增大层间距的水化壳所产生的作用力会减弱。所以 $g(r)$（水分子径向分布）密度大小的顺序与层间距变化的顺序相一致：$Na^+>K^+$、$Mg^{2+}>Ca^{2+}>Sr^{2+}>Ba^{2+}$。

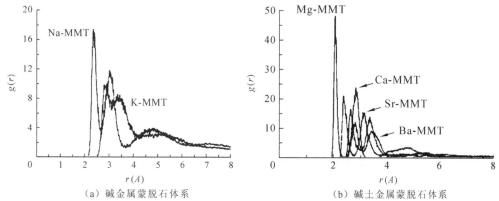

（a）碱金属蒙脱石体系　　　　　　　（b）碱土金属蒙脱石体系

图 1.6　碱金属蒙脱石体系和碱土金属蒙脱石体系层间域中的水分子数量达到饱和、
层间距保持不变时阳离子周围水分子的 RDF 图谱

$r(A)$ 为水分子与层间阳离子的距离

与自由水的作用相比较，层间阳离子的水化会被加强。例如，12 个水分子吸附到 Na^+ 周围并提供能量增大层间距，该结果与红外光谱的研究一致，即由于层间阳离子周围吸附了 12 个水分子时，水分子会被强烈地极化（Frinak et al.，2005）。水化壳中的水分子数比自由水多，这是因为水分子被压缩在水分子氢键较少的有限的层间域中。同时，层间域中水分子的扩散能力比自由水低了几个量级（Malikova et al.，2007）。因此，层间阳离子的水化被加强。综上得出结论：增强的层间阳离子水化作用提供了能量使蒙脱石发生晶格膨胀。

1.4　蒙脱石功能化应用

蒙脱石目前主要的用途是铁矿石球团、铸模和油田钻井，这类应用主要依赖于蒙脱石的黏结性和可塑性。当作为球团矿的黏结剂使用时，不仅可以节省 10%～15% 的焦炭和溶剂量，同时还能够提升 40%～50% 的高炉生产能力。在钻井泥浆中应用时，可实现泥浆的增稠和稳定及钻井的润滑，显著降低生产成本。随着对蒙脱石性质的深入开发，近些年其他领域的蒙脱石消费量也在快速增长，例如过滤、脱色、造粒、宠物砂、农药载体、吸附剂、油漆、医药、化妆品、废物处理、润滑油、水泥和砂浆添加剂、水净化、化肥、动物营养品、陶瓷等众多领域。邓春兰等（2013）对蒙脱石在药用辅料及药物载体方面的研究和应用进行了总结，由于蒙脱石具有强吸水性、离子交换性，以及良好的悬浮性、分散性、稳定性和生物相容性，其在助悬剂、崩解剂、黏结剂、稳定剂、吸附剂等医药应用方面越来越受到重视。杨丹等（2005）的研究还发现，得益于超强的持久缓释能力，放置一年的蒙脱石/醋酸氯己定抗菌剂仍然能够实现显著的大肠杆菌抑制效果，进一步说明了蒙脱石在实际应用中有较高的价值和广阔的发展前景。

由于非金属矿行业的技术进步和产业升级、国家高新技术产业的发展，以及国家战略的需要，蒙脱石功能化开发逐渐蓬勃繁荣，成为新的发展趋势。蒙脱石功能材料的开发对蒙脱石矿物提出了更高的要求，因此蒙脱石在功能化应用之前，通常会就提高某一项或多项功能属性对其进行改性加工，这一过程大致可以分为粗加工和精加工。粗加工主要包括钠化、干燥、焙烧、筛分等常规加工手段；精加工则涉及利用其自身理化属性，通过有机/无机活化、表面改性、凝胶复合、三维重组等手段，实现原有功能的提升或新功能的引入。特别是随着近几年对蒙脱石结构特点和理化性能的深入理解，以及各类二维材料研究的兴起，一些纳米片剥离手段和学科交叉思维在拓展蒙脱石功能化开发方面取得了一定的成果，利用蒙脱石纳米片制备的二维纳米复合材料具有巨大的应用潜力。

蒙脱石纳米片作为制备二维蒙脱石复合材料的基体，是指通过适当的外界作用力从蒙脱石天然层状结构获得的二维片层。获得纳米片的过程也称为剥离过程，主要得益于蒙脱石特殊的水化膨胀特性，蒙脱石在水中能吸收大量水分子发生膨胀，吸水后蒙脱石体积可膨胀至原来的 10～30 倍，在外力作用下易被剥离成单层或少层的二维纳米片。实现剥离的方法可以分为三类，即化学法、机械法、化学-机械法（白皓宇 等，2019），除此之外，循环冷冻-解冻超声辅助剥离等新型剥离手段也被提出（Chen et al.，2019a）。所获得二维纳米片具有独特的尺寸效应、量子效应等微观物理效应，并且纳米片比表面积增大，能够暴露更多片层或端面的"活性位点"，且结构及化学特性稳定，还能够通过自组装等途径重新堆叠，在先进矿物功能材料领域中被广泛关注。

（1）环境保护领域。得益于蒙脱石纳米片较大的比表面积、丰富的表面功能基团和较强的吸附能力，蒙脱石纳米片不仅可以作为吸附剂使用，也可以作为优良的骨架结构和功能材料载体。通过构建大比表面积的多孔结构，不仅保留了蒙脱石剥片完全释放的层间吸附位点，显著提高了蒙脱石的吸附性能，而且解决了传统蒙脱石吸附剂因分散性强而固液分离困难的问题。作者团队近期的研究（Wang et al.，2019；Wang et al.，2018a，2018b）表明，通过蒙脱石纳米片与壳聚糖复合得到的蒙脱石水凝胶具备良好的疏松多孔特性，其比表面积为 395.84 m^2/g，比原始蒙脱石（48.49 m^2/g）和剥离的蒙脱石纳米片（112.80 m^2/g）有显著增大，并且对各类无机、有机污染物的吸附效果提升显著。而引入铁离子制成的复合凝胶还具备优良的催化降解效果，在光照的作用下可实现吸附-降解的一体化（Zhao et al.，2020）。催化降解功能的引入有利于重新激活吸附污染物的位点，不仅能够增强蒙脱石纳米片复合凝胶持续处理污染物的能力，而且循环再生时也更加方便。此外，通过蒙脱石纳米片和壳聚糖的组装还可以制备中空微球，球壳孔隙发达，比表面积大，是一种优良的催化剂载体（Chen et al.，2019b）。

（2）储能领域。蒙脱石纳米片可以作为相变储能的封装材料，通过将蒙脱石纳米片静电自组装成壳，包裹硬脂酸为核，可以获得具有高潜热的新型复合相变功能材料（Yi et al.，2019a，2019b）。由于蒙脱石纳米片外壳具有良好的形状稳定性，即便硬脂酸相变材料转变为液态，也能够被蒙脱石壳完全固定封锁，解决了相变材料泄露的问题。此外，蒙脱石纳米片片层较薄，并且具有良好的分散悬浮特性，可作为纳米流体实现太阳光热的收集与显热储存。储能材料的研究不仅可以应用于太阳能等热储能领域，推动绿色可持续储能的技术革新，还可以在特殊环境的液体冷却方面前景可期。

（3）阻燃材料领域。蒙脱石纳米片发挥着其独特的热稳定性及优异的热阻隔能力。在常用高分子聚合物中添加蒙脱石纳米片，不仅可以增强其结构稳定性，还可以有效地隔绝氧气和挥发性可燃物并抑制传热，为易燃材料的安全使用提供可行的途径（Chen et al.，2019c）。不仅如此，参照贝壳珍珠层结构制备的大型仿生有机/无机杂化纳米涂层还能够保持较高的透明度（具有 85%以上的可见光透过率），以及对不规则衬底的适用性和通用性，进一步促进蒙脱石纳米涂层的现实应用（Ding et al.，2017）。此外，蒙脱石纳米片具有天然的吸附及可修饰属性，通过嵌套功能材料能够满足实际需求，使其在多功能的阻燃材料方面仍有较大的发展潜力。

（4）智能响应材料领域。蒙脱石纳米片通过组装成膜策略实现基于离子传输差异的仿生生物传感基础元件。通过蒸发、浸涂、喷涂、真空抽滤、电泳沉积及 3D 打印等技术可以将分散良好的纳米片重新自组装堆叠成膜，由于蒙脱石片层德拜层的叠加，获得的纳米流体通道具有有别于普通孔道的离子传输性质。通过真空抽滤的方法可制备柔性的蒙脱石纳米流体通道，纳米流体通道膜在一定的离子浓度下能够实现受表面电荷控制的离子传导（Liu et al.，2018）。此外，对蒙脱石纳米流体通道膜进行几何非对称修饰后实现了二极管的整流性质，这展示了蒙脱石在离子电流整流器件的潜在应用前景。

综上所述，剥离后的二维蒙脱石纳米片及其复合材料在众多领域中展现出优异的材料特性和功能性，蒙脱石纳米片作为原料制备矿物功能材料在实际应用中前景广阔。

参 考 文 献

白皓宇, 赵云良, 王伟, 等, 2019. 蒙脱石剥离二维纳米片及其功能化应用[J]. 矿产保护与利用, 39(6): 101-111.

邓春兰, 于明安, 王馨, 等, 2013. 蒙脱石作为药用辅料及药物载体的研究进展[J]. 硅酸盐通报, 32(3): 414-418.

谭罗荣, 1997. 蒙脱石晶体膨胀和收缩机理研究[J]. 岩土力学(3): 13-18.

王鸿禧, 1980. 膨润土[M]. 北京: 地质出版社.

杨丹, 袁鹏, 何宏平, 2005. 蒙脱石/醋酸氯己定抗菌复合物的制备及其表征[C]//成都: 2005 年全国矿物科学与工程学术会议.

ATTAR A L, SAFIA B, GHANI B A, 2018. Uptake of ^{137}Cs and ^{85}Sr onto thermally treated forms of bentonite[J]. Journal of Environmental Radioactivity, 193-194: 36-43.

BERGAYA F, LAGALY G, 2013. General introduction: Clays, clay minerals, and clay science[M]. Amsterdam: Elsevier.

BHATTACHARYYA K G, GUPTA S S, 2008. Adsorption of a few heavy metals on natural and modified kaolinite and montmorillonite: A review[J]. Advances in Colloid and Interface Science, 140(2): 114-131.

BOEK E S, COVENEY P V, SKIPPER N T, 1995a. Molecular modeling of clay hydration: A study of hysteresis loops in the swelling curves of sodium montmorillonites[J]. Langmuir, 11(12): 4629-4631.

BOEK E S, COVENEY P V, SKIPPER N T, 1995b. Monte Carlo molecular modeling studies of hydrated Li-, Na-, and K-smectites: Understanding the role of potassium as a clay swelling inhibitor[J]. Journal of the American Chemical Society, 117(50): 12608-12617.

CHEN T, YUAN Y, ZHAO Y, et al., 2019a. Preparation of montmorillonite nanosheets through freezing/thawing and ultrasonic exfoliation[J]. Langmuir, 35(6): 2368-2374.

CHEN P, ZHAO Y, CHEN T, et al., 2019b. Synthesis of montmorillonite-chitosan hollow and hierarchical mesoporous spheres with single-template layer-by-layer assembly[J]. Journal of Materials Science and Technology, 35(10): 2325-2330.

CHEN P, ZHAO Y, WANG W, et al., 2019c. Correlation of montmorillonite sheet thickness and flame retardant behavior of a chitosan-montmorillonite nanosheet membrane assembled on flexible polyurethane foam[J]. Polymers, 11(2): 200-213.

DING F, LIU J, ZENG S, et al., 2017. Biomimetic nanocoatings with exceptional mechanical, barrier, and flame-retardant properties from large-scale one-step coassembly[J]. Science Advances, 3(7): e1701212.

ESPAÑA V A A, SARKAR B, BISWAS B, et al., 2019. Environmental applications of thermally modified and acid activated clay minerals: Current status of the art[J]. Environmental Technology and Innovation, 13: 383-397.

FERRAGE E, LANSON B, SAKHAROV B A, et al., 2005. Investigation of smectite hydration properties by modeling experimental X-ray diffraction patterns: Part I: Montmorillonite hydration properties[J]. American Mineralogist, 90(8-9): 1358-1374.

FRINAK E K, MASHBURN C D, TOLBERT M A, et al., 2005. Infrared characterization of water uptake by low-temperature Na-montmorillonite: Implications for Earth and Mars[J]. Journal of Geophysical Research D: Atmospheres, 110(9): 1-7.

HENSEN E J M, SMIT B, 2002. Why clays swell[J]. Journal of Physical Chemistry B, 106(49): 12664-12667.

KANG S C, ZHAO Y L, WANG W, et al., 2018. Removal of methylene blue from water with montmorillonite nanosheets/chitosan hydrogels as adsorbent[J]. Applied Surface Science, 448: 203-211.

KRUPSKAYA V, NOVIKOVA L, TYUPINA E, et al., 2019. The influence of acid modification on the structure of montmorillonites and surface properties of bentonites[J]. Applied Clay Science, 172: 1-10.

LI H, SONG S, DONG X, et al., 2018. Molecular dynamics study of crystalline swelling of montmorillonite as affected by interlayer cation hydration[J]. JOM, 70(4): 479-484.

LIU M L, HUANG M, TIAN L Y, et al., 2018. Two-dimensional nanochannel arrays based on flexible montmorillonite membranes[J]. American Chemical Society Applied Materials and Interfaces, 10(51): 44915-44923.

MALANDRINI H, CLAUSS F, PARTYKA S, et al., 1997. Interactions between talc particles and water and organic solvents[J]. Journal of Colloid and Interface Science, 194(1): 183-193.

MALIKOVA N, CADÈNEA A, DUBOIS E, et al., 2007. Water diffusion in a synthetic hectorite clay studied by quasi-elastic neutron scattering[J]. Journal of Physical Chemistry C, 111(47): 17603-17611.

REN R, ZHANG Q, SHI Q, et al., 2015. Sodium oleate adsorption by modified Ca-montmorillonite under acid condition[J]. Chinese Journal of Environmental Engineering, 9(9): 4273-4280.

SUN L, TANSKANEN J T, HIRVI J T, et al., 2015. Molecular dynamics study of montmorillonite crystalline swelling: Roles of interlayer cation species and water content[J]. Chemical Physics, 455: 23-31.

SVENSSON P D, HANSEN S, 2010. Freezing and thawing of montmorillonite: A time-resolved synchrotron X-ray diffraction study[J]. Applied Clay Science, 49(3): 127-134.

TEICH-MCGOLDRICK S L, GREATHOUSE J A, JOVÉ-COLÓN C F, et al., 2015. Swelling properties of montmorillonite and beidellite clay minerals from molecular simulation: Comparison of temperature, interlayer cation, and charge location effects[J]. Journal of Physical Chemistry C, 119(36): 20880-20891.

WANG W, ZHAO Y, BAI H, et al., 2018a. Methylene blue removal from water using the hydrogel beads of poly(vinyl alcohol)-sodium alginate-chitosan-montmorillonite[J]. Carbohydrate Polymers, 198: 518-528.

WANG W, ZHAO Y, YI H, et al., 2018b. Preparation and characterization of self-assembly hydrogels with exfoliated montmorillonite nanosheets and chitosan[J]. Nanotechnology, 29(2): 025605.

WANG W, ZHAO Y, YI H, et al., 2019. Pb(II) removal from water using porous hydrogel of chitosan-2D montmorillonite[J]. International Journal of Biological Macromolecules, 128: 85-93.

YI H, ZHAN W, ZHAO Y, et al., 2019a. Design of MtNS/SA microencapsulated phase change materials for enhancement of thermal energy storage performances: Effect of shell thickness[J]. Solar Energy Materials and Solar Cells, 200: 109935.

YI H, ZHAN W, ZHAO Y, et al., 2019b. A novel core-shell structural montmorillonite nanosheets/stearic acid composite PCM for great promotion of thermal energy storage properties[J]. Solar Energy Materials and Solar Cells, 192: 57-64.

ZHANG L, LU X, LIU X, et al., 2014. Hydration and mobility of interlayer ions of (Nax, Cay)-montmorillonite: A molecular dynamics study[J]. Journal of Physical Chemistry C, 118(51): 29811-29821.

ZHAO Y, KANG S, QIN L, et al., 2020. Self-assembled gels of Fe-chitosan/montmorillonite nanosheets: Dye degradation by the synergistic effect of adsorption and photo-Fenton reaction[J]. Chemical Engineering Journal, 379: 122322.

ZHOU A, WANG J, 2018. Recovery of U(VI) from simulated wastewater with thermally modified palygorskite beads[J]. Journal of Radioanalytical and Nuclear Chemistry, 318(2): 1119-1129.

ZHU T T, ZHOU C H, KABWE F B, et al., 2019. Exfoliation of montmorillonite and related properties of clay/polymer nanocomposites[J]. Applied Clay Science, 169: 48-66.

第 2 章

蒙脱石剥离制备二维纳米片

将蒙脱石的层状结构剥离直至分离出纳米级厚度的蒙脱石片层，即得到二维蒙脱石纳米片。通过剥离蒙脱石得到的二维蒙脱石纳米片，将蒙脱石的应用推进到了一个全新的高度。剥离制备出的二维纳米片往往具有极大的比表面积，不仅完整保留了前体矿物的天然特性，同时材料的表面活性还会显著增强，将剥离后的二维材料制备成复合材料往往能够获得一些特殊的性能，具有极高的研究价值和应用潜力。由于此类极薄二维材料具有尺寸效应和限域效应等特点，剥离过程直接影响蒙脱石纳米片的性质，如何实现二维蒙脱石纳米片的高效制备是需要解决的关键问题。对剥离过程的深入研究将有助于蒙脱石纳米片的功能化设计，实现先进矿物功能材料的制备和应用。本章将针对蒙脱石的剥离方法、剥离程度表征及剥离影响因素进行系统阐述。

2.1 剥 离 方 法

近年来，包括二维蒙脱石纳米片在内的各种二维材料因其独特的层状结构及极大的比表面积在诸多领域均显现出诱人的应用前景，而高效的制备方法无疑是研究其本征性能的重要基础。制备二维纳米材料的主要方法可以分为自下而上和自上而下两种路径。自下而上的合成方法主要包括化学气相沉积法（chemical vapor deposition，CVD）、化学合成法等，通常用于合成高质量、大面积、厚度均匀可控的石墨烯、过渡金属硫属化合物等材料，但由于此类方法通常需要使用昂贵的过渡金属催化剂且实验过程涉及可燃气体，距离规模化制备二维纳米片仍有较大距离（Paton et al.，2014）。

自上而下的剥离方法更适合二维蒙脱石纳米片的制备。众所周知，作为一种可膨胀型层状硅酸盐矿物，蒙脱石片层内部通过较强的化学键结合而在片层之间通过弱相互作用（如范德瓦耳斯力、静电力）结合在一起。在水溶液中，蒙脱石片层的亲水性及层间阳离子的水化使水分子进入蒙脱石的层间并增大其层间距，此时蒙脱石片层之间仍然存在相互作用力，并保持一定的晶体取向，当在外加能量的作用下，蒙脱石片层之间的距离进一步增大并在水溶液中成为相互独立的两个片层，从而得到二维纳米片。因此对于自上而下的剥离策略来说，理想状况下是通过克服蒙脱石的层间作用力，将单层结构剥离下来。目前，常用的机械剥离方法包括超声剥离、剪切剥离，以及循环冷冻-解冻剥离等新型剥离方法。

2.1.1　超声剥离

在超声剥离蒙脱石的过程中，剥离的机械力主要源自液体的空穴现象，如图 2.1（Yi et al.，2015）所示。超声波是一种疏密作用的振动波，在其作用下，介质的压力做交替变化，会在液体中产生撕裂的力，且形成真空的气泡，并被后面的压缩力挤压而破灭。在声场作用下的振动，当声压达到一定值时，气泡将迅猛增长，然后又突然闭合，在气泡闭合时，由于液体间相互碰撞产生强大的冲击波，在其周围产生上千个大气压的压力。这一系列的物理现象称为空化现象，空化产生的气泡在水中形成并在几毫秒内破裂，气泡破裂会导致局部温度高达约 5 000 ℃，局部压力高达 20 MPa，加热/冷却速率高达 109 K/s（Suslick et al.，1986）。

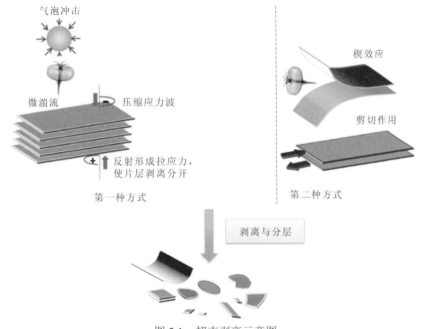

图 2.1　超声剥离示意图

蒙脱石由于具有特殊的水化膨胀特性，在水中层间会膨胀。因空化作用产生的气泡或具有强大冲击能力的层间介质分子，会导致蒙脱石表面层与第二层间形成空隙或进一步扩大空隙。由于这种作用会和声压同步膨胀、收缩，产生连续的波动冲击，这种重复的物理作用会持续作用于表面层，气泡破裂产生的微湍流和点蚀效应提供了克服片层间的相互作用力，进一步导致了蒙脱石的剥离。另外，由于高应变率（高达 $10^9\ \mathrm{s}^{-1}$）产生的摩擦力，在空化气泡附近会产生强的切割作用力，蒙脱石片层会发生碎裂（Lucas et al.，2009）。

1. 超声法剥离蒙脱石

图 2.2（a）和（b）分别是超声处理前后悬浮液中蒙脱石片层的原子力显微镜（atomic

force microscope，AFM）厚度统计分布图。由图 2.2（Li et al.，2015）可知，超声剥离前蒙脱石的厚度在 1～2 nm 的比例仅为 2%，说明其中单层的纳米片含量很低。而在 150 W 的超声功率下处理 4 min 后，蒙脱石片层厚度发生了明显的变化，厚度在 1～2 nm 的比例升高到 17.11%，说明超声处理后蒙脱石中单层的纳米片含量有所提升，而厚度大于 10 nm 的比例降低到 12.32%，说明超声处理后蒙脱石中厚度较大的片层含量明显减少。综上可知，蒙脱石在超声处理后片层厚度明显减少，即蒙脱石发生了剥离，说明超声法可用于剥离制备蒙脱石纳米片。

图 2.2（c）和（d）分别是超声处理前后蒙脱石片层的 AFM 径向尺寸统计分布图。由图可知，超声剥离前蒙脱石的片层径向尺寸主要分布在 160～200 nm，约占全部片层的 49.61%。而在 150 W 的超声功率下处理 4 min 后，蒙脱石片层径向尺寸发生了明显的变化，片层径向尺寸主要分布在 120～160 nm，约占全部片层的 37.75%，而径向尺寸在 160～200 nm 的片层含量也减少至 24.50%，说明超声处理后蒙脱石中片层的径向尺寸变小，也就是说超声法在剥离蒙脱石的过程中会一定程度地破坏片层的结构。

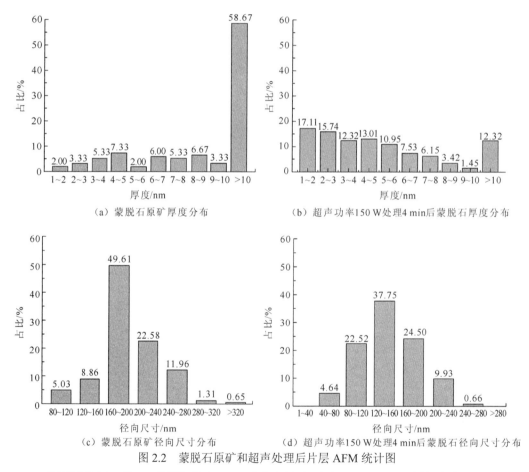

（a）蒙脱石原矿厚度分布　　　　　　　（b）超声功率150 W处理4 min后蒙脱石厚度分布

（c）蒙脱石原矿径向尺寸分布　　　　（d）超声功率150 W处理4 min后蒙脱石径向尺寸分布

图 2.2　蒙脱石原矿和超声处理后片层 AFM 统计图

悬浮液分散条件：将 0.1 g 的蒙脱石加入 100 mL 的去离子水中，在室温下以 300 r/min 的转速搅拌 12 h，

制备出质量浓度为 0.1%的蒙脱石悬浮液

2. 超声功率对剥离蒙脱石的影响

图 2.3（a）～（c）是不同超声功率剥离后蒙脱石片层的 AFM 厚度统计分布图。由图 2.3（Li et al., 2015）可知，当超声功率分别为 150 W、300 W 和 450 W 时，蒙脱石片层厚度在 1～2 nm 的比例分别是 17.11%、30.26% 和 55.00%，也就是剥离后蒙脱石单

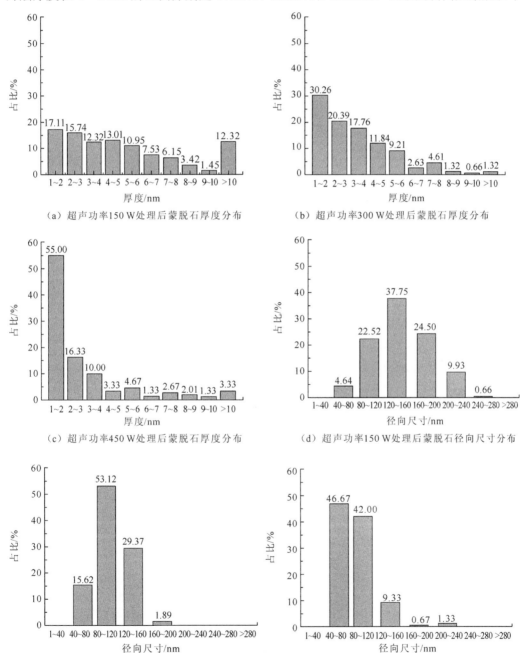

（a）超声功率 150 W 处理后蒙脱石厚度分布　　（b）超声功率 300 W 处理后蒙脱石厚度分布

（c）超声功率 450 W 处理后蒙脱石厚度分布　　（d）超声功率 150 W 处理后蒙脱石径向尺寸分布

（e）超声功率 300 W 处理后蒙脱石径向尺寸分布　　（f）超声功率 450 W 处理后蒙脱石径向尺寸分布

图 2.3　不同超声功率处理 4 min 后蒙脱石片层 AFM 厚度和径向尺寸统计图

片层所占的比例越来越高。说明在超声剥离过程中，超声功率影响剥离程度的大小，大的超声功率产生较强的能量作用在蒙脱石上，从而更容易克服片层间的相互作用力，使蒙脱石片层彼此分开。随着超声功率的升高，蒙脱石的剥离程度也随之增加。

图 2.3（d）～（f）是不同超声功率处理后蒙脱石片层的 AFM 径向尺寸统计图。由图 2.3 可知：当超声功率为 150 W 时，蒙脱石片层的径向尺寸主要分布在 120～160 nm，占全部片层的 37.75%；当超声功率为 300 W 时，蒙脱石片层的径向尺寸主要分布在 80～120 nm，占全部片层的 53.12%；当超声功率为 450 W 时，蒙脱石片层的径向尺寸主要分布在 40～80 nm，占全部片层的 46.67%。说明随着超声功率的升高，蒙脱石剥离过程片层结构受破坏的程度也随之增加。

图 2.4（Li et al.，2015）是不同超声功率处理后蒙脱石激光粒度分布曲线。由图 2.4 可知，随着超声功率的升高，蒙脱石粒度发生了明显的变化，细粒度（0.01～1 μm）的蒙脱石占比增加，粗粒度（1～100 μm）的蒙脱石占比减少，即随着超声功率的升高蒙脱石的光学粒度在减小。这也间接说明蒙脱石的剥离程度随着超声功率的升高而增加，与 AFM 的结果一致。综上可知，超声法具有较高的剥离效率，但同时该方法对蒙脱石片层的破坏也较为严重。超声剥离法简单高效，适合大量制备蒙脱石纳米片，但由于超声波容易破坏蒙脱石纳米片的结构，制备的蒙脱石纳米片尺寸较小，不利于进一步功能化应用。

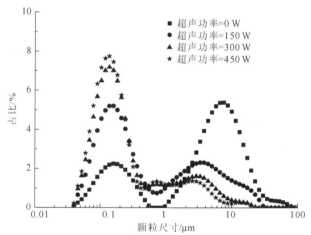

图 2.4　不同超声功率处理后蒙脱石激光粒度分布图

2.1.2　剪切剥离

高剪切作用是常用的使纳米级颗粒稳定分散在液相中的处理方法，也是许多剥离方法中的一个重要过程。如图 2.5（Liu et al.，2014）所示，典型高剪切分散装置主要的剪切能量耗散区域可分为转子扫掠区域、孔区域和射流区域，进而在各个区域中产生剪切力，边缘碰撞和射流空化效应对层状材料进行剥离。

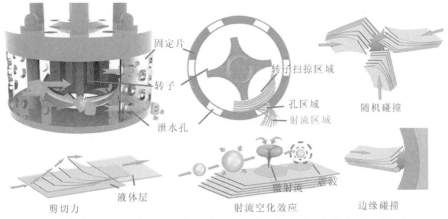

图 2.5　高剪切分散液仪的 3D 截面图及通过剪切力、射流空化和边缘碰撞作用
剥离制备二维纳米片的机理示意图（后附彩图）

　　单独的剪切作用一般很难实现层状晶体的剥离。在使用超声波探头剥离层状晶体时，其在液相中的能量密度每升约几千瓦，单独剪切作用的能量密度每升仅 100 W 左右，远低于超声作用的能量密度。因此在溶液环境中，层状晶体首先需要在插层剂或自身水化作用下发生晶体膨胀而削弱层间结合力强度，继而才能在强剪切力作用下将层状结构剥离分开得到分散的纳米片。在水中和有机溶剂（异丙醇）环境中，蒙脱石在剪切作用下的剥离情况有明显的差异。图 2.6（a）显示蒙脱石在不同搅拌转速下 Stokes 粒度的变化，随着搅拌转速从 1 000 r/min 提高到 3 000 r/min，在水溶液中蒙脱石颗粒小于 0.8 μm 粒级占比从 37.2%提高到 59.8%，表明随着搅拌转速的升高，在水溶液中蒙脱石矿物的 Stokes 粒度显著降低，而在异丙醇中则变化不大，说明层间水化作用对蒙脱石矿物的剥离起到了重要作用，在层间发生水化的作用下，剪切作用就能够提高蒙脱石矿物的剥离程度。类似的情况在不同的剪切时间下也有所体现，图 2.6（b）显示蒙脱石矿物在不同的剪切时间下 Stokes 粒度的变化，随着剪切时间从 0.5 min 提高到 5.0 min，在水溶液中蒙脱石颗粒小于 0.8 μm 粒级占比从 25%提高到 58%，表明随着剪切时间的延长，在水溶液中蒙

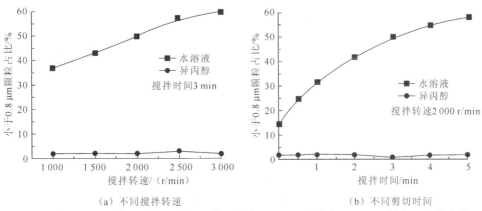

(a) 不同搅拌转速　　　　　　　　　(b) 不同剪切时间

图 2.6　在不同搅拌转速和剪切时间下钠基蒙脱石 Stokes 粒度小于 0.8 μm 粒级百分比变化

脱石矿物的 Stokes 粒度显著降低，在异丙醇中则变化不大。上述研究均表明层间水化作用能够促使蒙脱石剥离，在水溶液中长时间的浸泡将会促进层间的水化作用，从而提高蒙脱石的剥离程度（Li et al.，2017b）。

图 2.7 显示在水溶液中不同搅拌转速和剪切时间下剥离蒙脱石的激光粒度分布及 Stokes 粒度分布（Li et al.，2015）。随着搅拌转速的增加和剪切时间的延长，蒙脱石粒度分布均明显减小，随着搅拌转速由 0 r/min 增加到 27 000 r/min，Stokes 粒度小于 0.2 μm 的比例从 43.18%增加到 57.87%。不同剪切时间作用下也得到了类似的结果。

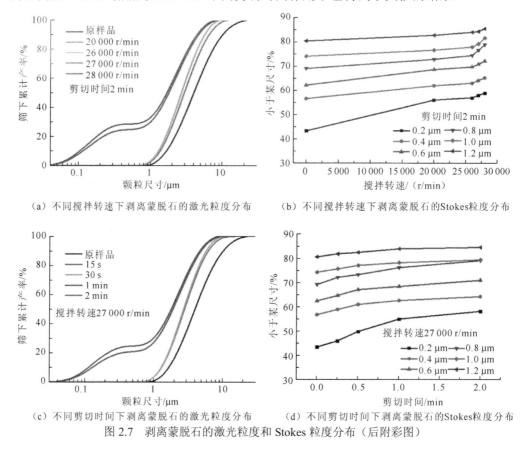

（a）不同搅拌转速下剥离蒙脱石的激光粒度分布　（b）不同搅拌转速下剥离蒙脱石的Stokes粒度分布

（c）不同剪切时间下剥离蒙脱石的激光粒度分布　（d）不同剪切时间下剥离蒙脱石的Stokes粒度分布

图 2.7　剥离蒙脱石的激光粒度和 Stokes 粒度分布（后附彩图）

相比之下，在搅拌转速为 27 000 r/min 下处理 1 min 的蒙脱石样品的 D_{50} 为 2.0 μm，而采用超声剥离方法，在 400 W 超声强度下处理 1 min 的蒙脱石样品的 D_{50} 为 1.2 μm，粒径比剪切法更小。

2.1.3　循环冷冻–解冻剥离

尽管对蒙脱石剥离方法的研究已经取得大量的成果，但这些方法往往难以兼顾蒙脱石纳米片的剥离效率和对片径尺寸的控制。因此有必要研究高效剥离制备高径厚比蒙脱石纳米片的方法，以拓展蒙脱石的应用范围和利用价值。循环冷冻–解冻是利用蒙脱石层间大量吸水的特性，通过改变温度实现水的冻结和融化的交替出现，并基于水冻结和融化时体积变化的特性破坏蒙脱石的层间作用，从而开发在较低超声作用下实现蒙脱石剥离的新方法，有利于获得大片径的二维蒙脱石纳米片。

图 2.8（a）和（b）分别是冷冻-解冻处理前后蒙脱石片层的 AFM 厚度统计分布图。由图 2.8（Chen et al.，2019）可知，蒙脱石原矿片层的厚度在 1～2 nm 的比例仅为 2%，说明蒙脱石原矿中单层的纳米片含量很低；而片层厚度大于 10 nm 的比例为 58.67%，说明蒙脱石原矿的片层厚度大部分大于 10 nm。而在–20℃的条件下冷冻 3 h 并解冻处理后，蒙脱石片层厚度发生了明显的变化，片层厚度大于 10 nm 的比例降低到 46%，说明冷冻-解冻处理后蒙脱石中厚度较大的片层含量明显减少，而厚度在 1～2 nm 的比例仅仅增加到 4%，说明冷冻-解冻处理后蒙脱石中单层纳米片的含量基本没有变化。综上可知，冷冻-解冻法具有剥离蒙脱石的能力，但在该条件下剥离效率不高。图 2.8（c）和（d）分别是冷冻-解冻处理前后蒙脱石片层的 AFM 径向尺寸统计分布图。由图可知，蒙脱石原矿的片层径向尺寸主要分布在 160～200 nm，约占全部片层的 49.61%。冷冻 3 h 并解冻处理后，蒙脱石片层径向尺寸也主要分布在 160～200 nm，约占全部片层的 45.33%，说明冷冻-解冻处理后蒙脱石中片层的径向尺寸基本没有变化，也就是说冷冻-解冻法在剥离蒙脱石的过程中能够较好地保留蒙脱石片层的原始尺寸。

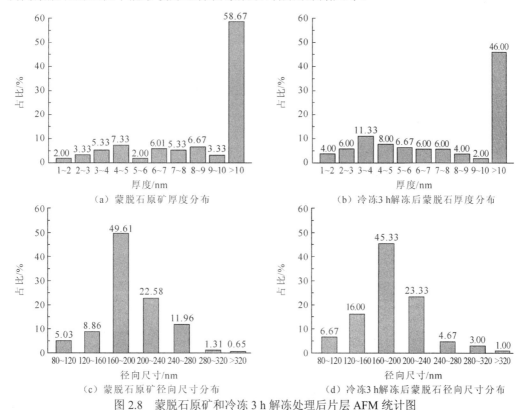

（a）蒙脱石原矿厚度分布　　　　　　（b）冷冻3 h解冻后蒙脱石厚度分布

（c）蒙脱石原矿径向尺寸分布　　　　（d）冷冻3 h解冻后蒙脱石径向尺寸分布

图 2.8　蒙脱石原矿和冷冻 3 h 解冻处理后片层 AFM 统计图

悬浮液分散条件：将 0.1 g 的蒙脱石加入 100 mL 去离子水，在室温下以 300 r/min 的转速搅拌 12 h，

制备出质量浓度为 1 g/L 的蒙脱石悬浮液

水在 4℃的环境中具有最小体积，当温度低于 0℃时，水会由液态变为固态，也就是俗称的结冰。当水结冰时，水分子的排列由原来无规则变成蜂窝状结构的有序排列，这种现象的结果就是总体积发生变化，一般情况下当水结冰时总体积会增加 9%左右。因此，当密闭空间中的水结冰时，体积膨胀必然会产生向外扩张的作用力。图 2.9（a）是蒙脱石冷冻-解冻剥离示意图。由图 2.9（Chen et al.，2019）可知，由于较好的亲水性和层间可交换阳离子的水化作用，蒙脱石层间能吸附大量的水分子，当这些水被冻结而发生体积膨胀时，就会沿垂直于片层的方向产生作用力，从而实现蒙脱石的剥离。同时由于水冻结过程中体积膨胀较为缓慢和均匀，冷冻-解冻剥离能够避免对蒙脱石片层的破坏。将冷冻-解冻后的蒙脱石辅以较小能量输入的超声剥离则能在保证较高剥离效率的同时减少对二维蒙脱石纳米片结构的破坏。图 2.9（b）和（c）分别为 450 W 强度超声剥

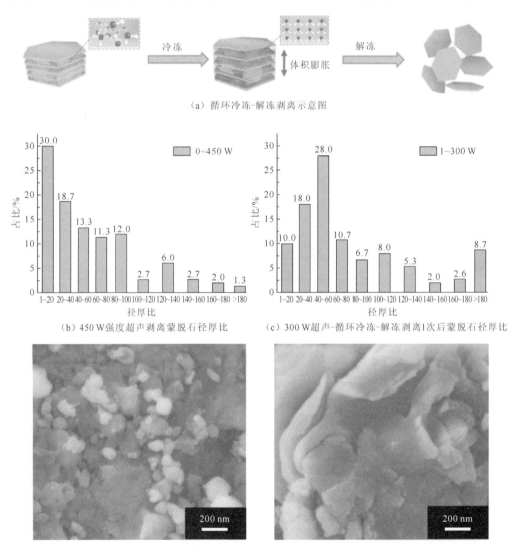

（a）循环冷冻-解冻剥离示意图

（b）450 W 强度超声剥离蒙脱石径厚比　　　（c）300 W 超声-循环冷冻-解冻剥离1次后蒙脱石径厚比

（d）450 W 强度超声剥离蒙脱石的FESEM图　　（e）300 W 超声-循环冷冻-解冻剥离1次后蒙脱石FESEM图

图 2.9　循环冷冻-解冻剥离过程及剥离蒙脱石 AFM 与 FESEM 表征

离和 300 W 超声结合一次冷冻–解冻循环剥离的蒙脱石径厚比分布。比较分析可知，经过冷冻–解冻处理后的蒙脱石在较低的超声强度下的剥离效率更高，而且制备的蒙脱石纳米片平均片径尺寸及径厚比更大。图 2.9（d）和（e）的场发射扫描电镜（field emission scanning electron microscope，FESEM）图也可证明超声–循环冷冻–解冻剥离相较于剪切法和单独使用超声法更加温和，有利于大尺寸、高径厚比蒙脱石纳米片的制备。

2.2　剥离程度表征

剥离程度是蒙脱石剥离过程中的一个重要参数，主要指在剥离过程中片层厚度减小的程度，常用的表征方法有 Stokes 粒度分析、浊度法和原子力显微镜分析等。简单高效地表征蒙脱石的剥离程度对制备蒙脱石纳米片的研究至关重要。本节将主要介绍上述表征方法在表征蒙脱石剥离程度方面的应用，为剥离制备高性能二维蒙脱石纳米片奠定基础。

2.2.1　Stokes 粒度与光学粒度

Stokes 粒度是根据沉降速度计算得出的颗粒相对粒度。不同于 Stokes 沉降粒度，主要依据光衍射/散射原理的激光粒度分析仪是一种新型的粒度测试仪器。因为激光具有很好的单色性和极强的方向性，所以一束平行的激光在没有阻碍的无限空间中将会照射到无限远的地方，并且在传播过程中很少有发散的现象。当光束遇到颗粒阻挡时，一部分光将发生散射现象，如图 2.10（Li et al.，2017a）所示。散射光的传播方向将与主光束的传播方向形成一个夹角（即散射角）。散射角的大小与颗粒的大小有关，颗粒越大，产生的散射角就越小；颗粒越小，产生的散射角就越大。在不同的角度上测量散射光的强度，就可以得到样品的粒度分布。然而对于剥离之后的蒙脱石纳米片来说，其径向尺寸和片层厚度间的尺寸差异可达几个数量级，这样激光照射在蒙脱石表面和端面时的衍射角会有很大的差异，得到的粒度分布难以准确反映实际剥离效果。

可通过分别测定蒙脱石的光学粒度和 Stokes 粒度来比较分析蒙脱石是否发生了剥离，如图 2.10 所示。当一束光通过分散的颗粒后，颗粒厚度对光散射影响效果不明显，而对 Stokes 粒度影响很明显，因此，当颗粒光学粒度相似，而 Stokes 粒度显示较大差异时，说明蒙脱石矿物发生了剥离；对于未发生剥离的颗粒，其光学粒度及 Stokes 粒度均不会发生较大变化。因此，通过比较颗粒的光学粒度及 Stokes 粒度，将能够判断蒙脱石颗粒发生剥离的情况。例如，图 2.11（Li et al.，2017b）中给出的蒙脱石和高岭石的光学粒度分布表明，在这一粒度级下，高岭石及蒙脱石在溶液中的沉降将主要受到粒度的影响。在静置沉降 3 min 后测定上清液的透光率，高岭石在水溶液及异丙醇溶液中均不会发生剥离，并且高岭石矿物的上清液透光率基本保持不变，表明在这一粒度级下粒度对沉降的影响较溶液性质对沉降的影响大得多；而通过改变溶液环境，调整水–异丙醇的

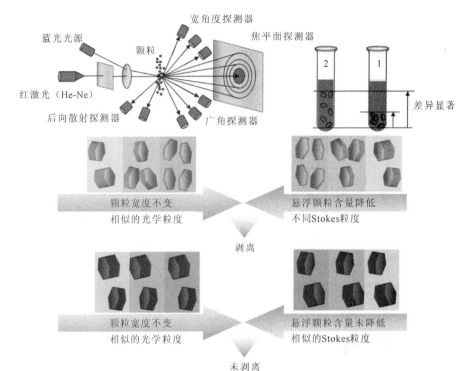

图 2.10 光学粒度及 Stokes 粒度比较法测定蒙脱石的剥离

体积比可以用来表征蒙脱石的剥离情况,蒙脱石矿物的透光率变化较大,说明蒙脱石颗粒本身在不同浓度的异丙醇水溶液中发生了较大的变化,蒙脱石在纯水中的沉降速度较缓慢,随着异丙醇浓度提高至 75%,蒙脱石的沉降速度随之达到最大,之后又减小直到变为在纯异丙醇溶剂中分散,此时蒙脱石的沉降速度较其在水溶液中依旧大很多。该结果表明,蒙脱石在水溶液中的剥离程度比在异丙醇中大。通过比较异丙醇体积分数为 75% 时高岭石及蒙脱石的光学粒度及 Stokes 粒度,可以发现此时两者的光学粒度及 Stokes 粒度均较接近,可以判断在异丙醇体积分数为 75% 时几乎不发生剥离,在水溶液中两种黏土矿物的 Stokes 粒度有很大区别,表明蒙脱石的剥离程度要高于高岭石。

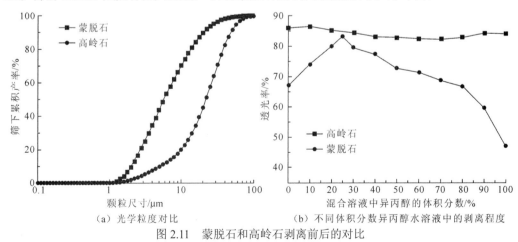

(a) 光学粒度对比   (b) 不同体积分数异丙醇水溶液中的剥离程度

图 2.11 蒙脱石和高岭石剥离前后的对比

2.2.2　浊度法

1. 蒙脱石超声剥离过程中的浊度变化规律

1）超声功率对蒙脱石浊度的影响

图 2.12 是不同超声功率处理后蒙脱石悬浮液浊度的变化规律（Chen et al.，2019）。由图 2.12 可知，在超声处理前，蒙脱石原矿悬浮液的浊度为 650 NTU，随着超声功率的增加，蒙脱石悬浮液的浊度逐渐降低，相应的蒙脱石剥离前后浊度比值 E 逐渐升高。这是由于浊度的测量是基于 Mie 散射理论得到的，在剥离过程中制备出小于 500 nm 的蒙脱石颗粒会导致浊度的降低（Sengupta et al.，2007）。由本书 2.1.1 小节超声剥离部分的内容可知，超声功率的升高也会提高蒙脱石的剥离程度，从而分离出更多小于 500 nm 的蒙脱石颗粒。因此，对比剥离前后浊度的变化可以表征蒙脱石的剥离程度。

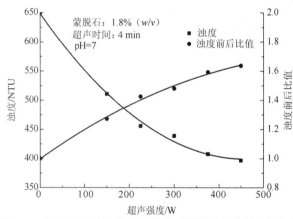

图 2.12　不同超声功率处理后蒙脱石悬浮液浊度的变化规律

2）超声时间对蒙脱石浊度的影响

图 2.13 是不同超声时间处理后蒙脱石悬浮液浊度的变化规律（Chen et al.，2019）。超声处理前，蒙脱石悬浮液的浊度为 650 NTU。在 0～10 min 时蒙脱石悬浮液浊度随着超声时间的增加逐渐降低，并在 10 min 时浊度达到 380 NTU，这是因为在剥离过程制备出小于 500 nm 的蒙脱石颗粒会导致浊度的降低。而当超声时间大于 10 min 后，蒙脱石悬浮液的浊度降幅减小并逐渐趋于平稳，这是因为蒙脱石在该超声条件下剥离程度达到了极限。另外，蒙脱石剥离前后浊度的比值 E 随着超声时间的增加而升高并在 10 min 后逐渐趋于平缓，进一步说明通过对比剥离前后浊度的变化可以表征蒙脱石的剥离程度。

2. 浊度法表征剥离理论分析

浊度通常被定义为光束通过悬浮液时光强降低程度，即悬浮物对通过光线产生的阻碍程度。光强的降低可能是由粒子对光线的吸收和散射引起的。当粒子不吸收光时，光

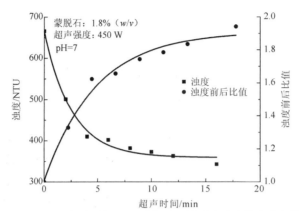

图 2.13   不同超声时间处理后蒙脱石悬浮液浊度的变化规律

强的衰减完全是由散射引起的，因此悬浮液的总散射强度（I_s）与初始光强度（I_O）的比值即为悬浮液的浊度（τ）。

如果悬浮液中悬浮物颗粒数为 N，则悬浮液的浊度可以表示为

$$\tau = \frac{I_s}{I_O} = N \sum_{\text{all angle}} \frac{i_\theta}{I_O} \tag{2.1}$$

式中：i_θ 为散射角 θ 时的散射强度；$\dfrac{i_\theta}{I_O}$ 为散射功率，它是指一个粒子与入射光束成一定角度时的散射光强度。

如果蒙脱石片层的尺寸小于 1 μm，并且与分散介质有近似的折射率，则一个蒙脱石颗粒在散射角 θ 下的散射功率可以通过瑞利-甘斯-德拜（Rayleigh-Gans-Debye，RGD）近似值计算得出（Elimelech et al.，2013）：

$$\frac{i_\theta}{I_O} = \frac{1}{r^2}\left[\frac{8\pi^4 R^6}{\lambda^4}\left(\frac{m^2-1}{m^2+2}\right)(1+\cos^2\theta)\right]P(\theta) \tag{2.2}$$

式中：r 为蒙脱石颗粒与探测器之间的距离；R 为蒙脱石颗粒的特征半径；m 为相对折射率；λ 为光的波长；$P(\theta)$ 为蒙脱石的散射系数。

由于大多数蒙脱石颗粒为片层状，在下面的计算中将其简化为长方体形式。颗粒的特征半径 R 可以表示为

$$R = \left(\frac{3abc}{4\pi}\right)^{\frac{1}{3}} \tag{2.3}$$

式中：a、b、c 分别为蒙脱石颗粒的长度、宽度和厚度。

散射因子 $P(\theta)$ 可表示为（Mittelbach，1961）

$$P(\theta) = \frac{2}{p}\int_0^{\frac{p}{2}}\int_0^{\frac{p}{2}}\frac{\sin(qa\sin\alpha\cos\beta)}{qa\sin\alpha\cos\beta}\frac{\sin(qb\sin\alpha\cos\beta)}{qb\sin\alpha\cos\beta}\frac{\sin(qc\cos\alpha)}{qc\cos\alpha}\sin\alpha\,d\alpha\,d\beta \tag{2.4}$$

式中：α 和 β 为粒子上任意两个散射中心的空间角，被认为具有 n 个相同的主动散射中心；q 为散射矢量，可以表示为

$$q = \frac{4\pi}{\lambda}\sin\frac{\theta}{2} \tag{2.5}$$

如果悬浮液由 n 个尺寸均匀的颗粒（$a \times b \times c_0$）组成，将式（2.2）和式（2.3）代入式（2.1）中，悬浮液的浊度则为

$$\tau_0 = N_0 \sum_{\text{all angle}} \frac{1}{r^2} \left[\frac{9\pi^2(ab)^2 c_0^2}{2\lambda^4} \left(\frac{m^2-1}{m^2+2} \right) (1+\cos^2\theta) \right] P_0(\theta) \tag{2.6}$$

$$P_0(\theta) = \frac{2}{\pi} \int_0^{\frac{\pi}{2}} \int_0^{\frac{\pi}{2}} \frac{\sin(q a \sin\alpha \cos\beta)}{q a \sin\alpha \cos\beta} \frac{\sin(q b \sin\alpha \cos\beta)}{q b \sin\alpha \cos\beta} \frac{\sin(q c_0 \cos\alpha)}{q c_0 \cos\alpha} \sin\alpha d\alpha d\beta \tag{2.7}$$

式中：相对折射率 m 仅取决于材料的性质；a、b 和 c_0 是颗粒尺寸，是与散射角无关的常数；$P_0(\theta)$ 为 N 个蒙脱石片层的散射因子。考虑悬浮液是一个积分，颗粒与探测器之间的距离 R 也被认为是一个常数。所以式（2.6）可以改写为

$$\tau_0 = \frac{9\pi^2(ab)^2 c_0^2}{2\lambda^4} \left(\frac{m^2-1}{m^2+2} \right) \frac{1}{r^2} N_0 \sum_{\text{all angle}} (1+\cos^2\theta) P_0(\theta) \tag{2.8}$$

在蒙脱石剥离过程中，假设一个具有 $a \times b \times c_0$ 尺寸的颗粒均匀地剥离成 n 个具有 $a \times b \times c$ 尺寸的片状，则

$$n = \frac{c_0}{c} \tag{2.9}$$

剥离后的蒙脱石片层总数量 N 为

$$N = n N_0 = \frac{c_0}{c} N_0 \tag{2.10}$$

将式（2.2）、式（2.3）和式（2.10）代入式（2.1），剥离后悬浮液的浊度可表示为

$$\tau_0 = \frac{9\pi^2(ab)^2 c_0^2}{2\lambda^4} \left(\frac{m^2-1}{m^2+2} \right) \frac{1}{r^2} \frac{c_0}{c} N_0 \sum_{\text{all angle}} (1+\cos^2\theta) P_0(\theta) \tag{2.11}$$

$$P_0(\theta) = \frac{2}{\pi} \int_0^{\frac{\pi}{2}} \int_0^{\frac{\pi}{2}} \frac{\sin(q a \sin\alpha \cos\beta)}{q a \sin\alpha \cos\beta} \frac{\sin(q b \sin\alpha \cos\beta)}{q b \sin\alpha \cos\beta} \frac{\sin(q c_0 \cos\alpha)}{q c_0 \cos\alpha} \sin\alpha d\alpha d\beta \tag{2.12}$$

将式（2.8）除以式（2.11），蒙脱石悬浮液在剥离前后的浊度比可写为

$$E = \frac{\tau_0}{\tau} = \frac{c_0}{c} \frac{\sum_{\text{all angle}} (1+\cos^2\theta) P_0(\theta)}{\sum_{\text{all angle}} (1+\cos^2\theta) P(\theta)} = f \frac{c_0}{c} \tag{2.13}$$

结果表明，蒙脱石的剥离程度与剥离前后蒙脱石悬浮液的浊度呈正比，这就从理论上解释了浊度法能够用于表征蒙脱石的剥离程度。

3. 浊度法表征蒙脱石剥离的影响因素

1）pH 对浊度法的影响

在实际情况下，悬浮液的浊度不仅会由于蒙脱石的剥离而降低，而且还会由于颗粒的凝结和沉降而降低。在蒙脱石剥离过程中，如果发生蒙脱石颗粒的聚沉现象，浊度法测出的蒙脱石剥离程度就会产生误差。因此，在使用浊度法衡量蒙脱石剥离程度时应尽可能保证悬浮液在短时间内处于稳定状态。图 2.14 是未剥离的蒙脱石悬浮液在不同 pH

下浊度随时间变化的曲线（Chen et al.，2019）。由图 2.14 可知，在 pH 为 4、6、8 和 10时，蒙脱石悬浮液的浊度在 5 min 内基本不变，说明未剥离的蒙脱石悬浮液在 pH 为 4～10时在短时间内是稳定的。而在 pH 为 2 和 12 时，未剥离蒙脱石悬浮液的浊度随着时间的增加逐渐增大，这是因为在强酸强碱条件下蒙脱石双电层受压缩导致的颗粒之间小的絮凝生成，从而引起浊度暂时的增大（Michot et al.，2013）。因此，采用浊度法表征蒙脱石剥离程度时应控制悬浮液 pH 在 4～10。

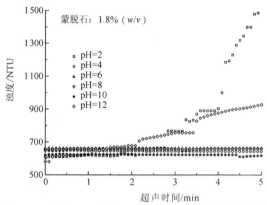

图 2.14　不同 pH 下蒙脱石悬浮液浊度随时间变化曲线

2）固体浓度对浊度法的影响

图 2.15 是不同固体浓度的蒙脱石悬浮液浊度随时间变化的曲线（Chen et al.，2019）。由图 2.15 可知，在固体质量浓度低于 2 g/L 时，蒙脱石悬浮液的浊度与固体浓度线性相关，而当蒙脱石固体质量浓度大于 2 g/L 时，蒙脱石悬浮液的浊度与固体浓度呈非线性，这是因为当固体浓度较大时，悬浮液中固体颗粒数量较多而造成浊度测量结果不能完全体现悬浮液中颗粒数量。因此，采用浊度法表征蒙脱石剥离程度时应控制悬浮液的固体质量浓度小于 2 g/L。

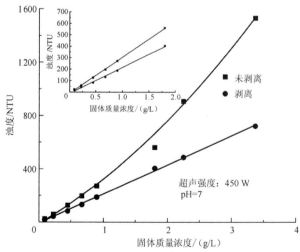

图 2.15　不同固体质量浓度的蒙脱石悬浮液的浊度

2.2.3　原子力显微镜分析

蒙脱石剥离效果评判的重要指标之一是剥离后蒙脱石纳米片的厚度大小。前述的浊度法是对剥离二维蒙脱石纳米片悬浮液的胶体性质进行表征，从而推断蒙脱石剥离程度，并未得到二维蒙脱石纳米片确切的片层厚度及片径尺寸分布。常用的电子显微镜如扫描电子显微镜（scanning electron microscope，SEM）和透射电子显微镜（transmission electron microscope，TEM）等常用来观察样品的微观形貌特征，在分析薄片状材料的厚度时也比较困难，并且对样品和测试条件的要求很高。原子力显微镜（AFM）适用于蒙脱石纳米片这类二维材料表面形貌信息的采集和分析，并能对片层进行三维重构，实现对蒙脱石剥离程度和剥离纳米片二维性质的分析。

AFM 的测试原理与常用的光学显微镜和电子显微镜不同，它通过检测待测样品表面和一个微型力敏感元件之间的极微弱的原子间相互作用力来研究物质的表面结构及性质。将一对微弱力极端敏感的微悬臂一端固定，另一端探针的微小针尖接近样品，这时它将与其发生作用，作用力将使微悬臂发生形变或运动状态发生变化。扫描样品时，利用传感器检测这些变化，就可获得作用力分布信息，从而以纳米级分辨率获得表面形貌结构信息及表面粗糙度信息（图 2.16，Uchihashi et al.，2011）。由于蒙脱石导电性差，在使用电子显微镜测试时需要额外在样品表面喷涂导电金属，会对样品造成不可逆转的损害，而 AFM 由于测试原理的优势则可实现对蒙脱石这类非导电材料的无损形貌分析，且无须真空环境，甚至可以在液相中进行测试。

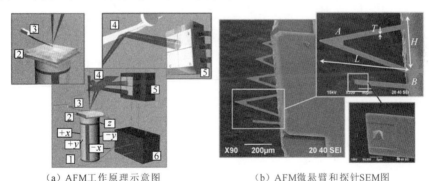

（a）AFM工作原理示意图　　　　　　（b）AFM微悬臂和探针SEM图

图 2.16　AFM 工作原理示意图及其微悬臂和探针 SEM 图

1—压电扫描仪；2—样品；3—微悬臂；4—光束偏转系统；5—方位光电探测器；6—电子分析系统

x，y 为平面方向；z 为纵向方向；L 为长度；T 为厚度；H 为高度；A 为三角形悬臂梁；B 为矩形悬臂梁

图 2.17 给出了钠基蒙脱石（Na-MMT）和钙基蒙脱石（Ca-MMT）超声剥离前后的二维和三维 AFM 形貌图（Bai et al.，2019），可以很明显看出超声剥离之后两种蒙脱石的厚度和径向尺寸均明显减小。结合 AFM 分析软件可对剥离前后蒙脱石纳米片厚度和片径进行统计，挑选剥离前后的代表性颗粒分析其厚度和径向尺寸即可计算径厚比。如图 2.18（Bai et al.，2019）所示，剥离之后蒙脱石片层平均厚度约 1.3 nm，径厚比为 100～

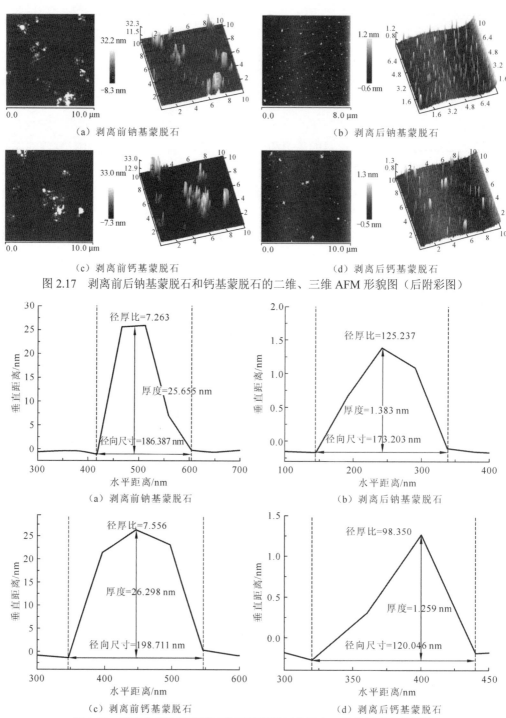

120，相较于剥离前蒙脱石的径厚比提升约 10 倍，表明蒙脱石剥离程度很高，且几乎为均匀的单片层纳米片。

（a）剥离前钠基蒙脱石

（b）剥离后钠基蒙脱石

（c）剥离前钙基蒙脱石

（d）剥离后钙基蒙脱石

图 2.17　剥离前后钠基蒙脱石和钙基蒙脱石的二维、三维 AFM 形貌图（后附彩图）

（a）剥离前钠基蒙脱石

（b）剥离后钠基蒙脱石

（c）剥离前钙基蒙脱石

（d）剥离后钙基蒙脱石

图 2.18　剥离前后钠基蒙脱石及钙基蒙脱石的厚度、径向尺寸和径厚比

2.3　剥离影响因素

在剥离过程中，蒙脱石的片层内破碎（fragmentation）现象几乎无法避免，大的蒙脱石片层结构会变成更小的片层。事实上，在剥离过程中的能量输入（如超声作用），一方面克服层与层之间的范德瓦耳斯力，从而剥离获得二维纳米片；另一方面剥离过程输入的能量也会破坏蒙脱石的片层，减小剥离所得二维材料的片径尺寸，因而不利于大尺寸二维材料的制备。实现蒙脱石的高效剥离的同时保护纳米片片层结构不被破坏是研究蒙脱石剥离过程的关键问题，也决定了二维蒙脱石纳米片后续的应用性能。因此，本节将主要介绍影响蒙脱石剥离过程的因素，为实现大尺寸、高径厚比二维纳米片的可控制备提供参考。

2.3.1　层间离子种类

蒙脱石属于二八面体型结构的黏土矿物，其八面体结构中 Al^{3+} 会被低价阳离子（如 Mg^{2+}、Fe^{2+} 和 Zn^{2+} 等）类质同象取代，四面体中的 Si^{4+} 也会被 Al^{3+} 或 Fe^{3+} 等取代，使蒙脱石片层结构天然荷负电，因此蒙脱石层间除吸附水分子外，还会吸附阳离子（如 Na^+、Ca^{2+} 等）来平衡电荷。水溶液中这些层间阳离子有水化的倾向，将导致水分子进入层间，使蒙脱石发生水化膨胀。层间阳离子具有不同的离子半径和电荷数使其具有不同的水化性能，这对蒙脱石水化膨胀有重要影响。阳离子的水化膨胀会导致蒙脱石的层间距、层间结合能及膨胀能力的不同。了解不同层间阳离子蒙脱石的剥离特性有助于预测和调控制备蒙脱石纳米片的性能。

1. 不同层间阳离子蒙脱石的剥离

通过离子交换分别制备了层间阳离子为 Na^+ 和 Ca^{2+} 的钠基蒙脱石（Na-MMT）和钙基蒙脱石（Ca-MMT），超声剥离 4 min 后 Na-MMT 和 Ca-MMT 的 AFM 测试结果如图 2.19（Zhang et al.，2017）所示。剥离后的 Na-MMT 为厚度均匀的纳米片，厚度约为 1.6 nm。厚度分布结果表明，97.6%的 Na-MMT 纳米片厚度小于 10 nm，已有 62.4%剥离为单层纳米片（厚度为 1～2 nm）。但是，相同超声处理后的 Ca-MMT 厚度分布差异较大，35.2%的 Ca-MMT 厚度在 1～10 nm，只有 8%的 Ca-MMT 剥离成了单层纳米片。与 Na-MMT 剥离结果相比可以发现，不同层间阳离子会影响蒙脱石的剥离效果，在相同的剥离条件下 Ca-MMT 更难剥离成二维纳米片。图 2.20 为 Na-MMT 和 Ca-MMT 在超声剥离后的光学粒径分布（Zhang et al.，2017），结果表明 Ca-MMT 粒径分布范围比 Na-MMT 更广。Na-MMT 和 Ca-MMT 的 D_{50} 分别约为 0.2 μm 和 0.3 μm，Na-MMT 和 Ca-MMT 的 D_{90} 分别约为 3.7 μm 和 5.7 μm。

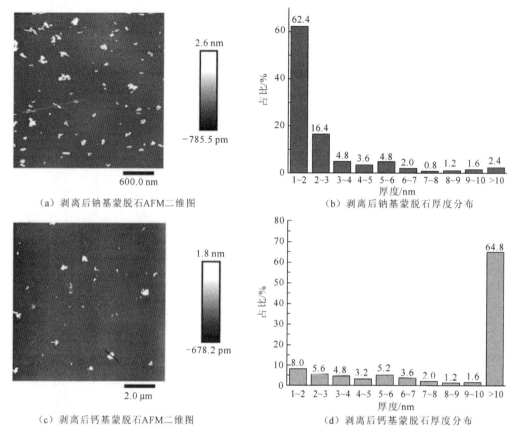

（a）剥离后钠基蒙脱石AFM二维图　　　　　　（b）剥离后钠基蒙脱石厚度分布

（c）剥离后钙基蒙脱石AFM二维图　　　　　　（d）剥离后钙基蒙脱石厚度分布

图 2.19　超声剥离 4 min 后钠基蒙脱石和钙基蒙脱石 AFM 测试

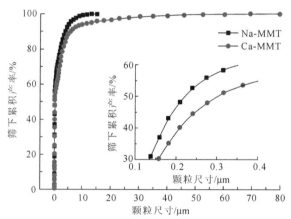

图 2.20　剥离后钠基蒙脱石和钙基蒙脱石的光学粒度分布

2. 不同层间阳离子蒙脱石分子模拟计算

通过分子动力学模拟计算 Na-MMT 和 Ca-MMT 层间结合能（interlayer binding energy，IBE）。结果表明，Na-MMT 和 Ca-MMT 的层间结合能分别为 389.94 kcal/mol 和 694.57 kcal/mol。这是由于 Ca^{2+} 的电荷数比 Na^+ 更大，Ca^{2+} 和蒙脱石的单元晶层具有更

强的静电作用。层间阳离子对层间结合能的影响是 Na-MMT 和 Ca-MMT 剥离性质变化的原因之一。

考虑层间阳离子水化对蒙脱石剥离的影响，将 30 个、45 个、60 个 H_2O 分子吸附到蒙脱石层间，研究 Na-MMT 和 Ca-MMT 与这些层间水的相互作用。对蒙脱石–水–离子体系进行分子动力模拟，Na-MMT 和 Ca-MMT 的层间结合能如图 2.21（c）所示。层间有 30 个、45 个、60 个 H_2O 分子的 Na-MMT 层间结合能分别为 588.18 kcal/mol、611.55 kcal/mol、998.55 kcal/mol，而 Ca-MMT 分别为 782.86 kcal/mol、1 112.24 kcal/mol、1 479.97 kcal/mol（Zhang et al.，2017）。在水含量相同时，Na-MMT 层间能量总是比 Ca-MMT 层间能量小。这主要是由于 Ca^{2+} 的电荷数更大，Ca^{2+} 与蒙脱石单元层间的静电作用更大。因此在 Ca^{2+} 存在的情况下，蒙脱石层与层间水之间的吸引力更大。此外，Na^+ 和 Ca^{2+} 可能对层间水的氢键作用力有不同的影响，进而可能影响离子和水分子在蒙脱石层间的平衡和动力学性质。综上，Na-MMT 比 Ca-MMT 更易剥离的另一个原因可能是层间水化层与 Na-MMT 片层之间的作用相比于水化层与 Ca-MMT 片层之间的作用更弱。

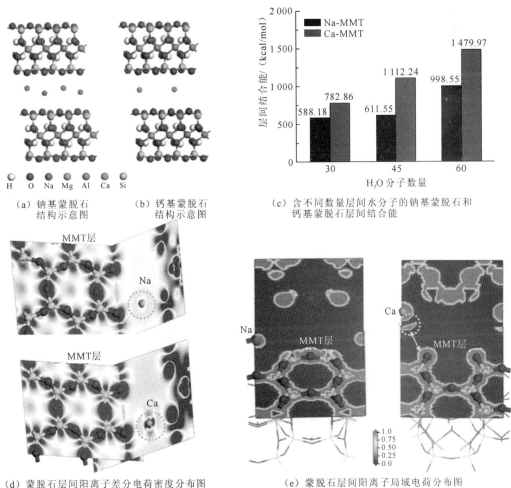

（a）钠基蒙脱石　　　（b）钙基蒙脱石
　　结构示意图　　　　　结构示意图

（c）含不同数量层间水分子的钠基蒙脱石和
　　钙基蒙脱石层间结合能

（d）蒙脱石层间阳离子差分电荷密度分布图　　　　（e）蒙脱石层间阳离子局域电荷分布图

图 2.21　不同层间阳离子蒙脱石层间结合能的分子模拟计算（后附彩图）

层间阳离子种类不仅影响蒙脱石的剥离难易程度，还会影响剥离制备的二维蒙脱石纳米片的径厚比。基于密度泛函理论的第一性原理计算结果表明，蒙脱石层间的 Na^+ 和 Ca^{2+} 由于核外电荷差异会直接影响蒙脱石片层表面的差分电荷密度分布［图 2.21（d）］。层间 Ca^{2+} 显示出明显的趋向于蒙脱石片层的得失电子区域，而 Na^+ 核外则无明显的电荷重排布现象。局域电荷分布函数计算结果［图 2.21（e）］（Bai et al.，2019）中 Ca^{2+} 与蒙脱石层面之间出现了一块局域电荷高的区域，表明层间的 Ca^{2+} 与蒙脱石片层有较强的作用力，而在剥离过程中层间 Ca^{2+} 与面内原子之间的强相互作用力将导致纳米片二维结构的破坏，不利于高径厚比纳米片的制备。

2.3.2 水化和溶剂化作用

通常认为当蒙脱石层间可交换阳离子为碱金属离子时，蒙脱石在水中的剥离通常是由蒙脱石水化及层间离子水化撑大层间距造成的。一般造成蒙脱石界面水化的主要因素有：①层间阳离子的水化；②蒙脱石表面与水分子和层间阳离子的相互作用；③蒙脱石-水体系中的水活度。但是，水化作用对蒙脱石层间界面的作用机制仍存在争议。一些研究者认为水分子和蒙脱石片层表面硅氧四面体上的亲水取代位点处存在氢键。另一些研究者则认为，硅氧烷的表面是非极性且疏水的，不可能与水分子形成氢键，并且在界面位点上，水分子之间会通过氢键紧密相连。由此引发了关于层间阳离子的水化及水分子与硅氧烷表面的相互作用对蒙脱石剥离影响的争论。本小节通过试验和分子动力学模拟研究经水和异丙醇处理之后蒙脱石的剥离和插层过程，以了解水化作用和溶剂化作用对蒙脱石层间距的影响，解释蒙脱石在水中和有机溶剂中剥离的差异。

图 2.22 为剪切剥离 3 min 后蒙脱石在异丙醇溶液及水中的 SEM 及 AFM 图像（Li et al.，2017b）。蒙脱石颗粒在异丙醇溶液中呈块状，剥离的程度极差。但在水中发生剥离后，颗粒呈现片状，剥离后片层的厚度达到了 2 nm，表明发生了较大程度的剥离。蒙脱石在水及异丙醇中的 Stokes 粒度及光学粒度如图 2.23（Li et al.，2017b）所示。在水及异丙醇中，Stokes 粒度小于 0.8 μm 所占的百分比分别为 49.4% 和 2.0%，表明蒙脱石在

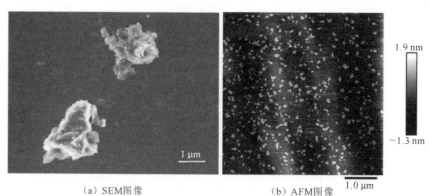

（a）SEM图像　　　　　　　　　（b）AFM图像

图 2.22　蒙脱石在异丙醇溶液中分散的 SEM 及水溶液中分散的 AFM 图像（后附彩图）

测试条件：2 000 r/min 搅拌 3 min

水中分散的 Stokes 粒度远小于其在异丙醇中的 Stokes 粒度，但是两者的光学粒度没有显示显著的差异。上述结果均表明蒙脱石矿物在水中发生了较大程度的剥离，在有机溶剂中发生的剥离程度较小。

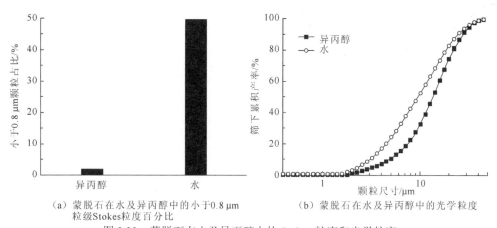

（a）蒙脱石在水及异丙醇中的小于0.8 μm　　　（b）蒙脱石在水及异丙醇中的光学粒度
　　　粒级Stokes粒度百分比

图 2.23　蒙脱石在水及异丙醇中的 Stokes 粒度和光学粒度

测试条件：2 000 r/min 搅拌 3 min

图 2.24 为不同体积分数水–异丙醇混合溶液在蒙脱石层间的插层量（Li et al., 2017a）。结果表明，随着混合溶液总水含量减少，异丙醇插入蒙脱石层间的质量随之升高。与水分子相比，异丙醇分子可以很容易地进入层内空间，这意味着异丙醇分子没有吸附到层间阳离子上，硅氧烷表面贡献了异丙醇分子吸附的绝大部分位点。

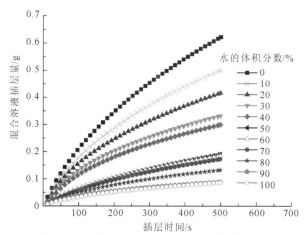

图 2.24　不同体积分数水–异丙醇混合溶液在蒙脱石层间的插层量

用热重法（thermogravimetry，TG）测定的经不同溶剂处理的蒙脱石吸附液体含量结果表明，进入蒙脱石层间的水分子比异丙醇多（图 2.25，Li et al., 2017a）。此外，剥离之后蒙脱石的水–异丙醇混合溶剂含量高于未剥离的蒙脱石，这意味着在水化过程中插入蒙脱石层间的水含量高于异丙醇插层量。

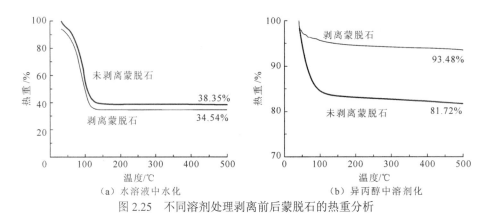

（a）水溶液中水化　　　　　　（b）异丙醇中溶剂化

图 2.25　不同溶剂处理剥离前后蒙脱石的热重分析

图 2.26 给出了水化作用和溶剂化作用影响蒙脱石剥离的示意图（Li et al.，2017a）。图 2.27 为剥离后蒙脱石表面化学基团与水或异丙醇分子间作用的模拟结果（Li et al.，2017a）。图 2.26（a）展示了蒙脱石层间水化的两个阶段。如图 2.27（a）和（b）所示，在第一阶段中，水分子吸附在层间的 Na$^+$ 上，层间距由于离子水化而扩大。在第二阶段中，更多的水分子被吸附进入了层间。在层间距增大且额外的水分子填满了层间后，两个相邻片层之间的吸引力减弱，蒙脱石颗粒进而发生剥离。图 2.26（b）显示蒙脱石层间的异丙醇溶剂化作用，蒙脱石层间的溶剂化过程只有一个阶段。图 2.27（c）和（d）中异丙醇的—CH$_3$ 和—OH 基团吸附到了蒙脱石的中性硅氧烷面上。在异丙醇吸附到层间中性硅氧烷位点上后，两个片层之间的吸引力减弱，蒙脱石颗粒发生剥离。此外，如图 2.26（b）所示，在异丙醇溶剂化作用下的蒙脱石层间距不变。由层间的水化作用影响增大的蒙脱石层间距比异丙醇溶剂化作用更大，与异丙醇相比，更多的水分子可被吸附进层间。因此，水化作用更有利于蒙脱石剥离制备二维纳米片。

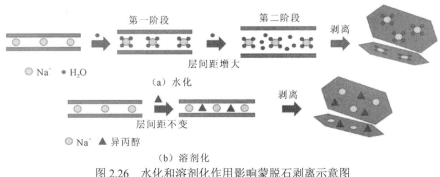

图 2.26　水化和溶剂化作用影响蒙脱石剥离示意图

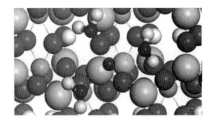

（a）吸附水分子俯视图

（b）吸附水分子侧视图

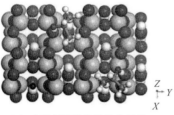 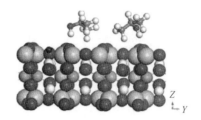

（c）吸附异丙醇分子的俯视图　　　　　　　（d）吸附异丙醇分子的侧视图

图 2.27　钠基蒙脱石表面吸附水分子和异丙醇分子的俯视图及侧视图

参 考 文 献

BAI H, ZHAO Y, ZHANG X, et al., 2019. Correlation of exfoliation performance with interlayer cations of MMT in the preparation of two-dimensional nanosheets[J]. Journal of American Ceramic Society(102): 3908-3922.

CHEN T, YUAN Y, ZHAO Y, et al., 2019. Preparation of montmorillonite nanosheets through freezing/thawing and ultrasonic exfoliation[J]. Langmuir, 35: 2368-2374.

ELIMELECH M, GREGORY J, JIA X, et al., 2013. Particle deposition and aggregation measurement, modeling and simulation[M]. Woburn: Butterworth-Heinemann.

LI H, ZHAO Y, SONG S, et al., 2015. Comparison of ultrasound treatment with mechanical shearing for montmorillonite exfoliation in aqueous solutions[J]. JOM, 2(1): 1-12.

LI H, SONG S, ZHAO Y, et al., 2017a. Comparison study on the effect of interlayer hydration and solvation on montmorillonite delamination[J]. JOM, 69(2): 254-260.

LI H, ZHAO Y, SONG S, et al., 2017b. Delamination of Na-montmorillonite particles in aqueous solutions and isopropanol under shear forces[J]. Journal of Dispersion Science and Technology, 38(8): 1117-1123.

LIU L, SHEN Z, YI M, et al., 2014. A green, rapid and size-controlled production of high-quality graphene sheets by hydrodynamic forces[J]. Royal Society of Chemistry Advances, 4(69): 36464-36470.

LUCAS A, ZAKRI C, MAUGEY M, et al., 2009. Kinetics of nanotube and microfiber scission under sonication[J]. The Journal of Physical Chemistry C, 113(48): 20599-20605.

MICHOT L J, BIHANNIC I, THOMAS F, et al., 2013. Coagulation of Na-montmorillonite by inorganic cations at neutral pH. A combined transmission X-ray microscopy, small angle and wide angle X-ray scattering study[J]. Langmuir, 29(10): 3500-3510.

MITTELBACH P, 1961. Zur rontgenkleinwinkelstreuung verdunnter kolloider systeme[J]. Acta Physica Austriaca, 14: 185-211.

PATON K R, VARRLA E, BACKES C, et al., 2014. Scalable production of large quantities of defect-free few-layer graphene by shear exfoliation in liquids[J]. Nature Materials, 13(6): 624-630.

SENGUPTA R, CHAKRABORTY S, BANDYOPADHYAY S, et al., 2007. A short review on rubber/clay nanocomposites with emphasis on mechanical properties[J]. Polymer Engineering and Science, 47:

1956-1974.

SUSLICK K S, HAMMERTON D A, CLINE R E, 1986. Sonochemical hot spot[J]. Journal of the American Chemical Society, 108(18): 5641-5642.

UCHIHASHI T, TOSHIO A, 2011. High-speed AFM and biomolecular processes[J]. Atomic Force Microscopy its use in Biomedical Researches, 736: 285-300.

YI M, SHEN Z, 2015. A review on mechanical exfoliation for the scalable production of graphene[J]. Journal of Materials Chemistry A, 3(22): 11700-11715.

ZHANG X, YI H, BAI H, et al., 2017. Correlation of montmorillonite exfoliation with interlayer cations in the preparation of two-dimensional nanosheets[J]. Royal Society of Chemistry Advances, 7(66): 41471-41478.

第3章

蒙脱石纳米片特性

3.1 蒙脱石纳米片形貌特征

对蒙脱石纳米片的形貌表征主要包括片层结构和剥离程度两个方面。剥离后片层结构的表征主要是蒙脱石在剥离过程中片层形貌的变化，常用的表征方法有扫描电子显微镜（SEM）分析、透射电子显微镜（TEM）分析及原子力显微镜（AFM）分析等。对蒙脱石剥离程度的表征是指在剥离过程中片层厚度减小的程度，常用的表征方法为 AFM 分析。

3.1.1 SEM 分析

蒙脱石在水溶液中易剥离成横向尺寸为 200～500 nm，具有单层或者少数层的纳米片。与光学显微镜相比，通过与样品表面的电子束相互作用获取图像的扫描电子显微镜能够获得放大倍数更高和分辨率更高的图像，因此能够直观地观察蒙脱石纳米片的形貌。如图 3.1 所示，蒙脱石纳米片的形貌和颗粒大小可以直观地在 SEM 图像上观察到（Chen et al.，2019b）。由图 3.1（a）可知，蒙脱石二维纳米片的表面边缘卷曲明显，片层结构较好，厚度为 5～10 nm，而单层蒙脱石的纳米片厚度约为 1 nm，所以该蒙脱石纳米片为少数层的纳米片。图 3.1（b）所展示的蒙脱石纳米片尺寸相对较小，基本在 100 nm 以下，这是因为制备蒙脱石二维纳米片过程中超声作用过大，不仅使蒙脱石的层与层之间剥开，而且对片层结构产生破坏。

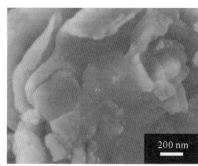

（a）大片径蒙脱石纳米片　　　　　　　（b）小片径蒙脱石纳米片

图 3.1　蒙脱石纳米片的 SEM 图像

3.1.2 TEM 分析

透射电子显微镜可以通过电子光学原理直接观察蒙脱石纳米片的内部结构和空间分布，是表征蒙脱石纳米片结构的重要手段。相比于周围基底中的 C、H、N 元素，蒙脱石片层是由原子质量较大的 Al、Si、O 元素组成，这使得蒙脱石纳米片在明亮的图像中看起来更暗。因此，TEM 图像中的暗线代表着蒙脱石纳米片的片层边缘，而暗线的间距则代表蒙脱石纳米片的厚度。图 3.2 是蒙脱石纳米片的 TEM 图像（Wang et al.，2017），图 3.2（a）表明蒙脱石纳米片为单层，而图 3.2（b）中的蒙脱石纳米片则为两层；图 3.2（c）和（d）中暗线的间距表明蒙脱石纳米片的厚度分别为 4 nm 和 5 nm，因此，可以推断其由 3～4 层蒙脱石片层组成。

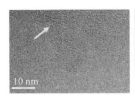  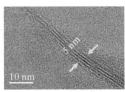

（a）单层蒙脱石纳米片　（b）两层蒙脱石纳米片　（c）厚度4 nm的多层蒙脱石纳米片　（d）厚度5 nm的多层蒙脱石纳米片

图 3.2　蒙脱石纳米片的 TEM 图像

3.1.3 AFM 分析

原子力显微镜是分析固体物质表面形貌的有力工具。通过物体表面和探针上原子之间的作用力，使悬臂梁发生形变，从而得到固体物体的表面形貌。采用 Bruker MultiMode 8 原子力显微镜，在峰值力轻敲模式下对蒙脱石纳米片进行观测。图 3.3 是蒙脱石纳米片的 AFM 图像，从图中可看出大部分蒙脱石纳米片具有较小的厚度及不同的径向尺寸（康石长，2020）。通过软件可以分析每一个纳米片的径向尺寸及厚度，图 3.3（a）中红线处所表示的蒙脱石纳米片的径向尺寸与厚度见图 3.3（b），由图可以看出该纳米片的厚度在 2.4 nm 左右（约 2 层蒙脱石片层堆叠），其径向尺寸约 200 nm。

（a）AFM图像　　　　　　　　（b）径向尺寸与厚度分析

图 3.3　蒙脱石纳米片的 AFM 图像（后附彩图）

3.2　蒙脱石纳米片表面电动性质

蒙脱石表面电荷的来源主要分为两种，即永久性负电荷和可变电荷。在蒙脱石片层上常发生晶格内的硅、铝原子类质同象置换（硅氧四面体结构中 Si^{4+} 被 Al^{3+} 取代和铝氧八面体结构中 Al^{3+} 被 Mg^{2+} 或其他低价态的阳离子取代），从而导致蒙脱石结构中出现大量的表面不饱和电荷，使蒙脱石表面和层间荷负电。这种不依赖周围介质的物理化学性质的结构电荷称为永久性负电荷，永久性负电荷的含量取决于蒙脱石晶面上的取代程度。为了补偿这些不饱和电荷，一些金属阳离子（如 Na^+、K^+、Li^+、Ca^{2+} 等）会吸附在蒙脱石的层间实现电荷平衡（Kang et al.，2018）。另外在蒙脱石片层的边缘上存在随溶液的 pH 改变而改变的可变电荷（Chen et al.，2019a）。可变电荷产生的原因主要是蒙脱石片层端面上与 Al 原子相连的羟基发生解离和端面上吸附了 OH^-、SiO_3^{2-} 等无机阴离子或有机聚阴离子电解质的解离。蒙脱石的永久性负电荷和可变电荷各自所占的比例大概为 90%～95% 和 5%～10%。当蒙脱石剥离成二维纳米片时，更多的基面与边缘暴露出来，从而导致蒙脱石纳米片的表面电动性质发生改变（陈天星，2019）。蒙脱石纳米片的表面电动性质对蒙脱石聚团、分散、沉淀和过滤等行为的研究具有重要意义，同时溶液中蒙脱石纳米片表面电性的测量对蒙脱石纳米复合材料的研究具有重要意义。

3.2.1　剥离对表面电动性质的影响

蒙脱石的二维剥离会引起其电动性质发生变化，并且不同剥离程度的二维蒙脱石纳米片的电动性质也不同（Chen et al.，2017）。由于蒙脱石独特的片层结构，片层表面上的永久性负电荷占蒙脱石总电荷的 90% 以上，这就使得在蒙脱石电动性质的测量中，电泳迁移率主要由永久性负电荷决定。图 3.4 是蒙脱石在水溶液中剥离的示意图。由图 3.4 可知，剥离过程会使许多原本在片层之间的负电荷"暴露"出来，从而导致二维蒙脱石纳米片负电性增加。

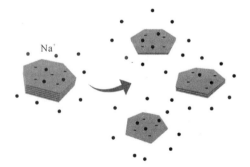

图 3.4　蒙脱石在水溶液中剥离示意图

配置质量浓度为 10 g/L 的蒙脱石悬浮液并充分分散。采用超声波细胞破碎仪分别在 0 W、150 W、300 W 和 450 W 的超声功率下超声剥离 4 min，制备 4 种不同剥离程度的蒙脱石，分别标记为 MMT-1、MMT-2、MMT-3 和 MMT-4。图 3.5 是 4 种不同剥离程度的蒙脱石的 AFM 图像及厚度分布统计图，从 AFM 图像中可以看出不同剥离程度的蒙脱石颗粒的垂直尺寸，即平均厚度。由图 3.5(a)可知，蒙脱石 MMT-4 的最大厚度为 1.9 nm，说明该蒙脱石片层基本由 1~2 层的蒙脱石纳米片组成（Bai et al.，2019；Zhang et al.，2017），而蒙脱石 MMT-3、MMT-2 和 MMT-1 的最大厚度分别为 7.3 nm、14.0nm 和 19.7nm，说明蒙脱石片层的厚度越来越大。为了避免所选 AFM 照片的偶然性并准确地表征蒙脱石片层的厚度分布，用原子力显微镜在 7.5 μm×7.5 μm 扫描区域内收集足够多的蒙脱石片层并对它们的厚度进行统计分析。由图 3.5（b）的统计结果可知，蒙脱石 MMT-4 的所有颗粒中片层厚度小于 2 nm（1~2 层）的约占 43%，而在蒙脱石 MMT-1 中厚度小于 2 nm 的仅占 1%。因此，4 种蒙脱石的剥离程度为 MMT-1<MMT-2<MMT-3<MMT-4。图 3.6 是 4 种不同剥离程度的蒙脱石的 Stokes 粒度分布图。由图 3.6 可知，MMT-1、MMT-2、MMT-3 和 MMT-4 的 Stokes 粒度越来越小，再次验证了这 4 种蒙脱石的剥离程度的结果。

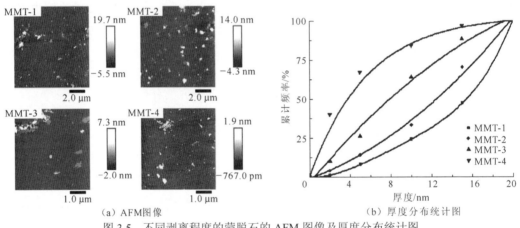

（a）AFM图像　　　　　　　　　　（b）厚度分布统计图

图 3.5　不同剥离程度的蒙脱石的 AFM 图像及厚度分布统计图

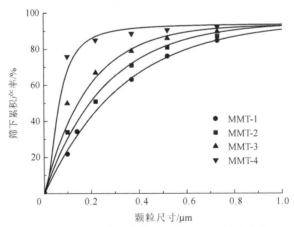

图 3.6　不同剥离程度蒙脱石的 Stokes 粒度分布

图 3.7 是 4 种剥离后的蒙脱石在 pH=3 和 pH=10 时的电泳迁移率分布图（Chen et al.，2017）。由图 3.7（a）可知，蒙脱石 MMT-1、MMT-2、MMT-3 和 MMT-4 在 pH=3 的电

泳迁移率分布峰值分别为 –1.3 μm·cm/V·s、–1.49 μm·cm/V·s、–1.62 μm·cm/V·s 和 –1.75 μm·cm/V·s，说明在 pH=3 时 4 种蒙脱石的电负性大小规律为 MMT-1<MMT-2<MMT-3<MMT-4。图 3.7（b）为不同剥离程度的蒙脱石在 pH=10 时的电泳迁移率分布图。由结果可知，蒙脱石 MMT-1、MMT-2、MMT-3 和 MMT-4 的电泳迁移率分布峰值分别为–2.6 μm·cm/V·s、–3.01 μm·cm/V·s、–3.15 μm·cm/V·s 和–3.6 μm·cm/V·s，说明在 pH=10 时 4 种蒙脱石的电负性大小规律为 MMT-1<MMT-2<MMT-3<MMT-4，该结果与 pH=3 时 4 种蒙脱石的电泳迁移率规律一致。而且，测得的蒙脱石的电泳迁移率值与前人的研究基本一致（Saka et al., 2006）。综上可知，蒙脱石剥离程度越大其电负性越大。

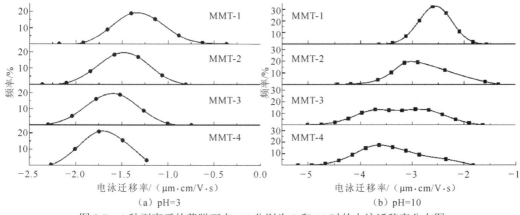

图 3.7　4 种剥离后的蒙脱石在 pH 分别为 3 和 10 时的电泳迁移率分布图

蒙脱石的剥离会改变其片层表面的电动性质，其表现为随着剥离程度的增加，蒙脱石电负性明显增强。主要原因有两方面：一方面在剥离过程中原本位于层间的永久性负电荷暴露出来增加蒙脱石片层的负电性；另一方面剥离制备的蒙脱石二维纳米片由于其表面和边缘表面的电荷密度不均，而且纳米片的厚度小于德拜长度，蒙脱石纳米片表面的负电荷可能溢出到边缘表面，即蒙脱石片层表面上的负电荷向端面的"溢出"效应随剥离程度的增大而增加，从而减弱蒙脱石端面上的正电荷。

3.2.2　表面质子化

蒙脱石片层的边缘上存在随溶液 pH 改变的可变电荷。在碱性溶液中，蒙脱石片层端面上的羟基基团会与水溶液中的羟基基团发生缩合，从而释放出 H^+ 而荷负电，而在酸性溶液中，蒙脱石片层端面会吸附 H^+ 而荷正电。另外，蒙脱石片层断面上的 Si—O、Al—O、Al—OH 等化学键常常发生断裂，断键处的正、负离子往往会吸附溶液中的 OH^- 和 H^+，从而荷负电或正电。

为了准确地测量蒙脱石片层端面上的电性，可以通过酸碱电位滴定法测量蒙脱石纳米片在酸碱滴定过程中吸附/脱附质子的能力，从而表征其端面上的电性（Chen et al., 2017）。蒙脱石对质子的吸附与脱附行为主要发生在片层端面上的氧化物型活性位点，反应方程如下（≡S 代表片层端面 O 原子附着的结构阳离子）：

$$\equiv S\!-\!OH \rightleftharpoons \equiv S\!-\!O^- + H^+ \qquad (3.1)$$

在低 pH 情况下，蒙脱石也可以通过层间的阳离子交换作用与质子发生反应（≡X—）：

$$\equiv XNa + H^+ \rightleftharpoons \equiv XH + Na^+ \qquad (3.2)$$

图 3.8 显示的是不同剥离程度（MMT-1<MMT-2<MMT-3<MMT-4）的蒙脱石纳米片的酸碱滴定曲线。由图 3.8 可知，随着蒙脱石剥离程度的增加，其净质子/氢氧化物消耗（C_a-C_b，C_a 为氢离子浓度，C_b 为氢氧根离子浓度）随之减少，特别是在碱性范围内。pH 为 8～10 时酸碱滴定曲线的斜率急剧增加，并且在 pH 为 10 时 MMT-1 的净质子/氢氧化物消耗是 MMT-4 的 1.5 倍。在碱性条件下，位于蒙脱石纳米片边缘的 Si—OH 和 Al—OH 与溶液中的 OH$^-$发生去质子化反应，随着剥离程度的增加，蒙脱石的表面电荷向边缘的"溢出效应"增强，从而使得蒙脱石边缘表面消耗较少的 OH$^-$。相反，这种趋势在 pH 小于 5 的酸性区域中显著减弱。随着 pH 的减小，溶液中的 H$^+$增加，不仅边缘表面会发生质子化反应，而且 H$^+$会和层间 Na$^+$发生离子交换，这种离子交换也是质子化反应。虽然剥离程度的增加会导致更多的蒙脱石纳米片边缘表面暴露出来，但是边缘表面相对基面较小，因此，随着 pH 的减小，净质子消耗量的差异逐渐减小（Chen et al.，2017）。总之，随着剥离程度的增加，由于蒙脱石纳米片的质子化-脱质子化反应，蒙脱石纳米片表面的负电性也随之增加。

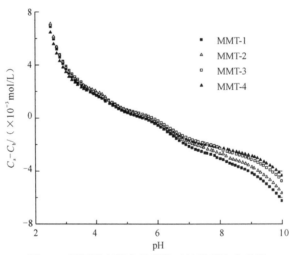

图 3.8　不同剥离程度的蒙脱石的酸碱滴定曲线

3.3　蒙脱石纳米片胶体稳定性及流变性能

虽然剥离制备的蒙脱石纳米片的厚度通常差别不大，但是其片径尺寸存在较大差异，即蒙脱石纳米片的径厚比不同。径厚比会影响蒙脱石纳米片悬浮液稳定性、流变性能等一系列性质。本节主要通过结合循环冷冻-解冻法和超声法制备出不同径厚比的蒙脱石纳米片并对其进行表征,系统研究径厚比对蒙脱石纳米片胶体性质的影响规律。

3.3.1　胶体稳定性

径厚比是指具有片层状结构材料的径向尺寸与厚度的比值,是非金属矿物材料应用中的一个重要的性质。研究表明,制备不同径厚比的蒙脱石纳米片并研究其物理化学性能,对于扩展蒙脱石的应用范围十分关键。虽然循环冷冻-解冻法制备蒙脱石纳米片的效率较低,但该方法能够极大程度上保护蒙脱石片层不受破坏(Chen et al.,2019b);而超声法制备蒙脱石纳米片虽然效率高,但该方法制备出的蒙脱石纳米片尺寸较小(Bai et al.,2019)。在此基础上,考虑通过控制冷冻-解冻循环次数和超声剥离的功率,制备出不同径厚比的蒙脱石纳米片。

将没有经过冷冻-解冻预处理,在超声功率450 W下剥离4 min制备出的蒙脱石纳米片标记为2D-MMT-1,经过冷冻-解冻循环一次预处理,在超声功率300 W下剥离4 min制备出的蒙脱石纳米片标记为2D-MMT-2。图3.9是两种方法制备出的蒙脱石纳米片厚度、径向尺寸和径厚比的分布统计图。由图3.9(a)和(b)可知,两种方法制备出的蒙脱石纳米片厚度基本一致,大部分分布在1~2 nm且厚度大于10 nm的片层占比很小,说明这两种蒙脱石纳米片主要由单层的纳米片组成。图3.9(c)和(d)表明两种蒙脱石纳米片的径向尺寸相差较大,2D-MMT-1的径向尺寸主要分布在40~120 nm,约占全部片层的88.67%,2D-MMT-2的径向尺寸主要分布在80~160 nm,约占全部片层的78%,说明这两种蒙脱石纳米片的径向尺寸存在显著差异。通过AFM可以得到蒙脱石片层的厚度和径向尺寸,从而计算出径厚比并统计其分布。由图3.9(e)可知,蒙脱石纳米片2D-MMT-1的径厚比较小,主要分布在1~20;而2D-MMT-2的径厚比较大,主要分布在40~60[图3.9(f)],是前者的2~3倍。因此,通过合理控制冷冻-解冻循环次数和超声功率可制备出具有不同径厚比的蒙脱石纳米片。

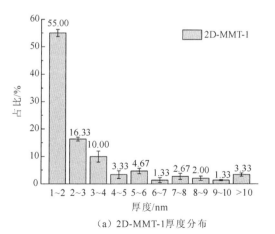

（a）2D-MMT-1厚度分布

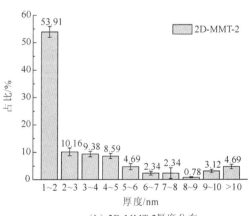

（b）2D-MMT-2厚度分布

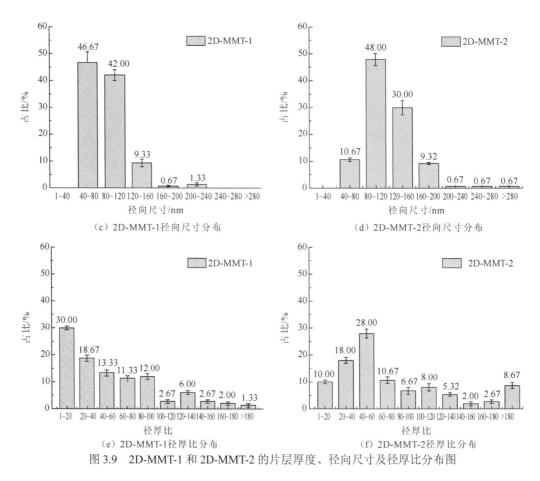

（c）2D-MMT-1径向尺寸分布　　　　（d）2D-MMT-2径向尺寸分布

（e）2D-MMT-1径厚比分布　　　　（f）2D-MMT-2径厚比分布

图3.9　2D-MMT-1和2D-MMT-2的片层厚度、径向尺寸及径厚比分布图

　　图3.10是两种不同径厚比的蒙脱石纳米片在pH=2、pH=6和pH=10时的沉降曲线。由图3.10（a）可知，在pH为2时，2D-MMT-1的浊度在0～17 min保持不变，维持在237 NTU附近，从17 min开始浊度开始迅速下降，并在30 min时达到9.2 NTU，沉降率达到96%；而2D-MMT-2的浊度在0～30 min保持不变，维持在180 NTU附近，说明在pH为2时径厚比较大的蒙脱石纳米片具有较好的稳定性。研究表明，径厚比大的蒙脱石纳米片具有更大的电负性，因此片与片之间的静电斥力较大，悬浮液更加稳定（Chen et al.，2019b）。值得注意的是，由相同质量的蒙脱石剥离制备出的蒙脱石纳米片的初始浊度不同，这是因为径厚比小的纳米片颗粒数量较多导致其浊度偏大。图3.10（b）表明，在pH为6时，2D-MMT-1的浊度在0～25 min保持不变，维持在274 NTU附近，从25 min开始浊度迅速下降并在30 min时达到144.46 NTU，沉降率达到47.3%；而2D-MMT-2的浊度在0～30 min保持不变，维持在195 NTU附近，说明在pH为6、径厚比较大的蒙脱石纳米片具有较好的稳定性，而且径厚比较小的2D-MMT-1稳定性随pH的增大而提高。由图3.10（c）可知，在pH为10时，2D-MMT-1和2D-MMT-2的浊度在0～30 min均保持不变，分别维持在292 NTU和207 NTU附近，说明在pH为10时两种不同径厚比的蒙脱石纳米片都具有较好的稳定性，这是由于此时两种蒙脱石纳米片均具有较高的负电性，片与片之间的静电斥力增强了其稳定性（陈天星，2019）。

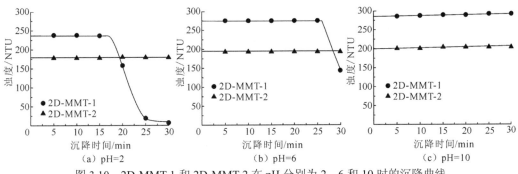

图 3.10 2D-MMT-1 和 2D-MMT-2 在 pH 分别为 2、6 和 10 时的沉降曲线

3.3.2 流变性能

图 3.11 是两种不同径厚比的蒙脱石纳米片的流变曲线。由图 3.11 可知，在较低的剪切速率下，径厚比较小的蒙脱石纳米片（2D-MMT-1）表现出较大的表观黏度，这是由于在低剪切速率下片层较小的蒙脱石纳米片具有更多的颗粒，以及更容易发生颗粒间的相互作用。随着剪切速率的增大，两种蒙脱石纳米片悬浮液的表观黏度均降低，属于非牛顿流体，具有明显的剪切稀释性质（Chen et al.，2019b）。值得注意的是，径厚比较小的蒙脱石纳米片表观黏度随剪切速率降低的速率较大，说明径厚比大的蒙脱石纳米片悬浮液的稳定性更好，该结果与浊度测试的结果相吻合。

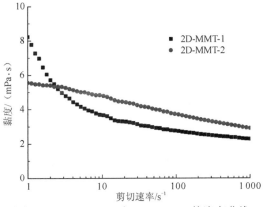

图 3.11 2D-MMT-1 和 2D-MMT-2 的流变曲线

3.4 蒙脱石纳米片表面水化膜

蒙脱石的基底构造、化学组成和表面电荷导致了其与水接触会发生强烈的水化作用。蒙脱石表面会强烈地影响其周围水分子的结构和动力学行为。因此，蒙脱石很容易水化，而且水分子的行为也会改变。蒙脱石水化膜中的水分子叫结合水，而远离蒙脱石表面并

且不会被蒙脱石影响的水叫自由水（Yi et al.，2016）。当蒙脱石固体颗粒浸没在水中时，其会发生水化作用，在表面形成纳米级别的水化膜（Min et al.，2015）。对于未剥离的蒙脱石，例如粒径为 1 μm 的颗粒，水化膜的体积与固体颗粒相比可以忽略不计。然而，由于蒙脱石纳米片的厚度一般只有几个纳米，水化膜对蒙脱石纳米片就非常重要。因此，了解蒙脱石纳米片的水化膜对应用蒙脱石纳米片显得十分必要。

3.4.1 基于爱因斯坦黏度理论测量蒙脱石纳米片表面水化膜厚度

爱因斯坦黏度理论发现液体流动时为了克服内摩擦需要消耗一定的能量。如果液体中有质点存在，则液体的流线在质点附近受到干扰，这就需要额外的能量，因此溶胶或悬浮液的黏度均大于纯溶剂的黏度。胶体分散体系的黏度随着体系中颗粒浓度的增加而变大。当溶液中含有较低浓度的刚性颗粒，比黏度和固体体积分数之间计算公式为

$$\frac{\eta - \eta_0}{\eta_0} = [\eta]\phi \tag{3.3}$$

式中：η_0 为水的黏度；η 为悬浮液的黏度；ϕ 为固体体积分数；$[\eta]$ 为相对黏度比固体分数的曲线在最小极限处的斜率，表达式为

$$[\eta] = \lim_{\phi \to 0} \frac{\eta_r - 1}{\phi} \tag{3.4}$$

式中：η_r 为相对黏度，蒙脱石纳米片通常被认为是具有较大径厚比的圆盘状颗粒。因此对于浓度相对较稀的蒙脱石纳米片悬浊液，其相对黏度 η_r 可以表示为（Simha，1940）

$$\eta_r = \frac{16}{15} \frac{f}{\tan^{-1} f} \phi + 1 \tag{3.5}$$

式中：f 为径厚比。

当蒙脱石纳米片置于水溶液中，亲水性的表面常常附着水化膜。水化膜中的水分子与自由水中的水分子相比具有不同的分子结构，较自由水具有更高的密度和黏度。所以，如图 3.12 所示，水化膜可以看作蒙脱石纳米片的一部分，相当于蒙脱石纳米片的部分体积，从而可以增加分散系的黏度。对于一个水化的蒙脱石纳米片，假设其长、宽、高分别为 a、b 和 c，水化膜的厚度为 h。其中 $a \gg c$，$b \gg c$，$a \gg h$，$b \gg h$。蒙脱石纳米片和具有水化膜蒙脱石纳米片的体积分别表示为

$$V = abc \tag{3.6}$$

$$Vs = (a+2h)(b+2h)(c+2h) = ab(c+2h) \tag{3.7}$$

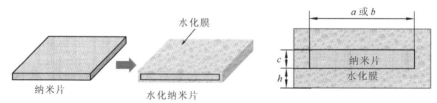

（a）蒙脱石纳米片水化　　　　　　　　（b）纳米片上水化膜

图 3.12　蒙脱石纳米片水化和纳米片上水化膜的示意图

由式（3.6）和式（3.7）可知，水化蒙脱石纳米片的体积分数 ϕ_s 可以表示为

$$\phi_s = \frac{V_s}{V}\phi = \left(1 + \frac{2h}{c}\right)\phi \tag{3.8}$$

由式（3.5）和式（3.7）可知，水化蒙脱石纳米片的相对黏度 η_{rs} 的计算公式为

$$\eta_{rs} = \frac{16}{15}\frac{f}{\tan^{-1}f}\left(1 + \frac{2h}{c}\right)\phi + 1 \tag{3.9}$$

根据式（3.9），以给定的蒙脱石纳米片悬浮液的 η_{rs} 比 ϕ 作图得出一条截距为 1 的直线，并且截距 k 可以用下列公式计算：

$$k = \frac{16}{15}\frac{f}{\tan^{-1}f}\left(1 + \frac{2h}{c}\right) \tag{3.10}$$

对式（3.10）进行整理可得，蒙脱石纳米片水化膜的厚度 h 可以表示为

$$h = \frac{c}{2}\left(\frac{15}{16}\frac{\tan^{-1}f}{f}k - 1\right) \tag{3.11}$$

根据式（3.11），当得到 c、f、k 时，就可以计算 h。蒙脱石纳米片的厚度 c 和直径通过 AFM 测量获得；蒙脱石纳米片的径厚比 f 可以通过计算得到；不同体积分数的稀蒙脱石纳米片分散液的黏度通过流变仪测量；斜率 k 通过拟合直线得到。根据理论推导，利用 AFM 和流变仪测定参数 c、f、k 之后，通过式（3.11），就可以用该新方法测量出蒙脱石纳米片水化膜的厚度（Zhao et al.，2017）。该方法的步骤如图 3.13 所示。

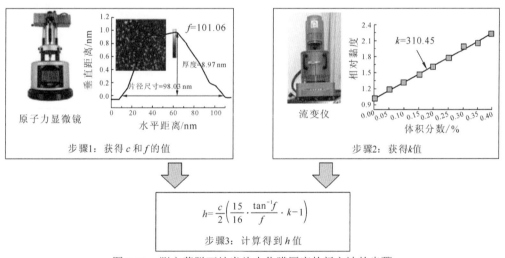

图 3.13　测定蒙脱石纳米片水化膜厚度的新方法的步骤

图 3.14（a）为蒙脱石纳米片的 AFM 图像，图 3.14（b）表明蒙脱石纳米片的厚度大约为 1 nm，因此制备的蒙脱石纳米片接近单层。图 3.14（b）和（c）为利用 NanoScope 软件测量获得的纳米片径向尺寸和厚度。通过统计 100 个蒙脱石纳米片，其厚度和径向尺寸的平均值分别为 0.95 nm 和 97.24 nm，计算得蒙脱石纳米片的平均径厚比为 102.36。

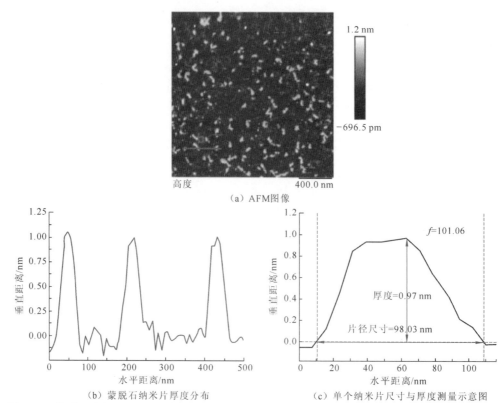

（a）AFM图像

（b）蒙脱石纳米片厚度分布 　　　　　　　（c）单个纳米片尺寸与厚度测量示意图

图 3.14　蒙脱石纳米片的 AFM 图像、厚度分布及单个纳米片尺寸与厚度测量示意图（后附彩图）

蒙脱石纳米片悬浮液的初始质量浓度为 21.33 g/L，蒙脱石纳米片的密度为 2.729×10^3 kg/m³。基于此制备出不同体积分数（0、0.05%、0.10%、0.15%、0.20%、0.25%、0.30%、0.35%、0.40%）的蒙脱石纳米片悬浮液。蒙脱石纳米片悬浮液的黏度用流变仪测量，其相对黏度通过计算得到。图 3.15 为蒙脱石纳米片悬浮液的相对黏度与体积分数的函数关系。图 3.15 中的数据利用最小二乘法进行线性拟合，得到的线性回归公式为

$$\eta_r = 310.45\phi + 1 \tag{3.12}$$

根据式（3.12）可知，拟合线的斜率为 310.45。

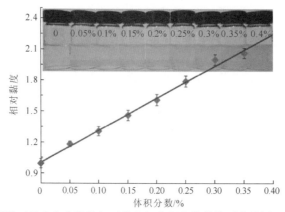

图 3.15　蒙脱石纳米片分散的相对黏度与体积分数的关系曲线图（后附彩图）

如果含有水化膜的蒙脱石纳米片与蒙脱石纳米片具有同样的刚性，则可以采用式（3.11）进行计算。如图 3.16 所示，蒙脱石纳米片的弹性模量分子模拟计算的 z 向平均值为 2.32 GPa，含水化膜的蒙脱石纳米片的 z 向平均值为 1.30 GPa，两者的数量级是相同的，这说明式（3.11）对含水化膜的蒙脱石纳米片是有效的。将测量结果 $c=0.95$ nm、$f=102.35$、$k=310.45$，代入式（3.11）可得蒙脱石纳米片的水化膜厚度为 1.63 nm。

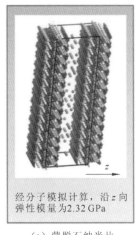
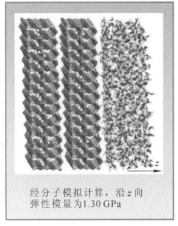

经分子模拟计算，沿 z 向弹性模量为2.32 GPa　　　经分子模拟计算，沿 z 向弹性模量为1.30 GPa

（a）蒙脱石纳米片　　　　　　（b）含水化膜的蒙脱石纳米片

图 3.16　分子模拟计算蒙脱石纳米片和含水化膜的蒙脱石纳米片

沿 z 向的杨氏模量（后附彩图）

3.4.2　基于分子动力学模拟计算蒙脱石纳米片水化膜厚度

分子动力学模拟（molecular dynamic simulation，MDs）是一种有效计算纳米片水化膜厚度的工具。分子动力学模拟是运用牛顿运动方程，采用数值分析的方式来输出系统中颗粒运输的轨迹（Webb et al.，2001）。水分子的运动可以被观察到，并且可以从原子的角度来观察水化膜。所以，分子动力学模拟比传统方法更容易研究水化膜。因此，本小节采用分子动力学模拟来研究蒙脱石-水体系中水化膜的厚度，不仅是为了得到蒙脱石水化膜的厚度，也是为了更好地了解水化膜的结构。

建模和计算都是使用 Materials Studio 6.0 来完成。模拟中建立的模型由一个蒙脱石片和 800 个水分子组成。蒙脱石的分子式为 $Na_{0.75}(Si_{7.75}Al_{0.25})(Al_{3.5}Mg_{0.5})O_{20}(OH)_4$，水的分子式为 H_2O。此外，蒙脱石的空间群是 C2/m，单个晶胞参数如下：$a=0.523$ nm，$b=0.906$ nm，$c=1.25$ nm，$\alpha=\gamma=90°$，$\beta=99°$。表 3.1 为蒙脱石的原子坐标。根据上述参数，可以对蒙脱石的晶胞进行建模。图 3.17 为蒙脱石的单晶胞模型和超晶胞模型。蒙脱石超晶胞有 8 个标准单元分别以 $4\times2\times1$ 在 X 轴、Y 轴、Z 轴方向上排列。在铝氧八面体中每 8 个 Al^{3+} 有一个被 Mg^{2+} 替代，而在硅氧四面体中每 32 个 Si^{4+} 有一个被 Al^{3+} 替代。经过类质同象置换的蒙脱石模型沿（001）面劈开。（001）解理面的平面尺寸为 2.092 nm×1.812 nm，由双菱形的硅氧四面体组成。靠近蒙脱石（001）解理面的是由 800 个水分子组成的无定形晶胞，其平面尺寸与蒙脱石相同。800 个水分子充满了初始密度为 0.997 g/cm³ 的无定形晶胞。在本次模拟中，除了蒙脱石和水，还构造了一个高度为 1.5 nm 的真空板放在无定形晶胞上。因此，整个具有周期边界体条件的模拟晶胞被成功建立（Yi et al.，2016）。钠基蒙脱石、水分子、离子等模型的建立基于 Boek 最初的计算模型（Boek et al.，1995）。图 3.18 为蒙脱石初始的（001）面与水界面系统的模型。

表 3.1　蒙脱石的原子坐标

原子	坐标		
	X	Y	Z
Al	0	3.020	12.500
Si	0.472	1.510	9.580
O	0.122	0	9.040
O	−0.686	2.615	9.240
O	0.772	1.510	11.200
O(OH)	0.808	4.530	11.250
H(OH)	−0.103	4.530	10.812
Na	0	4.530	6.250

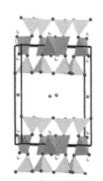 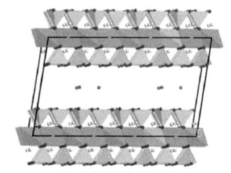

（a）单晶胞模型　　　　　　（b）超晶胞模型

图 3.17　蒙脱石的单晶胞模型和超晶胞模型（后附彩图）

氧位于硅氧四面体和铝氧八面体的顶点，硅和铝分别位于硅氧四面体和铝氧八面体的中心，

羟基与铝氧八面体相连，钠在层间

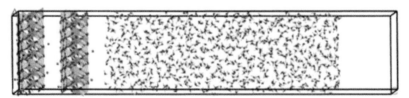

图 3.18　蒙脱石（001）面与水界面系统模型（后附彩图）

　　力场在分子模拟中起到非常重要的作用，其描述原子之间的相互作用，并且决定了系统中的微观结构、物理性质和化学性质。无机体系计算力场（consistent valence force field，CVFF）力系常用来描述黏土和水的相互作用能。该 CVFF 的增强版本包括用于模拟硅酸盐、铝硅酸盐、黏土和铝磷酸盐的附加力场类型的非键参数（Born 模型）。这些附加的参数是使用附加原子类型之间的非键相互作用的埃瓦尔德（Ewald）求和得到的。原子间的相互作用分为静电作用和范德瓦耳斯力。后者使用了伦纳德-琼斯（Lennard-Jones）势函数。原子 i 和原子 j 之间的势能计算公式（Smith，1998）为

$$V_{ij} = \frac{q_i q_j}{4\pi\varepsilon_0 r_{ij}} + 4\varepsilon_{ij}\left[\left(\frac{\sigma_{ij}}{r_{ij}}\right)^{12} - \left(\frac{\sigma_{ij}}{r_{ij}}\right)^{6}\right] \tag{3.13}$$

式中：q_i 和 q_j 分别为原子 i 和原子 j 的电性；r_{ij} 为 i 和 j 之间的距离；σ_{ij} 和 ε_{ij} 为 Lennard-Jones 的参数，$\sigma_{ij} = (\sigma_i + \sigma_j)/2$，$\varepsilon_{ij} = (\varepsilon_i\varepsilon_j)^{0.5}$。

　　将一定量的水分子和蒙脱石放置到一起后，首先对蒙脱石-水界面系统进行几何优化。然后，进行两次分子动力学模拟计算界面水分子的轨迹。第一次分子动力学模拟在 NPT 系统（等温等压系统的粒子数 N、压强 P、温度 T 都是常量）的条件下计算 200 ps，使蒙脱石-水系统达到平衡。另一次计算在 NVT 系统（标准系统的粒子数 N、体积 V、温度 T 都是常量，整体动量也是常量）条件下计算 200 ps，从而得到系统中颗粒的原子轨迹。第一次计算得到的平衡配置是第二次计算的开始配置。在整个模拟过程中，初始分子速度根据玻尔兹曼分布进行分配。每一步计算的时间是 0.001 ps，而每两百步计算保存一次配置。根据 Nosé-Hoover 方案（Pang et al.，2009），温度控制在 298 K，同时贝伦德森（Berendsen）恒压法用来控制压力为 1.013×10^5 Pa。模拟运行结束后，水分子的运动轨迹被记录下来，然后根据记录下来的水分子运动轨迹计算浓度剖面图和水分子的均方位移。

　　界面水的相对浓度分布函数随距 Z 轴方向上蒙脱石表面距离的变化构建而成。一排原子在真空层的相对浓度为

$$\text{相对}[\text{set}]_{\text{slab}} = [\text{set}]_{\text{slab}}/[\text{set}]_{\text{bulk}} \tag{3.14}$$

$$[\text{set}]_{\text{slab}} = \text{一层原子的原子个数} / \text{层体积} \tag{3.15}$$

$$[\text{set}]_{\text{bulk}} = \text{体系所有原子的原子个数} / \text{体系体积} \tag{3.16}$$

式中：$[\text{set}]_{\text{slab}}$ 为一层原子在体系的浓度；$[\text{set}]_{\text{bulk}}$ 为所有原子在体系的浓度；相对浓度是一个无量纲的参数，如果所有原子均匀分布在系统中，n 的值表示真空层中原子的数目是其 n 倍。因此，在模拟中直接得到水分子的浓度可以有效研究水化膜的结构和厚度。

　　图 3.19 展示了界面水的相对浓度分布。根据分子动力学模拟的结果可以计算浓度剖面图，在水分子的浓度曲线上有 6 个峰，每一个峰表示存在一个水分子层，所以蒙脱石表面的水化膜存在 6 个有序的水分子层。从图中可以看出水化膜的厚度为 1.74 nm。当离蒙脱石（001）面的距离小于 0.85 nm 时，前 3 个峰值分别为 2.322、1.973、1.702，这三个峰值的点具有相同的变化趋势。因此，这开始的三个水分子层应该属于紧密层。当距蒙脱石（001）面的距离大于 1.74 nm，就没有明显的峰值，而且浓度值趋于平缓且接

近 1.410，因此，在距蒙脱石（001）面的距离大于 1.74 nm 之后的水分子都是自由水。当距离为 0.85～1.74 nm，有三个分别为 1.541、1.470、1.464 的峰。这三个峰值同样具有相同的变化趋势，而且这些浓度处于中间值，可以推测出后面三个水分子层属于过渡层，其厚度为 0.89 nm。根据浓度剖面图，可以得出每一个水分子层的密度，计算结果如表 3.2 所示。水化膜中水分子的浓度和密度都要比自由水大，尤其是在紧密层中。与自由水相比，水化膜中的水分子具有较高的密度和浓度，表明水分子有序紧密排列，而自由水中的水分子相对无序和连接较弱。如图 3.20 所示，蒙脱石的水化膜由紧密层、过渡层和自由水组成。

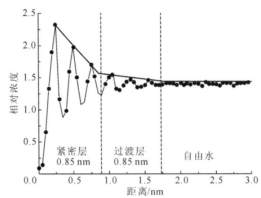

图 3.19　界面水相对浓度与距蒙脱石（001）面距离的函数关系

表 3.2　水分子层的密度

水分子层	浓度分布	密度/（g/cm³）
1	2.322	1.652
2	1.973	1.404
3	1.702	1.211
4	1.541	1.100
5	1.470	1.046
6	1.464	1.042

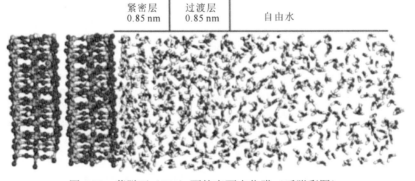

图 3.20　蒙脱石（001）面的表面水化膜（后附彩图）

对于一个平衡系统，其中的粒子会根据该系统的运动方程进行移动，一般来说，都是趋向于扩散，远离初始位置。扩散系数 D 计算公式为

$$\mathrm{MSD} = |r_i(t) - r_j(0)|^2 \tag{3.17}$$

式中：$r_i(t)$ 为第 i 个离子时间为 t 时的位置矢量；$r_j(0)$ 为第 j 个离子未移动时的位置矢量。

$$D = \frac{1}{6} \lim_{t \to \infty} \frac{\mathrm{d}}{\mathrm{d}_t} |r_i(t) - r_j(0)|^2 \tag{3.18}$$

因此，以均方位移的极限斜率作为时间的函数，可以用来评价粒子在三维空间中进行随机布朗运动时的自扩散系数。

图 3.21 显示的是自扩散系数以距蒙脱石表面距离为函数的变化。当距蒙脱石（001）面的距离从 0 增加到 1.74 nm 时，水分子的自扩散系数单调递增。随着距离的继续增大，自扩散系数基本保持不变。因此，可以推测水分子与蒙脱石（001）面具有强烈的相互作用。从而，水分子可以吸附到蒙脱石（001）面，这可能就是形成水化膜的原因。换而言之，蒙脱石强烈地影响了界面水的行为。当水分子与蒙脱石（001）面之间的距离小于 1.74 nm，水分子的流动性随其距蒙脱石（001）面距离的增大而增加。然而，当水分子和蒙脱石（001）面之间的距离大于 1.74 nm 时，蒙脱石就无法限制水分子的扩散运动。就自扩散系数而言，1.74 nm 是自扩散系数的分界点。因此，可得知蒙脱石（001）面水化膜的厚度为 1.74 nm，该结论与浓度剖面图的结论相一致。

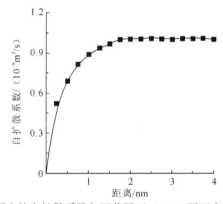

图 3.21　界面水的自扩散系数与距蒙脱石（001）面距离的函数关系图

参 考 文 献

陈天星, 2019. 蒙脱石剥片与胶体特征的关系及制备 Si 纳米片的研究[D]. 武汉: 武汉理工大学.

康石长, 2020. 蒙脱石纳米片壳聚糖吸附剂的结构设计与性能调控研究[D]. 武汉: 武汉理工大学.

BAI H, ZHAO Y, ZHANG X, et al., 2019. Correlation of exfoliation performance with interlayer cations of montmorillonite in the preparation of two-dimensional nanosheets[J]. Journal of the American Ceramic Society, 102(7): 3908-3922.

BOEK E S, COVENEY P V, SKIPPER N T, 1995. Molecular modeling of clay hydration: A study of hysteresis loops in the swelling curves of sodium montmorillonites[J]. Langmuir, 11(12): 4629-4631.

CHEN P, ZHAO Y, WANG W, et al., 2019a. Correlation of montmorillonite sheet thickness and flame retardant behavior of a chitosan-montmorillonite nanosheet membrane assembled on flexible polyurethane foam[J]. Polymers, 11(2): 200-213.

CHEN T, YUAN Y, ZHAO Y, et al., 2019b. Preparation of montmorillonite nanosheets through freezing/thawing and ultrasonic exfoliation[J]. Langmuir, 35: 2368-2374.

CHEN T, ZHAO Y, SONG S, 2017. Correlation of electrophoretic mobility with exfoliation of montmorillonite platelets in aqueous solutions[J]. Colloids & Surfaces A Physicochemical & Engineering Aspects, 525: 1-6.

KANG S, ZHAO Y, WANG W, et al., 2018. Removal of methylene blue from water with montmorillonite nanosheets/chitosan hydrogels as adsorbent[J]. Applied Surface Science, 448: 203-211.

MIN F, LIU L, PENG C, 2015. Investigation on hydration layers of fine clay mineral particles in different electrolyte aqueous solutions[J]. Powder Technology, 283: 368-372.

PANG J, XU G, YUAN S, et al., 2009. Dispersing carbon nanotubes in aqueous solutions by a silicon surfactant: Experimental and molecular dynamics simulation study[J]. Colloids and Surfaces A Physicochemical and Engineering Aspects, 350(1): 101-108.

SAKA E E, GUELER C, 2006. The effects of electrolyte concentration, ion species and pH on the zeta potential and electrokinetic charge density of montmorillonite[J]. Clay Minerals, 41(4): 853-861.

SIMHA R, 1940. The influence of brownian movement on the viscosity of solutions[J]. The Journal of Physical Chemistry B, 44(1): 25-34.

SMITH D E, 1998. Molecular computer simulations of the swelling properties and interlayer structure of cesium montmorillonite[J]. Langmuir, 14(20): 5959-5967.

WANG W, ZHAO Y, YI H, et al., 2017. Preparation and characterization of self-assembly hydrogels with exfoliated montmorillonite nanosheets and chitosan[J]. Nanotechnology, 29(2): 25605.

WEBB R, KERFORD M, ALI E, et al., 2001. Molecular dynamics simulation of the cluster‐impact‐induced molecular desorption process[J]. Surface and Interface Analysis, 31(4): 297-301.

YI H, ZHANG X, ZHAO Y, et al., 2016. Molecular dynamics simulations of hydration shell on montmorillonite (001) in water[J]. Surface and Interface Analysis, 48(9): 976-980.

ZHANG X, YI H, ZHAO Y, et al., 2017. Correlation of montmorillonite exfoliation with interlayer cations in the preparation of two-dimensional nanosheets[J]. Royal Society of Chemistry Advances, 7(66): 41471-41478.

ZHAO Y, YI H, JIA F, et al., 2017. A novel method for determining the thickness of hydration shells on nanosheets: A case of montmorillonite in water[J]. Powder Technology, 306: 74-79.

第 4 章

蒙脱石纳米片水凝胶吸附剂

蒙脱石具有优异的理化特征，并且成本低廉、来源广泛，是制备高性能矿物功能材料的理想原料。但是目前对蒙脱石的矿物应用仍停留在粗加工阶段，在食品、医药、化妆品、陶瓷等传统领域用作添加剂、增稠剂等。因此，通过将蒙脱石剥离制备成二维纳米片，可显著提升其吸附性能，以期制备蒙脱石矿物吸附功能材料，实现蒙脱石矿物的高值化利用。

4.1 蒙脱石纳米片水凝胶吸附剂构建及表征

4.1.1 蒙脱石纳米片/壳聚糖水凝胶

蒙脱石剥离为纳米片后，其表面活性位点充分暴露，吸附性能提高，但由于尺寸小，分散能力极强，存在吸附后难回收及再生利用问题。基于蒙脱石纳米片边缘丰富的Al—OH 这一特性，探究与天然聚电解质相互作用制备三维宏观多孔凝胶，保留蒙脱石纳米片暴露的吸附位点的同时提高其回收再生性能。本节研究蒙脱石纳米片与天然聚电解质壳聚糖的相互作用，通过现代测试手段揭示蒙脱石纳米片/壳聚糖二元凝胶的形成机理，并对其吸附性能做初步测试，为蒙脱石纳米片水凝胶吸附剂体系构建提供理论依据，也为蒙脱石纳米片复合材料制备提供新思路。

1. 蒙脱石纳米片/壳聚糖水凝胶制备

将壳聚糖（CS）加入冰醋酸溶液（体积分数为 2.5%）中，配置 1 g /100 mL 的 CS 均匀溶液体系。然后将不同体积的 CS 溶液逐滴滴加到剥离后的蒙脱石纳米片（montmorillonite nanosheet，MMTNS）溶液中，控制 MMTNS/CS 的质量比分别为 3∶1、5∶1 和 10∶1。然后将上述混合物在 90 ℃下养护 24 h，直到形成 MMTNS/CS 水凝胶。形成的水凝胶经水洗去除未反应的 CS 后，用真空冷冻干燥机对水凝胶进行冷冻干燥以保持多孔结构。制备的 MMTNS/CS 的质量比为 3∶1、5∶1 和 10∶1 的凝胶分别命名为 HG-3、HG-5 和 HG-10。

2. 蒙脱石纳米片/壳聚糖水凝胶胶凝状态分析

倒置法是检测水凝胶胶凝状态的常用手段。图 4.1（a）显示将反应后的蒙脱石纳米片/壳聚糖混合物倒置也不会流动，说明胶凝产物是稳定的、非液体的，表明蒙脱石纳米片与壳聚糖通过自组装成功地形成了水凝胶。蒙脱石纳米片/壳聚糖水凝胶的结构是层状和多孔的[图 4.1（b）]，这意味着在壳聚糖作用下，蒙脱石纳米片是松散地堆积在一起，从而产生超轻的质量[图 4.1（c）]。

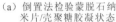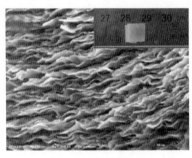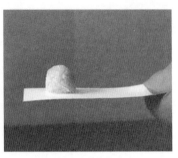

（a）倒置法检验蒙脱石纳
米片/壳聚糖胶凝状态 　　（b）水凝胶层状疏松结构 　　（c）水凝胶轻质特性

图 4.1　蒙脱石纳米片/壳聚糖凝胶光学与 SEM 图

3. 热稳定性分析

图 4.2 为蒙脱石纳米片、壳聚糖及蒙脱石纳米片/壳聚糖水凝胶的热重曲线。由图 4.2 可知，随着温度的升高，样品中的挥发分被不断去除，样品质量不断降低，并最终保持不变。最先被去除的是吸附在样品中的自由水，壳聚糖为链状有机物，吸附水暴露在表面，自由水在 100 ℃左右时就被完全去除。蒙脱石纳米片为片层结构，对吸附水起到一定的保护作用，吸附水在 150 ℃左右时被去除。而蒙脱石纳米片/壳聚糖水凝胶由自组装形成的巨大片层结构，对吸附水起到更好的保护作用，在 240 ℃左右时才被完全去除。接着被去除的是蒙脱石纳米片中的层间水及壳聚糖中的有机官能团。蒙脱石纳米片中由于少层的存在，干燥状态下层间距很小，夹在层间的水分子在 500 ℃左右才能被去除。壳聚糖中官能团在 250～300 ℃时发生去羟基和去氨基化反应，导致壳聚糖质量快速下

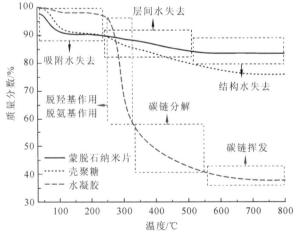

图 4.2　蒙脱石纳米片、壳聚糖及蒙脱石纳米片/壳聚糖水凝胶的热重曲线

（MMTNS/CS 质量比为 10∶1）

降。350～550℃时还会发生碳链的热解及断裂，导致质量的进一步损失。当温度进一步升高达到 500℃以上时，蒙脱石中八面体结构羟基以水分子的形式排除，结构水得到去除。壳聚糖碳链进一步降解并碳化为活性炭。相比较可以发现，蒙脱石纳米片/壳聚糖水凝胶热稳定性得到了一定的提高，在 240℃以下可以保持性能的稳定，更高温度下质量损失也有所减缓，满足吸附剂的使用要求。

4. 形貌分析

场发射扫描电镜（FESEM）和场发射透射电镜（FETEM）可直观地观测到蒙脱石纳米片/壳聚糖水凝胶的微区形貌，是研究组分比例对水凝胶结构乃至性能预测的重要手段。从图 4.3（a）可以发现蒙脱石纳米片/壳聚糖水凝胶具有类似于蒙脱石的层状结构，不同之处在于水凝胶的表面巨大[图 4.3（b）]，层状结构明显且疏松。比较 HG-3、HG-5 和 HG-10 的微观结构[图 4.3（c）～（e）]，易发现水凝胶的结构随着 MMTNS/CS 质量比增加而变得松散，说明可以通过调整 MMTNS/CS 质量比控制水凝胶的多孔结构，这意味着可以制备出不同孔径的水凝胶以满足实际需要。本节中 HG-10 水凝胶具有最佳的多孔结构，多数孔径超过 200 nm，可以作为大分子污染物理想的吸附材料，即使是聚合型污染物也可以很有效地进入水凝胶内部。具有大孔的水凝胶还可以为微生物提供更多的生长空间，并为药物和催化剂提供足够的黏附面积。

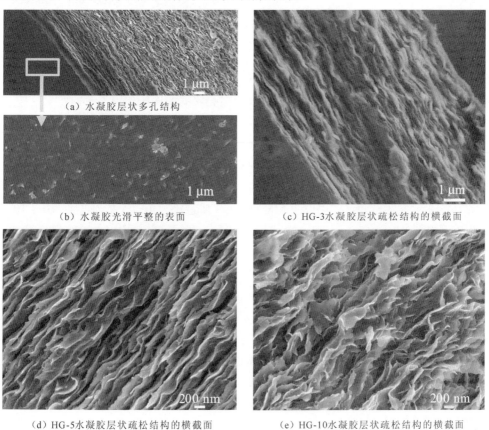

（a）水凝胶层状多孔结构

（b）水凝胶光滑平整的表面

（c）HG-3水凝胶层状疏松结构的横截面

（d）HG-5水凝胶层状疏松结构的横截面

（e）HG-10水凝胶层状疏松结构的横截面

（f）蒙脱石原矿层状堆叠结构

（g）HG-3水凝胶层状疏松结构

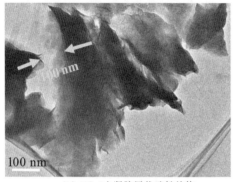
（h）HG-5水凝胶层状疏松结构

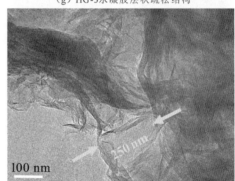
（i）HG-10水凝胶层状疏松结构

图 4.3　蒙脱石纳米片/壳聚糖水凝胶 FESEM 及 FETEM 图像

在图 4.3（f）中，可以观察到蒙脱石中片层是明显堆积在一起的。当蒙脱石剥离成纳米片并制备成水凝胶时，小的蒙脱石纳米片层消失，取而代之的是许多巨大的片层［图 4.3（g）～（i）］。这表明蒙脱石纳米片在壳聚糖的连接作用下可能发生沿棱方向的自组装形成巨大的片层，即壳聚糖与蒙脱石棱上的官能团发生了相互作用。蒙脱石纳米片/壳聚糖水凝胶层状结构清晰，HG-3、HG-5 和 HG-10 的层间距分别为 60 nm、100 nm 和 250 nm，说明水凝胶的层间距随着 MMTNS/CS 质量比的增大而增大，这与上述 FESEM 的结果一致。FETEM 图像中，MMTNS/CS 质量比低的水凝胶为深色，而 MMTNS/CS 质量比高的水凝胶为浅色，这也说明 MMTNS/CS 质量比为 10∶1 的水凝胶（HG-10）具有更好的多孔结构。

5. 比表面积及孔隙分析

通过比表面积及孔隙分析，观察到了蒙脱石到纳米片再到水凝胶的比表面积变化。从图 4.4（a）可以看出，蒙脱石剥离制备纳米片，其对氮气的吸附-解吸能力有了很大的提高，而且蒙脱石纳米片制备水凝胶后，对氮气的吸附-解吸能力有了更大的提升。其原因在于蒙脱石纳米片的剥离和重建。在剥离之前，蒙脱石以致密的层状聚集体存在，层间距属微孔范围［图 4.4（b）］，导致对氮气的吸附-解吸能力较低（对应比表面积为 48.488 9 m^2/g，表 4.1）。而将蒙脱石剥离成纳米片可最大限度地暴露材料的比表面积，但结果显示，蒙脱石纳米片对氮气的吸附-解吸能力没有显著提高（对应比表面积为

112.797 7 m²/g）。其原因是当蒙脱石纳米片悬浮液干燥成粉末时，蒙脱石纳米片会再次堆积并掩盖部分有效面积，导致比表面积增加不明显（Wang et al.，2019）。当蒙脱石纳米片被构建成三维结构的水凝胶时，蒙脱石纳米片被固定在这种结构中，不会发生崩塌和叠层，保留了剥离过程中暴露的比表面积，因此具有很高的氮气吸附-解吸能力（对应比表面积为 395.839 8 m²/g）。此外，对比图 4.4（b）中孔隙的变化，蒙脱石剥离制备纳米片后，其孔径和体积的增加有限。而蒙脱石纳米片制备水凝胶后，其孔径和体积都有了急剧的增加。这意味着三维结构的构建可创造大量的孔隙。总孔隙体积的结果（表 4.1）也在一定程度上验证了这一结论。蒙脱石原矿总孔隙体积为 0.133 362 cm³/g，剥离后为 0.093 575 cm³/g。因为剥离破坏了蒙脱石的孔隙结构，降低了孔隙体积。自组装之后孔隙结构得到重建和提升，达到 0.385 946 cm³/g。结果表明，蒙脱石纳米片/壳聚糖水凝胶具有高比表面积、多孔结构，是一种理想的水处理吸附材料。

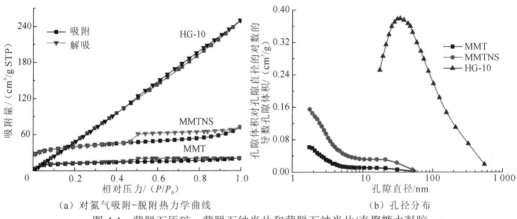

图 4.4 蒙脱石原矿、蒙脱石纳米片和蒙脱石纳米片/壳聚糖水凝胶
对氮气吸附-脱附热力学曲线及对应的孔径分布

表 4.1 蒙脱石原矿、纳米片及蒙脱石纳米片/壳聚糖水凝胶的比表面积和孔隙体积

样品	比表面积/（m²/g）	总孔体积/（cm³/g）
MMT	48.488 9	0.133 362
MMTNS	112.797 7	0.093 575
HG-10	395.839 8	0.385 946

6. FTIR 分析

如图 4.5 所示，HG-3、HG-5 和 HG-10 水凝胶中各红外吸收峰位置保持一致。在 3 633 cm⁻¹、1 641 cm⁻¹、1 033 cm⁻¹、518 cm⁻¹ 和 466 cm⁻¹ 处分别出现了属于蒙脱石的 νAl—OH、δH—O—H、νSi—O、νSi—O—Al 和 νSi—O—Si 特征吸收峰（Guo et al.，2016；Amarasinghe et al.，2009；Amarsanaa et al.，2003），在 2 925 cm⁻¹、2 855 cm⁻¹、1 460 cm⁻¹

和 1 378 cm^{-1} 处出现了属于壳聚糖的 v_{as}C—H、v_sC—H、—CH$_3$ 和 vC—H 特征吸收峰（Boggione et al.，2017；Xing et al.，2017）。说明蒙脱石纳米片与壳聚糖成功地复合在一起形成了水凝胶。另外，3 436 cm^{-1} 处为自由水及含水官能团中 O—H 的特征振动吸收峰（Wang et al.，2018b）。1 602 cm^{-1} 为壳聚糖中 N—H 的弯曲振动吸收峰（Guo et al.，2015），合成水凝胶后，其峰值偏移至 1 556 cm^{-1}，说明壳聚糖中—NH$_2$ 官能团参与了反应。制备的蒙脱石纳米片/壳聚糖水凝胶表面官能团丰富，为水中大分子污染物的去除提供了吸附位点。

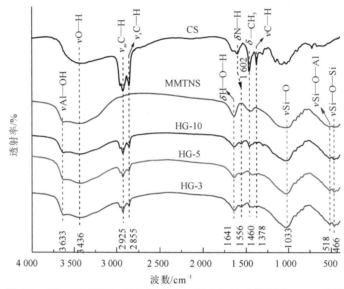

图 4.5　CS、MMTNS、HG-3、HG-5 和 HG-10 水凝胶的 FTIR 光谱

7. SEM-EDS 分析

蒙脱石纳米片与壳聚糖形成了一个巨大而光滑的表面[图 4.6（a）]。元素分布如图 4.6（b）所示，主要成分为 Al$_2$O$_3$ 和 SiO$_2$ 及一定量的有机物（壳聚糖），与水凝胶的成分一致。壳聚糖是一种直链大分子多糖聚合物，链上分布有丰富的—NH$_2$ 官能团。利用 SEM-EDS 分析技术对蒙脱石纳米片/壳聚糖水凝胶中 N 元素分布进行检测，可观察壳聚糖在水凝胶中的分布。如图 4.6（c）所示，壳聚糖在水凝胶中均匀分布，表明蒙脱石纳米片与壳聚糖是均匀地结合在一起。更重要的是，N 元素呈现链状分布[图 4.6（d）]，即表示壳聚糖链在凝胶中的分布。可以发现，这些链状壳聚糖之间黑色区域与蒙脱石纳米片形状相似，因此推断壳聚糖是与蒙脱石纳米片的边缘相结合。蒙脱石纳米片边缘分布的官能团为 Al—OH，结合 FTIR 分析发现壳聚糖中—NH$_2$ 参与了胶凝化反应，可以推断壳聚糖通过氢键作用（—OH…$^+$NH$_3$—）将蒙脱石纳米片沿边缘方向连接起来形成巨大的平面。

8. AFM 分析

通过 AFM 进一步验证壳聚糖与蒙脱石纳米片的边缘相互作用。如图 4.7（a）所示，

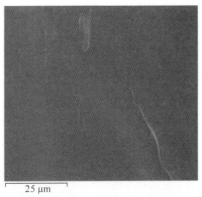
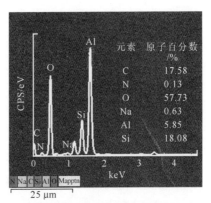

（a）蒙脱石纳米片/壳聚糖水凝胶光滑平整的表面　　（b）水凝胶表面元素含量及分布

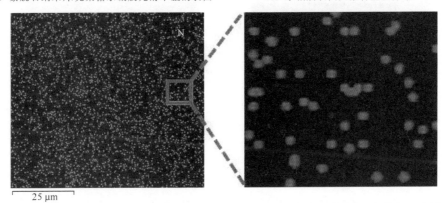

（c）水凝胶表面N元素分布EDS图像　　　　（d）水凝胶表面N元素分布局部放大EDS图像

图 4.6　蒙脱石纳米片/水凝胶 SEM 及 EDS 图像

可以清楚地观察到蒙脱石纳米片主要为单层或少层，横向尺寸为 80～200 nm，厚度为 1.5～3.0 nm，即 1～2 个片层（Bai et al.，2019）。部分蒙脱石纳米片层在制样干燥过程中出现堆叠现象，使得厚度能达到 6 nm。图 4.7（b）为壳聚糖的 AFM 分布图像，可以清楚地观察到壳聚糖的链状结构。这些链在制样干燥过程中相互交织形成了网络结构，部分壳聚糖链黏附在一起形成胶束，使得壳聚糖链的高度分布不均，在 1.5～3.0 nm。图 4.7（c）为蒙脱石纳米片与壳聚糖在极低的浓度下混合反应 12 h 后的 AFM 图像。可以发现，视野中并未发现类似蒙脱石纳米片的微小片层和类似壳聚糖链的网络结构，取而代之的是巨大的片层。说明蒙脱石与壳聚糖之间发生了相互作用，使得蒙脱石纳米片相互连接形成大的片层。同时发现形成的片层只在二维方向变大扩展，在垂直方向保持 1.5 nm 的厚度，即一个蒙脱石片层厚度，说明壳聚糖与蒙脱石纳米片的相互作用是发生在片的边缘棱上。结合 FTIR 和 SEM-EDS 结果分析，可以确定壳聚糖是通过链上—NH$_2$ 官能团与蒙脱石纳米片边缘 Al—OH 官能团发生氢键作用（—OH$\cdots^+$NH$_3$—）将纳米片沿二维方向连接起来形成大的片层结构。

9. 自组装机理

基于上述测试和分析，提出蒙脱石纳米片/壳聚糖水凝胶的自组装机理，如图 4.8 所示。

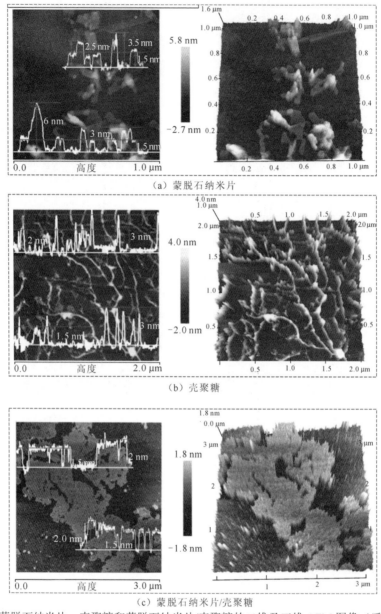

（a）蒙脱石纳米片

（b）壳聚糖

（c）蒙脱石纳米片/壳聚糖

图 4.7　蒙脱石纳米片、壳聚糖和蒙脱石纳米片/壳聚糖的二维及三维 AFM 图像（后附彩图）

蒙脱石剥离成二维纳米片，其边缘 Al—OH 充分暴露（图 4.8a）。壳聚糖直链结构上带有丰富的—NH$_2$官能团，在酸性溶液中呈正电性的—NH$_3^+$（图 4.8b）。因此，当蒙脱石纳米片与壳聚糖混合时，壳聚糖链上的—NH$_3^+$官能团与蒙脱石纳米片边缘 Al—OH 官能团发生相互作用形成氢键（—OH$\cdots^+$NH$_3$—）（图 4.8c）。在氢键作用下，壳聚糖将蒙脱石纳米片沿边缘连接起来，形成了巨大的平面（图 4.8d）。蒙脱石纳米片/壳聚糖平面在静电作用下发生择优取向，堆叠形成具有层状疏松结构的三维凝胶（图 4.8e）。

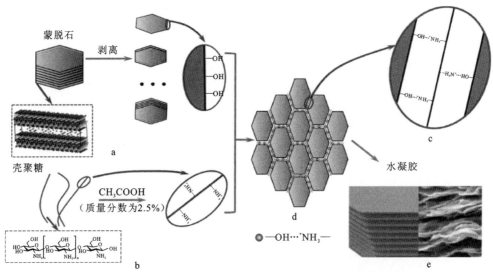

图 4.8　蒙脱石纳米片/壳聚糖水凝胶自组装示意图（后附彩图）

a—蒙脱石剥离制备二维纳米片，暴露边缘 Al—OH 官能团；b—壳聚糖酸溶液中链上分布丰富的—NH$_3^+$官能团；c—壳聚糖链上的—NH$_3^+$官能团与蒙脱石纳米片边缘 Al—OH 官能团发生氢键作用；d—壳聚糖将蒙脱石纳米片沿边缘连接起来，形成了巨大的平面；e—蒙脱石纳米片/壳聚糖水凝胶层状堆叠结构

4.1.2　TiO$_2$@蒙脱石纳米片/聚丙烯酸/壳聚糖三维网状水凝胶

4.1.1 小节中研究证实蒙脱石纳米片与壳聚糖可以很好地作用形成多孔凝胶，是性能优异的吸附材料，但由于蒙脱石纳米片是通过棱面连接、层面堆叠，整体机械性能较差，在吸附剂的吸附再生循环中易破碎坍塌。针对这一问题，提出制备三元凝胶，通过再次引入链状大分子，与蒙脱石纳米片和壳聚糖发生交织、缠绕及固定作用，从而提高机械性能。为不占据蒙脱石纳米片表面吸附位点，加入的链状大分子只与壳聚糖反应。查阅文献知道，—COOH 与—NH$_2$ 会通过酰胺化脱水（—C═O—HN—）结合在一起（Kumararaja et al.，2018），故选取只含—COOH 官能团的丙烯酸单体，通过聚合形成聚丙烯酸链状大分子来增强凝胶机械性能。

另一方面，吸附剂的循环再生性能是一个重要指标。良好的循环性能可以增加吸附剂的使用寿命并降低处理成本。传统的循环再生方法是将吸附后的吸附剂浸泡在不同的洗脱液中进行脱附，但只能将部分吸附质从吸附剂中脱除，导致再生效率不高[亚甲基蓝的脱附效率在 40%左右（Daneshvar et al.，2017）]。针对这一问题，有报道利用 TiO$_2$ 的催化降解性能，将吸附后的吸附剂分散于一定浓度的 TiO$_2$ 悬浮液中并辅以光照，实现了吸附剂的高效再生。经 5 次循环后对亚甲基蓝的去除率仍在 85%以上（Wang et al.，2018b），但每个循环周期中都存在 TiO$_2$ 的浪费。为实现吸附剂的高效再生，本小节借鉴上述方法，同时为了避免浪费，在制备过程中将 TiO$_2$ 固定在水凝胶中。循环再生时将吸附剂置于去离子水中并辅以光照，不需要在水中添加额外的 TiO$_2$。

1. TiO₂@蒙脱石纳米片表征

采用原子力显微镜（AFM）观察蒙脱石纳米片、TiO_2 和 TiO_2@蒙脱石纳米片的形貌。图 4.9（a）显示蒙脱石纳米片的平均横向尺寸约为 200 nm，厚度为 1.5～4 nm。图 4.9（b）显示 TiO_2 的平均尺寸为 2 nm。由于 TiO_2 具有很强的极性，可以使水分子极化，并在表面形成羟基（Wang et al.，2017）。因此，TiO_2 很容易团聚，部分颗粒尺寸达 21～27 nm。此外，当溶液的 pH 超过 6 时，TiO_2 表面会发生羟基的脱质子，从而导致 TiO_2 荷负电。同时，蒙脱石纳米片的表面上存在负电性，而在边缘棱上则具有正电性（Yi et al.，2019）。因此，通过静电相互作用，TiO_2 颗粒将附着在蒙脱石纳米片的边缘[图 4.9（c）]。蒙脱石纳米片在 TiO_2 颗粒的桥联作用下，在二维平面上形成聚集，垂直厚度没有增加。

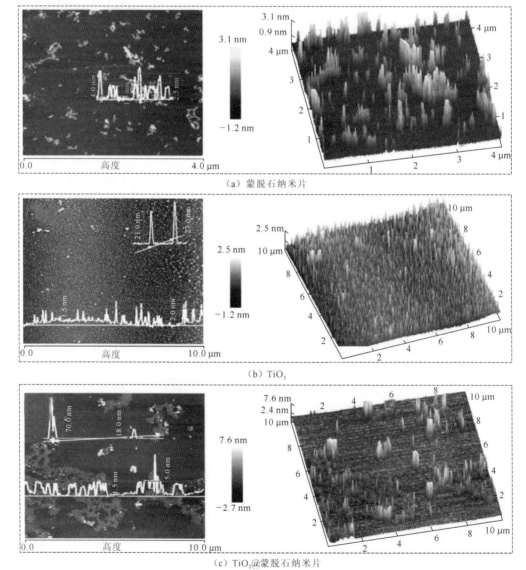

（a）蒙脱石纳米片

（b）TiO₂

（c）TiO₂@蒙脱石纳米片

图 4.9　蒙脱石纳米片、TiO₂ 和 TiO₂@蒙脱石纳米片的二维及三维 AFM 图像（后附彩图）

2. TiO2@蒙脱石纳米片/聚丙烯酸/壳聚糖三维网状水凝胶构建

TiO$_2$@蒙脱石纳米片/聚丙烯酸/壳聚糖三维网状水凝胶构建机理如图 4.10 所示。丙烯酸（acrylic acid，AA）为单体小分子，一端载有羧基（—COOH）官能团。壳聚糖为长链状大分子，链上分布丰富的氨基（—NH$_2$）官能团。将壳聚糖溶于丙烯酸溶液中，辅以 4-二甲氨基吡啶的催化作用，即可促进—COOH 与—NH$_2$ 官能团发生酰胺化作用（—C=O—HN—）（Kumararaja et al.，2018），将丙烯酸小分子接枝到壳聚糖链上（图 4.10a）。另外，通过上节的研究发现蒙脱石纳米片可以通过氢键（—OH···$^+$NH$_3$—）相互作用与壳聚糖自组装结合（Wang et al.，2018b）（图 4.10b）。因此，将 TiO$_2$@蒙脱石纳米片与壳聚糖/丙烯酸溶液混合，在酰胺化及自组装作用下可相互作用结合在一起（图 4.10c）。同时，丙烯酸小分子中的 C=C 在引发剂（过硫酸钾）作用下可以被活化形成 C=C·自由基。C=C·与其他丙烯酸分子中的 C=C 反应聚合形成 C—C—C—C·，C—C—C—C—C····，最后形成长链的聚丙烯酸（poly(acrylic acid)，PAA）（Ma et al.，2017）大分子将 TiO$_2$@蒙脱石纳米片/壳聚糖交织、捆绑在一起（图 4.10d），得到结构更加稳定、强度更高的三维网状水凝胶（图 4.10e）。

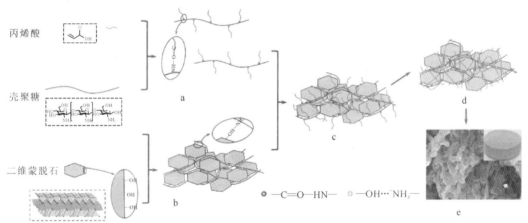

图 4.10　TiO$_2$@蒙脱石纳米片/聚丙烯酸/壳聚糖三维网状水凝胶构建机理示意图（后附彩图）

a—丙烯酸小分子单体通过酰胺化作用接枝到壳聚糖链上；b—蒙脱石纳米片通过氢键相互作用与壳聚糖自组装结合；c—TiO$_2$@蒙脱石纳米片、壳聚糖与丙烯酸通过酰胺化及自组装作用相结合；d—丙烯酸小分子单体聚合；e—结构稳定、强度高的三维网状水凝胶

3. 模量测试分析

图 4.11（a）显示 TiO$_2$@蒙脱石纳米片/聚丙烯酸/壳聚糖水凝胶具有较好的机械强度，在 200 g 砝码的压力下也只发生轻微的形变。水凝胶抵抗形变的能力一般用弹性模量 G' 和黏性模量 G'' 来衡量，结果如图 4.11（b）所示。TiO$_2$@蒙脱石纳米片/聚丙烯酸/壳聚糖水凝胶在形变达到 0.64% 之前，弹性模量稳定在 20 kPa 左右，表明水凝胶弹性较差，具有较高的机械强度与硬度。形变超过 0.64% 后，弹性模量开始下降，即水凝胶在形变过程中储存能量的能力下降，即水凝胶的结构开始出现破坏。黏性模量 G'' 指在形变过程中

由黏性形变而损耗的能量，这里 G'' 达到 3 000 Pa 左右，表明水凝胶黏性较大，结构较为稳定。随着形变的增加，G' 逐渐下降，而 G'' 逐渐上升，当两者产生交点时，表明水凝胶结构发生了严重破坏。这里 G' 与 G'' 在形变 20% 左右时相交，表明 TiO$_2$@蒙脱石纳米片/聚丙烯酸/壳聚糖水凝胶具有较好的结构强度。

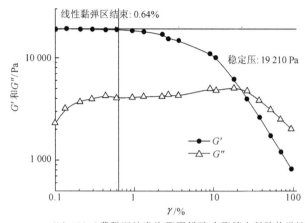

（a）TiO$_2$@蒙脱石纳米片/聚丙烯酸/
壳聚糖水凝胶抗压示意图
（b）TiO$_2$@蒙脱石纳米片/聚丙烯酸/壳聚糖水凝胶的弹性
模量 G' 和黏性模量 G'' 随应变 γ 变化的曲线图

图 4.11　TiO$_2$@蒙脱石纳米片/聚丙烯酸/壳聚糖水凝胶强度分析

4. XRD 分析

图 4.12 为纯化蒙脱石、TiO$_2$、TiO$_2$@蒙脱石纳米片及 TiO$_2$@蒙脱石纳米片/聚丙烯酸/壳聚糖水凝胶的 XRD 图谱。由图可见，蒙脱石中无杂质峰，表明其纯度较高。此外，TiO$_2$@蒙脱石纳米片和水凝胶中，在 5.9°（001）处由于片状颗粒择优取向产生的强烈衍射峰消失。这一现象表明蒙脱石的层状结构被剥离破坏，以单层或少层蒙脱石纳米片为主。

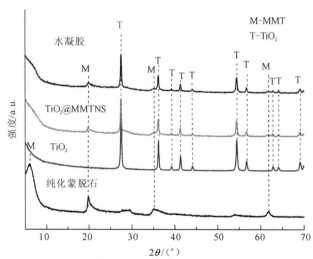

图 4.12　纯化蒙脱石、TiO$_2$、TiO$_2$@蒙脱石纳米片及 TiO$_2$@蒙脱石纳米片/聚丙烯酸/壳聚糖水凝胶
的 XRD 图谱

对比 TiO$_2$ 衍射峰与标准图谱（JCPDS[①] no:88-1175），27.5°、36.2°、41.3°、44.1°、54.4°、56.7°、62.9°、64.1° 和 69.1° 分别对应于金红石型 TiO$_2$ 的（110）、（101）、（210）、（211）、（220）、（002）、（310）、（301）和（112）面的衍射峰。在 TiO$_2$@蒙脱石纳米片和水凝胶中也观察到这些峰，表明 TiO$_2$ 与蒙脱石纳米片结合参与了水凝胶的形成，且这些峰的位置保持不变，意味着 TiO$_2$ 仍以金红石相形式存在。

5. FTIR 分析

图 4.13 为丙烯酸、壳聚糖、蒙脱石纳米片、TiO$_2$、和 TiO$_2$@蒙脱石纳米片/聚丙烯酸/壳聚糖水凝胶的 FTIR 光谱。对比可以发现，水凝胶中位于 3 642 cm^{-1} 和 1 031 cm^{-1} 处的峰值分别是由蒙脱石纳米片中 Al—OH 和 Si—O—Si 的振动引起的（Guo et al.，2016）。1 425 cm^{-1} 和 877 cm^{-1} 处的衍射峰分别对应 TiO$_2$ 中的 Ti—O 和 Ti—O—Ti 网络振动（Huang et al.，2017）。位于 1 662 cm^{-1} 和 1 379 cm^{-1} 处的峰分别由壳聚糖中的酰胺 I 和酰胺 III 引起（Lawrie et al.，2007）。此外，1 724 cm^{-1} 和 1 463 cm^{-1} 分别是丙烯酸中 C═O（—COOH）和—CH$_2$ 振动引起的峰值（Singh et al.，2017）。O—H 的拉伸振动峰位于 3 434 cm^{-1} 左右（Wang et al.，2018b）。这些结果表明丙烯酸、壳聚糖、TiO$_2$ 和蒙脱石纳米片相互交织形成了水凝胶。

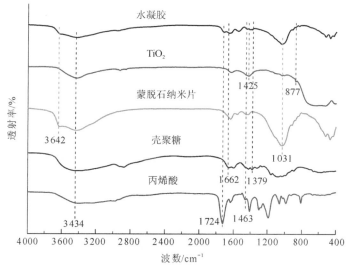

图 4.13　丙烯酸、壳聚糖、蒙脱石纳米片、TiO$_2$ 和 TiO$_2$@蒙脱石纳米片/
聚丙烯酸/壳聚糖水凝胶的 FTIR 光谱

6. 热稳定性分析

TiO$_2$@蒙脱石纳米片/聚丙烯酸/壳聚糖水凝胶的稳定性随温度升高的变化如图 4.14 所示。随着温度的升高，水凝胶的质量不断下降，直至达到恒重。从 30 ℃到 140.84 ℃ 水凝胶质量损失了 11.10%，这主要是由吸附水的挥发造成的。从 140.84 ℃到 388.33 ℃，

---

① JCPDS 为粉末衍射标准联合委员会（Joint Committee on Powder Diffraction Standards）简称

温度对水凝胶中有机链和官能团具有破坏性（Mahapatra et al.，2018），只留下部分稳定的碳链和蒙脱石纳米片，造成13.69%的质量损失。当温度超过388.33℃时，碳链进一步降解并碳化为活性炭。同时蒙脱石纳米片中的结构水开始被除去（约600℃时完全去除）。这一过程一直持续到挥发性成分完全消失，留下二氧化硅、氧化铝、二氧化钛和活性炭作为残渣。

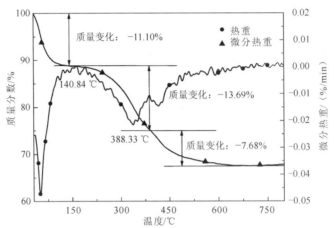

图4.14　TiO$_2$@蒙脱石纳米片/聚丙烯酸/壳聚糖水凝胶的热重曲线

7. 形貌分析

用场发射扫描电镜（FESEM）观察了TiO$_2$@蒙脱石纳米片/聚丙烯酸/壳聚糖水凝胶的微观形貌。如图4.15所示，水凝胶呈现出三维多孔的结构，同时可以清晰地观察到蒙脱石纳米片层结构。蒙脱石纳米片呈现出类似链状的堆叠，根据4.1.1小节的研究，蒙脱石纳米片与直链的壳聚糖以氢键的方式结合在一起形成巨大的片层。但本小节中丙烯酸

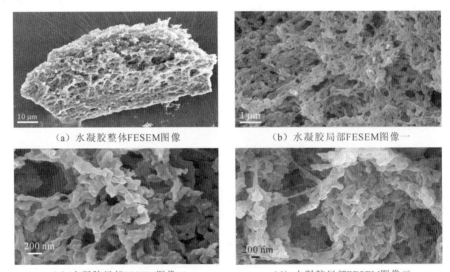

（a）水凝胶整体FESEM图像　　　　　　（b）水凝胶局部FESEM图像一

（c）水凝胶局部FESEM图像二　　　　　　（d）水凝胶局部FESEM图像三

图4.15　TiO$_2$@蒙脱石纳米片/聚丙烯酸/壳聚糖水凝胶的FESEM图像

在聚合过程中会对蒙脱石纳米片/壳聚糖产生交织、缠绕及束缚作用，使之无法产生大的片层，因此呈现链状堆叠的结构。壳聚糖链与聚丙烯酸链可交织缠绕形成具有丰富孔道结构的网络结构，蒙脱石纳米片覆盖在这种结构上，使水凝胶结构更稳定，表现出良好的力学性能，利于水凝胶的循环再生。同时水凝胶中孔道丰富且部分孔径达微米级别，利于大分子污染物进入水凝胶内部发生吸附。

8. 比表面积及孔隙分析

如图 4.16（a）所示，TiO_2@蒙脱石纳米片/聚丙烯酸/壳聚糖水凝胶的 N_2 吸附-脱附能力相比于 TiO_2@蒙脱石纳米片得到了显著提升，说明制备的水凝胶具有很好的孔道结构及较大的比表面积。表 4.2 列出了各比表面积及孔径参数，TiO_2@蒙脱石纳米片的比表面积为 42.75 m^2/g，制备成水凝胶后提升到 115.60 m^2/g。提升的主要原因是 TiO_2@蒙脱石纳米片在水凝胶中的均匀分散及组装构建。尽管剥离过程暴露出了蒙脱石的许多内表面积，但当悬浮液干燥成粉末时，蒙脱石纳米片会再次堆积，遮掩部分有效面积。当蒙脱石纳米片被制备成三维结构的水凝胶后，纳米片被固定在该结构中而不发生塌陷和层压，从而保留了剥离过程中暴露的表面积，展现出较高的 N_2 吸附-脱附能力。此外，对比图 4.16（b）和表 4.2 中孔隙的变化，很容易发现孔径和孔体积从蒙脱石纳米片到水凝胶均得到了增加，这意味着三维结构的构建产生了丰富的大孔孔隙。以上结果表明，该水凝胶具有较大的比表面积和较多的三维结构，是一种理想的水处理吸附材料。

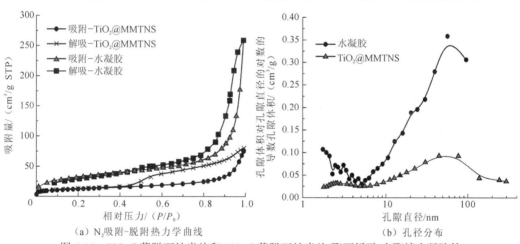

（a）N_2 吸附-脱附热力学曲线　　　　　　（b）孔径分布

图 4.16　TiO_2@蒙脱石纳米片和 TiO_2@蒙脱石纳米片/聚丙烯酸/壳聚糖水凝胶的
N_2 吸附-脱附热力学曲线及对应的孔径分布

表 4.2　TiO_2@蒙脱石纳米片和 TiO_2@蒙脱石纳米片/聚丙烯酸/壳聚糖水凝胶的比表面积及孔径参数

样品	比表面积/（m^2/g）	总孔体积/（cm^3/g）	平均孔径/nm
TiO_2@MMTNS	42.75	0.120	10.982 28
水凝胶	115.60	0.389	18.801 53

4.1.3 蒙脱石纳米片/聚（丙烯酸-co-丙烯酰胺）高性能水凝胶

基于前面的研究发现壳聚糖依靠链上的—NH₂官能团在水凝胶中起到连接蒙脱石纳米片的作用，同时为增强材料（丙烯酸单体聚合）提供结合位点（酰胺化作用）。但考虑壳聚糖会发生水解，在多次循环后会造成蒙脱石纳米片水凝胶瓦解，因此提出利用只含—NH₂官能团的丙烯酰胺单体代替壳聚糖。在聚合作用下，可形成聚丙烯酰胺链状大分子，与蒙脱石纳米片相互作用的同时可与丙烯酸单体发生聚合及酰胺化作用，进一步增强水凝胶的强度。同时引入丰富的—NH₂可以显著提升凝胶吸附性能。

1. 蒙脱石纳米片/聚（丙烯酸-co-丙烯酰胺）水凝胶构建

蒙脱石纳米片/聚（丙烯酸-co-丙烯酰胺）高性能水凝胶构建机理如图 4.17 所示。丙烯酸（AA）单体载有羧基（—COOH）官能团，丙烯酰胺（AM）单体载有氨基（—NH₂）官能团，两者在催化剂（4-二甲氨基吡啶）的作用下可发生酰胺化脱水缩合作用（—C═O—HN—）[图 4.17（a）]。同时丙烯酸（AA）与丙烯酰胺（AM）单体

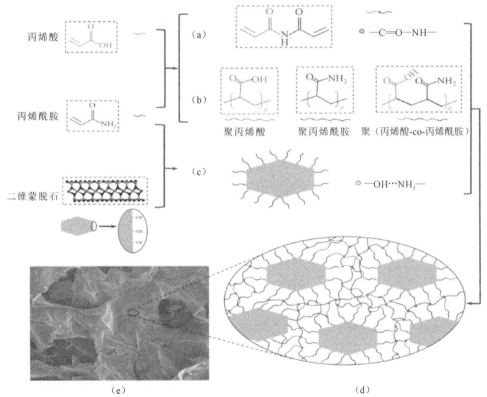

图 4.17　蒙脱石纳米片/聚（丙烯酸-co-丙烯酰胺）高性能水凝胶构建机理示意图（后附彩图）

（a）单体的丙烯酸与丙烯酰胺发生酰胺化脱水缩合作用；（b）单体的丙烯酸与丙烯酰胺聚合形成聚丙烯酸、聚丙烯酰胺和聚（丙烯酸-co-丙烯酰胺）；（c）丙烯酰胺单体通过氢键作用连接在蒙脱石纳米片边缘；（d）酰胺化、聚合和氢键的相互作用下丙烯酸单体、丙烯酰胺单体和蒙脱石纳米片沿二维方向生长形成巨大的薄片；（e）三维结构的高性能水凝胶

都具有碳碳双键（C=C），在引发剂（过硫酸钾）作用下可活化为 C=C·自由基，并与其他单体的 C=C 聚合形成 C—C—C—C·，C—C—C—C—C—C·…，直至形成长链的聚丙烯酸（PAA）、聚丙烯酰胺（PAM）和聚（丙烯酸-co-丙烯酰胺）[P（AA-co-AM）][图 4.17（b）]。另外，通过之前的研究发现氨基（—NH$_2$）官能团可以与蒙脱石纳米片棱上的羟基（Al—OH）官能团发生氢键作用（—OH…$^+$NH$_3$—）（Wang et al.，2018b），因此丙烯酰胺（AM）单体含氨基（—NH$_2$）的一端可与蒙脱石纳米片发生作用连接在其棱上[图 4.17（c）]。因此，当丙烯酸（AA）单体、丙烯酰胺（AM）单体、蒙脱石纳米片与催化剂和交联剂混合时，在酰胺化、聚合和氢键的相互作用下可沿蒙脱石纳米片棱面方向持续生长形成巨大的薄片[图 4.17（d）]，并在交联剂作用下形成稳定的三维多孔结构[图 4.17（e）]。

2. 拉伸测试

拉伸测试主要是反映制备的水凝胶材料在承受复杂应力时的抗拉伸能力，以此评价与拉伸断裂相关的机械性能。测试前水凝胶材料被切割为 20 mm×15mm×3 mm 规格的试样，通过拉伸试样直至断裂，记录测试过程拉伸应力随拉伸应变的变化。图 4.18 为蒙脱石纳米片/聚（丙烯酸-co-丙烯酰胺）水凝胶的拉伸测试结果。可以发现随着拉伸应变的增大，拉伸应力呈现直线的上升，在应变达到 38.1%±6.3%时，水凝胶试样发生断裂，对应拉伸应力达到 3.44 kPa±0.22 kPa。该结果说明蒙脱石纳米片/聚（丙烯酸-co-丙烯酰胺）水凝胶具有较好的黏弹性，拉伸形变 38%以下可保持稳定，抗拉伸性能较好。

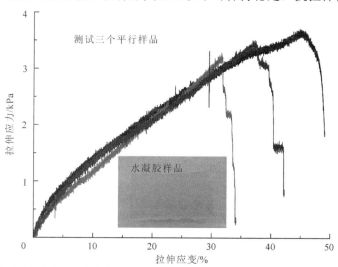

图 4.18　蒙脱石纳米片/聚（丙烯酸-co-丙烯酰胺）水凝胶拉伸应变-应力曲线图（后附彩图）

3. 压缩测试

压缩测试评价的是水凝胶材料在抵抗同轴方向相反的应力作用下不产生永久破裂的能力，是评价水凝胶材料自身承载能力的重要指标。测试前水凝胶材料被切割为直径 23 mm×高度 15 mm 规格的试样，通过压缩试样直至出现裂缝，记录测试过程压缩应力随压缩应变的变化。图 4.19 为蒙脱石纳米片/聚（丙烯酸-co-丙烯酰胺）水凝胶的压缩测试结果。结果显示随着压缩应变的增大，压缩应力呈现先缓慢上升，然后快速上升，最后下降的趋势。压缩应变达到 59.51%±4.8%时，水凝胶试样被压碎，对应压缩应力达到 30.48 kPa±3.5 kPa。结果表明蒙脱石纳米片/聚（丙烯酸-co-丙烯酰胺）水凝胶具有较好的抗压性能，压缩形变 59%以下可保持结构的稳定性。

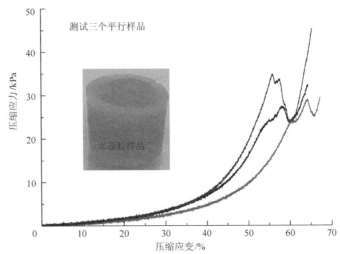

图 4.19　蒙脱石纳米片/聚（丙烯酸-co-丙烯酰胺）水凝胶压缩应变-应力曲线图（后附彩图）

4. FTIR 分析

FTIR 分析可通过特征吸收峰的测定评估蒙脱石纳米片/聚（丙烯酸-co-丙烯酰胺）水凝胶中官能团的种类。如图 4.20 所示，丙烯酰胺单体的红外图谱中，波数 3 188 cm^{-1}、1 670 cm^{-1} 和 1 613 cm^{-1} 处对应酰胺基团中 N—H 的对称伸展振动、酰胺 I 和酰胺 II 基团的振动特征峰（Ghobashy et al.，2017）。丙烯酸单体的红外图谱中，波数 1 726 cm^{-1}、

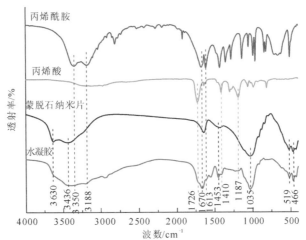

图 4.20　丙烯酰胺、丙烯酸、蒙脱石纳米片和蒙脱石纳米片/聚（丙烯酸-co-丙烯酰胺）
水凝胶的 FTIR 光谱

1 410 cm^{-1} 和 1 187cm^{-1} 处对应 C=O 的伸缩振动、C—H 面内弯曲振动和—CH$_2$ 的伸缩振动（Chiem et al.，2006）。蒙脱石的红外图谱中，波数 3 630 cm^{-1}、3 436 cm^{-1}、1 453 cm^{-1}、1 035 cm^{-1}、519 cm^{-1} 和 466 cm^{-1} 处分别对应棱面 Al—OH 的伸缩振动、吸附水中 O—H 的伸缩振动，以及层面 Si—O、Si—O—Al 和 Si—O—Si 网络弯曲振动（Amarsanaa et al.，2003）。蒙脱石纳米片/聚（丙烯酸-co-丙烯酰胺）水凝胶的红外图谱中，分别出现了上述特征吸收峰，表明丙烯酰胺、丙烯酸和蒙脱石纳米片成功复合在一起形成了三维宏观结构的水凝胶，并且水凝胶中具有丰富的官能团（—COOH、—OH 和—NH$_2$ 等），易与水中污染物发生化学吸附作用，提升水凝胶材料的吸附性能。

5. 热稳定性分析

通过热重分析考察了蒙脱石纳米片/聚（丙烯酸-co-丙烯酰胺）水凝胶的热稳定性。如图 4.21 所示，水凝胶吸附亚甲基蓝之前有 4 个主要的质量损失阶段。200℃前主要为水凝胶中吸附水的去除（Singha et al.，2018）；之后水凝胶中开始发生脱羧、二羟基化和脱氨基反应，这一阶段一直持续到 300℃左右，水凝胶中有机成分的官能团几乎被完全去除（Mahapatra et al.，2018）。随后在 300~535℃的质量损失由有机碳链的分解和挥发造成（Karmakar et al.，2017），除了少部分蒙脱石纳米片结构中的结构水（Al—OH，Si—OH），该阶段去除了水凝胶中几乎所有的挥发性成分。随着温度的进一步升高，蒙脱石纳米片结构中的结构水被去除。

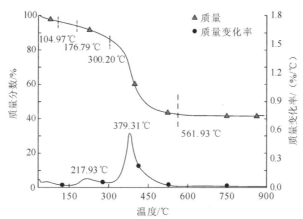

图 4.21　蒙脱石纳米片/聚（丙烯酸-co-丙烯酰胺）水凝胶的热重曲线

6. 形貌分析

蒙脱石纳米片/聚（丙烯酸-co-丙烯酰胺）水凝胶宏观为淡黄色柱状胶体，承受 200 g 砝码时仅发生轻微的形变[图 4.22（a）]，表现出较高的机械强度，与压缩测试的结果保持一致。水凝胶的微观形貌通过场发射扫描电镜（SEM）进行观察，结果显示蒙脱石纳米片/聚（丙烯酸-co-丙烯酰胺）水凝胶由大量的巨型片层构成，与图 4.21 提出的构造机理的结果一致，证实了实验的可行性与正确性。这些巨型片层尺寸达到毫米级别，但厚度仅为纳米级别，片层与片层相互弯曲交织形成了丰富的孔道结构。孔道尺寸达 10 μm 以上，为水溶液中大分子污染物提供了快速有效的通道，进入水凝胶材料内部发生吸附反应。同时，水凝胶中的巨型片层的厚度均一且十分薄，这就为污染物的吸附提供了巨大的有效面积。

(a) 光学图像　　　　　　　　　(b) SEM图像

图 4.22　蒙脱石纳米片/聚（丙烯酸-co-丙烯酰胺）水凝胶的光学与 SEM 图像

4.2　蒙脱石纳米片水凝胶吸附剂性能

选取性能优化后的蒙脱石纳米片/聚（丙烯酸-co-丙烯酰胺）水凝胶为吸附剂，探究对水中大分子的亚甲基蓝（methylene blue，MB）染料的吸附行为，包括因素实验、循环再生、吸附动力学、吸附等温线与吸附机理的研究。

4.2.1　因素实验

1. 溶液初始 pH 的影响

水凝胶在不同 pH 条件下对亚甲基蓝的吸附量及去除率随吸附时间的变化曲线如图 4.23（a）所示。可以发现蒙脱石纳米片/聚（丙烯酸-co-丙烯酰胺）水凝胶在酸性和碱性条件下对亚甲基蓝均有较好的吸附效果，但碱性环境更有利于吸附过程。当 pH 超过 6 时，溶液中的亚甲基蓝几乎完全去除（97%），并且吸附容量达到 400 mg/g（未达到最大值）左右，对于高分子吸附剂来说，已达到较高水平。在强酸性（pH=2）溶液中，虽然亚甲基蓝的去除率仅为 30% 左右，但吸附容量仍达到了 120 mg/g，优于大多数黏土基吸附剂。随 pH 升高，吸附后溶液中的亚甲基蓝不断减少，从 pH=2 到 pH=6 有较大幅度的减少，随后从 pH=6 到 pH=10 有轻微减少，这与水凝胶 Zeta 电位的变化一致[图 4.23（b）]，表明水凝胶上的表面电荷主导了亚甲基蓝的去除过程。水凝胶中含有丰富的酰胺基、羟基和羧基等官能团，随着 pH 的升高，这些官能团会释放出质子。

这种现象使水凝胶表面带有更多的负电荷，导致亚甲基蓝吸附能力提升。相反，H^+和亚甲基蓝之间对水凝胶中反应位点的竞争吸附及质子化官能团产生的排斥会阻碍在低 pH 下的吸附过程。因此，在后续的研究中，水凝胶对亚甲基蓝的去除是在 pH 为 8 的碱性溶液中进行的。

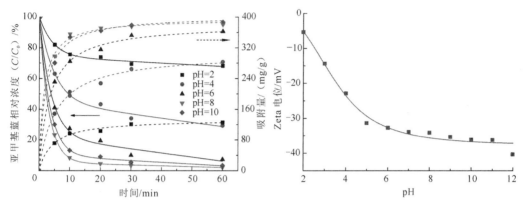

（a）不同溶液初始pH下蒙脱石纳米片/聚（丙烯酸-co-丙烯酰胺）水凝胶对亚甲基蓝染料的吸附去除曲线　（b）不同溶液初始pH下蒙脱石纳米片/聚（丙烯酸-co-丙烯酰胺）水凝胶的Zeta电位变化曲线

图 4.23　pH 对蒙脱石纳米片/聚（丙烯酸-co-丙烯酰胺）水凝胶吸附亚甲基蓝及其 Zeta 电位的影响

2. 水凝胶中 MMTNS 含量的影响

如图 4.24 所示，不含蒙脱石纳米片的水凝胶只能吸附去除溶液中 37.8%的亚甲基蓝，而加入蒙脱石纳米片的水凝胶对溶液中亚甲基蓝的去除率高达 95%以上。并且随着水凝胶中蒙脱石纳米片含量的增加，对亚甲基蓝的去除率会进一步提高。这是因为蒙脱石纳米片荷负电的表面、完全暴露的吸附位点及蒙脱石纳米片构建的三维网络结构，不仅能增强水凝胶的强度，还能增强对亚甲基蓝的吸附能力。由于结构内存在类质同象取代作用，蒙脱石表面携带永久性负电荷（Yi et al.，2019），这加速了通过静电作用去除正电性

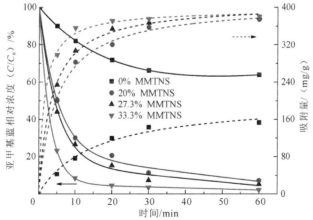

图 4.24　不同 MMTNS 含量下蒙脱石纳米片/聚（丙烯酸-co-丙烯酰胺）
水凝胶对亚甲基蓝染料的吸附去除曲线

亚甲基蓝的进程。类质同象取代也赋予蒙脱石阳离子交换性能，而剥离的方法可以充分暴露这些吸附位点，有利于亚甲基蓝的吸附去除。此外，水凝胶在蒙脱石纳米片的支撑下形成三维结构，使大分子的亚甲基蓝染料可以很容易进入凝胶内部与多种活性位点反应。

3. 亚甲基蓝溶液浓度的影响

如图 4.25 所示，在凝胶吸附剂用量为 0.5 g/L 条件下，当亚甲基蓝溶液质量浓度低于 200 mg/L 时，蒙脱石纳米片/聚（丙烯酸-co-丙烯酰胺）水凝胶可以实现对水中亚甲基蓝几乎完全去除。将亚甲基蓝初始浓度增加到 300 mg/L，去除率仍然可以达到 90%。与其他吸附剂（表 4.3）相比，本小节制备的水凝胶可以实现短时间（20 min）、小剂量（0.5 g/L）下对高浓度亚甲基蓝（200 mg/L）的有效去除（97%），表明蒙脱石纳米片/聚（丙烯酸-co-丙烯酰胺）水凝胶具有优异吸附性能。随着亚甲基蓝初始浓度的增加，去除率略有下降，这是由水凝胶中吸附位点的有效接触和数量限制所致。高浓度的亚甲基蓝溶液中，亚甲基蓝需要更多的时间与水凝胶中有限的吸附位点接触结合。同时，水凝胶表面的吸附位点容易饱和，这会对电正性亚甲基蓝产生排斥力，延缓去除过程。为保证对亚甲基蓝的高效去除，在后续研究中选择亚甲基蓝质量浓度为 200 mg/L。

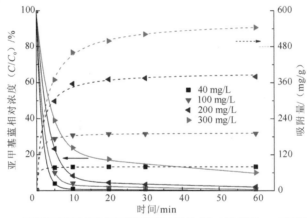

图 4.25　不同亚甲基蓝浓度下蒙脱石纳米片/聚（丙烯酸-co-丙烯酰胺）

水凝胶对亚甲基蓝染料的吸附去除曲线

表 4.3　亚甲基蓝在各种吸附剂上的去除性能的比较

吸附剂	剂量/（g/L）	亚甲基蓝质量浓度/（mg/L）	吸附时间/min	去除率/%	最大吸附量/（mg/g）	相关文献
壳聚糖与蒙脱石组装球	2	25	600	98	137.2	Yang 等（2018）
石墨烯杂化聚多巴胺高岭土	0.8	20	1 440	92	17.87	Singha 等（2018）
海藻制生物炭	1	200	300	90	512.67	Wang 等（2019）
蔍草胶囊	0.6	200	240	90	217.4	Lei 等（2019）
蒙脱石纳米片/聚（丙烯酸-co-丙烯酰胺）水凝胶	0.5	200	20	97	717.54	本书

4. 水凝胶用量的影响

合适的吸附剂用量既可实现亚甲基蓝的有效去除，又可避免浪费。由图 4.26 可知，由于吸附位点有限，0.25 g/L 的剂量未能完全去除亚甲基蓝，但相应的吸附容量达到最大值 600 mg/g 左右。随着水凝胶投加量的增加，亚甲基蓝的去除率也随之提高，这是由吸附位点的增加引起的。当投加量大于 0.5 g/L 时，对亚甲基蓝的去除效果较好，吸附量约为 400 mg/g。进一步提高投加量只能使亚甲基蓝去除略有改善，但会造成水凝胶的浪费，因此在后续研究中选择 0.5 g/L 为合适的投加量。

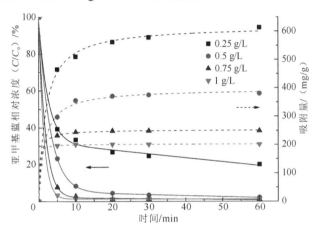

图 4.26　不同水凝胶用量下对亚甲基蓝染料的吸附去除曲线

5. 溶液温度的影响

一般来说，温度可以加速溶液中亚甲基蓝的扩散，并促进亚甲基蓝与水凝胶中活性位点的结合。然而，本小节中温度对水凝胶去除亚甲基蓝几乎没有影响，如图 4.27 所示。这种现象表明水凝胶具有优异的三维网络结构（也可从图 4.22 中看出）。这种三维网络

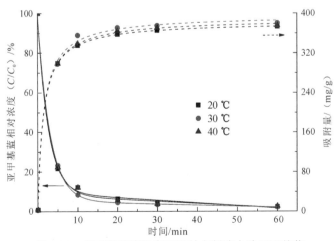

图 4.27　在不同溶液温度下通过水凝胶去除亚甲基蓝

亚甲基蓝：200 mg/L；水凝胶：2DMMT-33.3%，500 mg/L；pH=8

结构可以实现即使没有温度加速，亚甲基蓝分子也能完全进入吸附剂结构中。同时，如图 4.24 所示，水凝胶中的 MMTNS 主导了亚甲基蓝的吸附过程。而许多研究表明，蒙脱石对亚甲基蓝的吸附是离子交换，属于物理吸附。物理吸附可以在没有能量输入的情况下进行。因此，本研究制备的水凝胶在去除亚甲基蓝过程中对温度没有特殊的要求。

4.2.2　循环再生性能

利用 CaCl$_2$ 溶液对吸附后的蒙脱石纳米片/聚（丙烯酸-co-丙烯酰胺）水凝胶进行洗脱，通过 Ca^{2+}置换水凝胶中的亚甲基蓝实现再生，结果如图 4.28 所示。初始的蒙脱石纳米片/聚（丙烯酸-co-丙烯酰胺）水凝胶对 100 mg/L 和 200 mg/L 质量浓度的亚甲基蓝均能达到有效的去除。随后的 4 个循环中，在 100 mg/L 和 200 mg/L 质量浓度下，水凝胶对亚甲基蓝的去除率能分别稳定在 70% 和 55%左右[图 4.28（a）]。这是由于水凝胶中官能团与亚甲基蓝之间存在化学吸附，Ca^{2+}难以置换洗脱，无法实现 100%的再生。而水凝胶中通过物理吸附的亚甲基蓝比较容易通过 Ca^{2+}交换洗脱，从而实现水凝胶的再生。在 100 mg/L 和 200 mg/L 质量浓度下，经 4 次循环再生后，亚甲基蓝在水凝胶上的吸附量仍分别达到 150 mg/g 和 240 mg/g[图 4.28（b）]，说明以 CaCl$_2$ 为洗脱液对蒙脱石纳米片/聚（丙烯酸-co-丙烯酰胺）水凝胶进行循环再生在实际应用中是可行的。

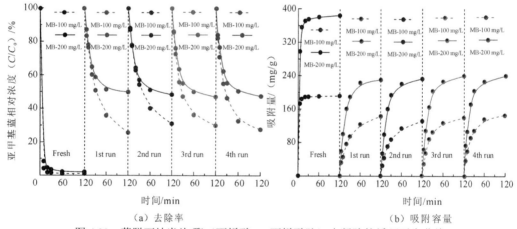

图 4.28　蒙脱石纳米片/聚（丙烯酸-co-丙烯酰胺）水凝胶的循环再生曲线

Fresh 为 0 次循环；1st run 为 1 次循环；2st run 为 2 次循环；3st run 为 3 次循环；4st run 为 4 次循环

4.2.3　吸附动力学

亚甲基蓝在蒙脱石纳米片/聚（丙烯酸-co-丙烯酰胺）水凝胶上的吸附是一个随时间变化的过程（Liu et al.，2018a）。由图 4.29 可见，亚甲基蓝在水凝胶上的吸附过程能在较短的时间内完成，20 min 左右基本达到平衡。水凝胶对亚甲基蓝的吸附量随着溶液中亚甲基蓝的浓度的升高而增加，原因是水凝胶中的吸附位点在高浓度的亚甲基蓝溶液中更易达到饱和状态，300 mg/L 的初始亚甲基蓝溶液在水凝胶上的吸附量为 537.27 mg/g

（更高浓度下吸附量将更高）。并且随着溶液中亚甲基蓝浓度的升高，水凝胶达到吸附平衡的时间略微增加，为确保达到平衡，后续实验中吸附时间均取 60 min。

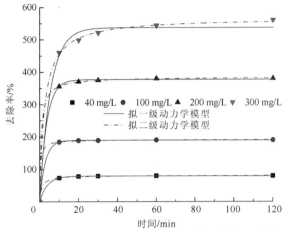

图 4.29　蒙脱石纳米片/聚（丙烯酸-co-丙烯酰胺）水凝胶对亚甲基蓝的吸附动力学

为进一步探究水凝胶吸附亚甲基蓝的过程，分别采用拟一级动力学模型[式（4.1）]和拟二级动力学模型[式（4.2）]对实验数据进行拟合分析。

拟一级动力学模型：

$$\ln(q_e - q_t) = \ln q_e - k_1 \times t \tag{4.1}$$

拟二级动力学模型：

$$\frac{t}{q_t} = \frac{1}{k_2 \times q_e^2} + \frac{t}{q_e} \tag{4.2}$$

式中：q_t 和 q_e 分别为时间 t 和吸附平衡时吸附剂对吸附质的吸附量，mg/g；k_1 和 k_2 分别为拟一级动力学模型和拟二级动力学模型速率常数，min^{-1}。拟合结果见表 4.4，可以发现两种动力学模型的拟合程度都很高，R^2 均十分接近 1，表明水凝胶与溶液中亚甲基蓝是通过物理吸附和化学吸附的形式结合在一起（Linghu et al.，2017）。物理吸附主要发生在水凝胶中荷负电的蒙脱石纳米片上，正电的亚甲基蓝通过静电引力富集到蒙脱石纳米片表面，并与纳米片表面的 Na^+ 发生离子交换作用吸附在水凝胶表面。化学吸附主要发生在水凝胶中丰富的官能团（—OH、—NH$_2$、—COOH 等）与亚甲基蓝之间。

表 4.4　蒙脱石纳米片/聚（丙烯酸-co-丙烯酰胺）水凝胶对亚甲基蓝吸附的动力学拟合参数

C_0/（mg/L）	拟一级动力学模型			拟二级动力学模型		
	q_e/（mg/g）	k_1/min^{-1}	R_1^2	q_e/（mg/g）	k_2/min^{-1}	R_2^2
40	79.47	0.253	0.999 6	81.376	0.012	0.999 7
100	189.81	0.035	0.999 9	191.51	0.014 3	0.999 9
200	377.29	0.285	0.999 5	384.547	0.003 3	0.999 9
300	537.27	0.184	0.992 0	566.734	0.000 7	0.999 5

4.2.4　吸附等温线

图 4.30 为蒙脱石纳米片/聚（丙烯酸-co-丙烯酰胺）水凝胶对亚甲基蓝的吸附量随溶液浓度的变化。可以发现该水凝胶在较低的平衡浓度下即可实现对亚甲基蓝的高吸附量，在亚甲基蓝平衡浓度 22 mg/L 时达到了 550 mg/g 的吸附量。这是因为蒙脱石纳米片/聚（丙烯酸-co-丙烯酰胺）水凝胶孔径巨大，且吸附位点充分暴露，置于溶液中时，亚甲基蓝可以快速地与吸附位点接触并发生吸附。

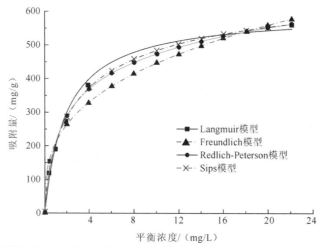

图 4.30　蒙脱石纳米片/聚（丙烯酸-co-丙烯酰胺）水凝胶对亚甲基蓝的吸附等温线

利用 Langmuir 模型[式（4.3）]、Freundlich 模型[式（4.4）]、Redlich-Peterson 模型[式（4.5）]和 Sips 模型[式（4.6）]对数据进一步拟合分析。

Langmuir 模型：

$$\frac{C_e}{q_e} = \frac{C_e}{q_m} + \frac{1}{q_m \times b} \tag{4.3}$$

Freundlich 模型：

$$\lg q_e = \lg K_f + \frac{1}{n} \times \lg C_e \tag{4.4}$$

Redlich-Peterson 模型：

$$q_e = \frac{K_R C_e}{1 + \alpha_R C_e^{\beta_R}} \tag{4.5}$$

Sips 模型：

$$q_e = q_m \frac{K_S C_e^{\beta_S}}{1 + K_S C_e^{\beta_S}} \tag{4.6}$$

式中：C_e 为水溶液中吸附质的平衡浓度，mg/L；q_e 和 q_m 分别为平衡吸附量和最大吸附量，mg/g；b 为与吸附质吸附能有关的 Langmuir 常数，L/mg；K_f 和 n 分别为与吸附容量和吸附强度有关的 Freundlich 常数；K_R(L/g)、α_R (L/mg) 和 β_R 为 Redlich-Peterson 等温常数，其中 $0 \ll \beta_R \ll 1$；Sips 等温线中 K_S(L/g) 与吸附能相关，β_S 为非均质性系数，表征材

料非均一性。各拟合结果见表 4.5，通过比较参数 R^2，可以发现 Sips 等温线模型拟合结果最接近亚甲基蓝在蒙脱石纳米片/聚（丙烯酸-co-丙烯酰胺）水凝胶上的吸附。该模型表明亚甲基蓝与水凝胶之间以单层吸附的方式结合（Ahmadpoor et al.，2019）。β_S (0.710)接近 1，表明水凝胶表面上的吸附位点是均匀分布的。模型拟合的最大吸附量为 717.54 mg/g，性能远远优于常规的黏土吸附材料。

表 4.5　蒙脱石纳米片/聚（丙烯酸-co-丙烯酰胺）水凝胶对亚甲基蓝吸附的等温线拟合参数

温度/K	模型	等温线参数		
303	Langmuir 模型	$q_m/$ (mg/g)	$b/$ (L/mg)	R_1^2
		597.84	0.502	0.982 2
	Freundlich 模型	$1/n$	K_f	R_2^2
		0.328	209.48	0.971 3
	Redlich-Peterson 模型	$K_R/$ (L/g)	$\alpha_R/$ (L/mg)	β_R	R_3^2
		497.76	1.370	0.84	0.992 3
	Sips 模型	q_m (mg/g)	K_S (L/g)	β_S	R_4^2
		717.54	0.404	0.710	0.994 6

4.2.5　亚甲基蓝吸附机理

1. 紫外-可见吸收光谱分析

为探究亚甲基蓝在蒙脱石纳米片/聚（丙烯酸-co-丙烯酰胺）水凝胶中的吸附状态，对吸附过程中溶液体系（包括过滤水凝胶和未过滤两种状态）进行了紫外-可见吸收光谱分析，结果如图 4.31 所示。可以发现初始的亚甲基蓝溶液在 664 nm 和 612 nm 处有很强的吸收峰，分别对应于亚甲基蓝的单体和二聚体形式（Mitra et al.，2019）。这是由亚甲基蓝分子通过 π-π 相互作用（面面之间作用）堆叠在一起形成二聚体造成的。随着吸附过程的进行，664 nm 和 612 nm 处的吸收峰强度显著降低，说明溶液中的亚甲基蓝分子逐渐吸附在了水凝胶上。612 nm 处的峰比 664 nm 处的峰下降得更明显甚至消失，这是因为溶液中亚甲基蓝分子数量降低后导致环境极性越来越强，从而促进亚甲基蓝二聚体向单体的转化并稳定存在。根据文献报道，亚甲基蓝三聚体（Singha et al.，2017a）也被证明存在于溶液中，但由于其数量很少，在图 4.31（a）中并不明显。为了更明显地观察亚甲基蓝三聚体，扫描未过滤的溶液体系（即含有微细粒水凝胶颗粒的亚甲基蓝溶液），结果如图 4.31（b）所示。在 574 nm 处出现了明显的亚甲基蓝三聚体特征吸收峰，这是由于吸附作用将亚甲基蓝富集在水凝胶表面，水凝胶表面的亚甲基蓝浓度高于溶液环境中的浓度，而高浓度有利于亚甲基蓝三聚体的形成。在吸附的最后阶段，三个峰均存在，表明亚甲基蓝以单体、二聚体和三聚体的形式吸附在水凝胶的表面。同时，亚甲基蓝三聚体的峰值明显高于其单体和二聚体峰值，说明亚甲基蓝单体/二聚体有向三聚体转化并吸附在水凝胶表面的趋势。

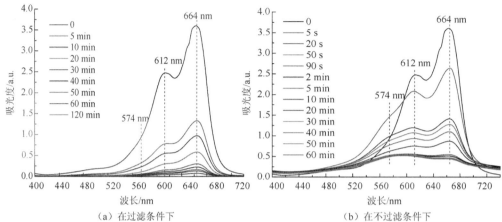

（a）在过滤条件下　　　　　　　　（b）在不过滤条件下

图 4.31　蒙脱石纳米片/聚（丙烯酸-co-丙烯酰胺）水凝胶吸附亚甲基蓝时溶液在过滤和不过滤条件下的紫外-可见吸收光谱（后附彩图）

2. FTIR 分析

图 4.32 为蒙脱石纳米片/聚（丙烯酸-co-丙烯酰胺）水凝胶吸附亚甲基蓝前后的 FTIR 图谱。吸附后的水凝胶图谱中，在 1 600 cm^{-1}、1 396 cm^{-1}、1 491 cm^{-1}、1 142 cm^{-1} 和 669 cm^{-1} 处出现新的峰值，分别对应于亚甲基蓝结构中芳香环的骨架振动、—CH$_3$、C=N、C—N 和 C—S—C 基团的拉伸振动（Ovchinnikov et al.，2016），表明亚甲基蓝成功吸附在水凝胶上。同时 3 450 cm^{-1} 和 3 391 cm^{-1} 处的峰出现明显的偏移与宽化，表明亚甲基蓝与水凝胶之间可能存在氢键相互作用（Gan et al.，2019）。1 457 cm^{-1} 处的峰值与—COO$^-$的反对称拉伸振动有关，该振动是通过—COOH 的脱质子作用形成的。—COO$^-$

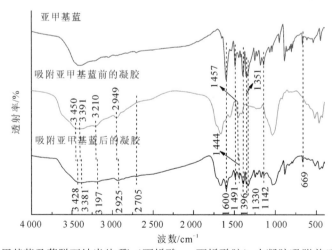

图 4.32　亚甲基蓝及蒙脱石纳米片/聚（丙烯酸-co-丙烯酰胺）水凝胶吸附前后的红外图谱

然后与=N$^+$(CH$_3$)$_2$/=N(CH$_3$)$_2$（对应于 2 705 cm^{-1} 和 1 457 cm^{-1} 处的振动吸收峰）发生氢键作用导致 3 450 cm^{-1}、3 391 cm^{-1} 和 1 457 cm^{-1} 处的峰值分别偏移至 3 428 cm^{-1}、3 381 cm^{-1} 和 1 444 cm^{-1}（Singha et al.，2017a）。此外，C—H 键从 2 949 cm^{-1} 偏移到 2 925 cm^{-1}，表明氢键的存在形式可能为 C—H···O=C/C—H···N。另外 1 351 cm^{-1} 处也发生了偏移，偏移至 1 330 cm^{-1}，这归因于亚甲基蓝芳香环中的 C=S$^+$ 与夹层水分子之间的相互作用（Singha et al.，2017b）。形成夹层水分子表明亚甲基蓝可能以二聚体或三聚体形式存在，这与紫外-可见吸收光谱分析的结果一致，表明亚甲基蓝单体/二聚体/三聚体通过氢键作用沉积在水凝胶表面。

3. XPS 分析

对蒙脱石纳米片/聚（丙烯酸-co-丙烯酰胺）水凝胶吸附亚甲基蓝前后表面元素、官能团及化学键的变化进行了测试，结果如图 4.33 所示。吸附后水凝胶中 Na 元素含量明显减少，同时 S 元素含量明显增加[图 4.33（a）]。其中 Na 主要为蒙脱石纳米片表面的可交换阳离子，S 主要来自亚甲基蓝的芳香结构。因此可以得出结论，阳离子的亚甲基蓝与水凝胶中的可交换 Na$^+$发生离子交换作用而发生吸附。通过对元素的分峰处理发现，

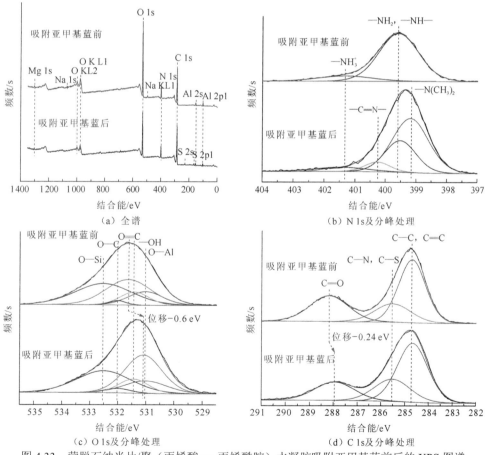

图 4.33　蒙脱石纳米片/聚（丙烯酸-co-丙烯酰胺）水凝胶吸附亚甲基蓝前后的 XPS 图谱

吸附前水凝胶中 N 1s 主要由—NH$_3^+$（401.33 eV）和—NH$_2$/—NH—（399.59 eV）基团组成（Jurado-López et al.，2017）；O 1s 主要由 O—Si（532.54 eV），O—C（532.02 eV），O＝C（531.63 eV），—OH（531.46 eV）和 O—Al（531.02 eV）键（Chen et al.，2018；Yang et al.，2018）组成；C 1s 主要由 C＝O（288.2 eV），C—N/C—S（285.54 eV）和 C—C/C＝C（284.69 eV）键（Singha et al.，2017a）组成。而发生吸附后，N 1s 中出现了 400.24 eV 和 399.16 eV 两处新的光电子衍射峰，分别对应于亚甲基蓝结构中—C＝N—和—N(CH$_3$)$_2$ 基团，表明亚甲基蓝成功地吸附在水凝胶上。同时 O 1s 中 O＝C 由 531.63 eV 偏移至 531.03 eV，C 1s 中 C＝O 由 288.2 eV 偏移至 287.96 eV。其中 O＝C 和 C＝O 均来自水凝胶中—COOH 官能团，表明亚甲基蓝与水凝胶中的羧基官能团之间也存在化学吸附作用。

4.3　蒙脱石纳米片/壳聚糖铜离子印迹凝胶球

蒙脱石/壳聚糖复合吸附剂，与蒙脱石一样，在吸附多元金属离子时，选择性较低。离子印迹是印迹技术的一个重要分支，具有很强的选择性，其基本原理是通过功能体与模板离子作用以形成特定印迹空穴。由于优越的结构稳定性、预定性和选择性，离子印迹复合吸附剂在污水处理领域具有广泛的应用。在离子印迹复合吸附剂中，功能体的选择尤为重要，是实现特异性吸附的关键。壳聚糖便是其中一种较为理想的功能体，本节旨在通过离子印迹的方式制备离子印迹蒙脱石纳米片/壳聚糖复合吸附剂（ion-imprinted montmorillonite nanosheets/chitosan，IIMNC），在充分释放吸附位点的同时改善吸附剂的选择性吸附性能。

4.3.1　铜离子印迹凝胶制备

离子印迹蒙脱石纳米片/壳聚糖吸附剂的制备主要分三步进行：①配置壳聚糖-铜复合物。首先将 0.15 g 壳聚糖溶解在 10 mL 的乙酸溶液（体积分数 2%）中，然后加入 2 mL 醋酸铜溶液（16 g/L）反应 12 h 即可得壳聚糖-铜复合物；②合成印迹球。按照质量分数 0%、20%、45%分别加入蒙脱石纳米片与壳聚糖-铜混合反应 1 h，待反应结束后，用 5 mL 注射器将混合液滴入 2 mol/L 的氢氧化钠溶液中成球 2 h，加去离子水洗至中性；③洗脱与活化。将洗至中性的球倒入 0.1 mol/L 的硫酸溶液中振荡洗脱两次，每次 0.5 h，待洗脱完毕，用 0.1 mol/L 的氢氧化钠活化 3 h。活化结束后洗至中性冷冻干燥即得不同蒙脱石含量的成品 IIMNC0、IIMNC20 和 IIMNC45。

4.3.2　铜离子印迹凝胶表征

1. FTIR 分析

图 4.34 是不同蒙脱石纳米片（MMTNS）含量的 IIMNC 的 FTIR 谱图。在 IIMNC0

中，即未加入 MMTNS 时，3 370 cm^{-1} 处是—OH 和—NH 的振动，2 878 cm^{-1} 处是 C—H 的振动，1 659 cm^{-1} 是 C=O 伸缩振动、N—H 弯曲振动和 C—N 伸缩振动的耦合，1 322 cm^{-1} 处的振动代表壳聚糖的酰胺 III，1 156 cm^{-1} 和 1 032 cm^{-1} 处的振动是糖类结构的振动，此外还能观察到—OH 峰在 1 075 cm^{-1} 处的振动及 1 421 cm^{-1} 处—OH 和 C—H 的耦合振动。加入 20% MMTNS 后，在 IIMNC20 中可明显观察到蒙脱石在 464 cm^{-1} 和 519 cm^{-1} 处的振动峰，以及—OH 在 1 649 cm^{-1} 和 3 373 cm^{-1} 处的振动峰。随着 MMTNS 进一步引入，一方面 IIMNC45 中 464 cm^{-1}，519 cm^{-1} 和 1 032 cm^{-1} 处的振动增强，另一方面振动峰 3 730 cm^{-1} 和 1 659 cm^{-1} 由于氢键作用发生偏移，分别移动至 3 415 cm^{-1} 和 1 647 cm^{-1}（Li et al.，2011）。

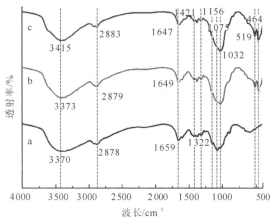

图 4.34　IIMNC0、IIMNC20 和 IIMNC45 的红外谱图
a—IIMNC0；b—IIMNC20；c—IIMNC45

2. 形貌分析

图 4.35 是不同 MMTNS 含量 IIMNC 的 SEM 形貌图。从整体来看，无论是否加入 MMTNS，IIMNC 的表面都含有大量的孔隙，呈蜂窝状，可有效减小吸附质的传质阻力及促进 Cu^{2+}的脱附。但是随着 MMTNS 进一步加入，IIMNC 的孔隙发生明显塌陷，这可能是由 MMTNS 亲水导致的。即随着 MMTNS 加入，壳聚糖一部分氨基和 MMTNS 结合，在氢氧化钠溶液中容易随着 MMTNS 在水体中以悬浮液的形式存在，无法有效形成印迹球吸附剂。在引入 MMTNS 的过程中，可明显观察到随着 MMTNS 的加入，IIMNC20 和 IIMNC45 的骨架变厚、骨架变糙，这显然是由 MMTNS 的堆叠导致的。

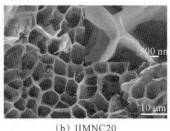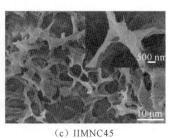

（a）IIMNC0　　　　　（b）IIMNC20　　　　　（c）IIMNC45
图 4.35　IIMNC0、IIMNC20 和 IIMNC45 的 SEM 图

3. XPS 分析

为明晰 IIMNC 的形成机理，对不同 MMTNS 含量的 IIMNC 进行 XPS 测试，结果如图 4.36 所示。在 IIMNC0 全谱中，主要是壳聚糖 O KL1、O 1s、N 1s 和 C 1s 的峰，加入 20%的 MMTNS 后，IIMNC20 一方面出现蒙脱石 Si 2s 的峰，另一方面 O KL1、O 1s、N 1s 和 C 1s 相对峰强变弱，进一步引入 MMTNS 后，IIMNC45 出现 Mg 1s 峰，N 1s 的峰强进一步减弱。在 IIMNC 的制备过程中，一方面壳聚糖酰基和金属离子具有明显的络合作用，另一方面可与蒙脱石表面官能团作用，形成复合吸附剂。最为主要的是，酰基能够使壳聚糖在氢氧化钠溶液中成球。为此进一步对 N 进行了分析。在 IIMNC0 中，—NH$_2$ 的结合能位于 398.3 eV。N—C=O 和—NH$_3^+$ 的结合能分别位于 399.83 eV 和 399.15 eV（Skwarczynska et al.，2019）。加入 MMTNS 后，IIMNC20 中—NH$_3^+$ 和 MMTNS 作用后结合能移至 401.2 eV，IIMNC45 中—NH$_2$，—N—C=O 和—NH$_3^+$ 的结合能分别位移至 399.56 eV、401.39 eV 和 402.4 eV。

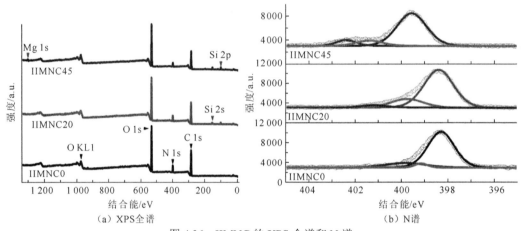

（a）XPS全谱　　　　　　　　　（b）N谱

图 4.36　IIMNC 的 XPS 全谱和 N 谱

4.3.3　铜离子吸附行为

1. pH 对铜离子吸附的影响

一方面蒙脱石表面具有丰富的羟基官能团，极易受到 pH 的影响，另一方面蒙脱石端面 Al、Fe 等元素在碱性条件下极易水化，使得端面电荷发生变化，因此 pH 对蒙脱石复合吸附剂影响极大。此外，pH 对壳聚糖复合吸附剂去除金属离子也有着明显的影响，因为壳聚糖本身是 pH 敏感性聚合物，在酸性条件下极易质子化，从而荷正电，排斥金属阳离子，络合性变差，吸附能力减弱（Zhang et al.，2016）。进一步考虑 Cu^{2+} 的稳定性（K_{sp}(Cu(OH)$_2$)=2.2×10^{-20}），因此试验主要考察 pH 在 2~5 时 IIMNC 吸附 Cu^{2+} 的影响，结果如图 4.37 所示。从图中可看出，pH 为 2.0~3.5 对纳米印迹复合球 IIMNC 的影响显著，这是因为在酸性条件下，H$^+$ 和 Cu^{2+} 发生竞争吸附，壳聚糖优先质子化排斥 Cu^{2+}，pH

为 3.5~5.0 基本无影响，吸附量维持相对稳定的状态，壳聚糖质子化能力弱，吸附量受限于吸附剂的作用位点。此外，随着 MMTNS 加入，IIMNC 的吸附量逐渐增大，这可能是由于 MMTNS 荷负电吸引带正电的 Cu^{2+}，即提供了 Cu^{2+} 的吸附位点，进一步提高了 IIMNC20 和 IIMNC45 的吸附能力。

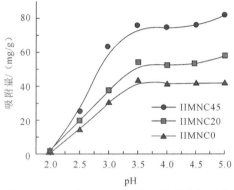

图 4.37　pH 对 IIMNC 吸附 Cu^{2+} 行为的影响

2. 吸附动力学

图 4.38 是不同 MMTNS 含量的 IIMNC 对 Cu^{2+} 的吸附动力学曲线。如图 4.38 所示，吸附主要分为初始阶段和稳定阶段。在初始阶段（0~3 h），IIMNC 的吸附作用位点充足，Cu^{2+} 迅速占领吸附位点，吸附量快速增加；在稳定阶段（3~8 h），吸附位点少，Cu^{2+} 浓度变低，较难与有效位点结合，吸附量基本维持稳定。在 8 h 时，IIMNC0、IIMNC20 和 IIMNC45 的吸附量分别达到了 41.85 mg/g、57.86 mg/g 和 81.36 mg/g，这表明添加 MMTNS 有利于 IIMNC 对 Cu^{2+} 的吸附，这可能是因为 MMTNS 荷负电能够吸引 Cu^{2+}，提供作用位点。此外随着 MMTNS 的加入，IIMNC 对 Cu^{2+} 的吸附效率变快。研究表明随 MMTNS 的增加，IIMNC 有利于吸附 Cu^{2+}，但是过多 MMTNS 不利于形成 IIMNC，因而本试验将 MMTNS 的添加量控制在 45% 以内。

试验除了采用拟一级动力学模型[式(4.1)]和拟二级动力学模型[式(4.2)]描述 IIMNC 对 Cu^{2+} 的吸附，还采用了叶洛维奇模型[式（4.7）]。叶洛维奇吸附量的计算公式为

$$q_t = \frac{1}{\beta}\ln(1+\alpha\beta t) \tag{4.7}$$

式中：q_t 为 t 时刻吸附剂对应的吸附量；β 为解吸常数，mg/g；α 为初始吸附率，g/(mg·min)。

拟一级动力学模型、拟二级动力学模型和叶洛维奇模型的拟合结果如图 4.38 和表 4.6 所示。拟一级动力学模型相较于拟二级动力学模型和叶洛维奇模型来说，其拟合结果较差，R^2 相对较小，不适合用来描述印迹凝胶吸附 Cu^{2+} 的行为。拟二级动力学模型拟合的吸附量和实际结果相近，表面印迹凝胶对 Cu^{2+} 的吸附行为主要偏化学吸附。参数 k_2 的大小和 MMTNS 的添加量保持一致，MMTNS 的添加量越多，k_2 越大。在叶洛维奇模型中，

可看出不同MMTNS含量的印迹凝胶球解吸常数基本接近,初始吸附率呈现明显的区别,这应该与MMTNS荷负电吸引Cu^{2+}存在很大的关系。

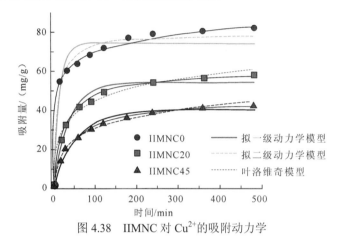

图 4.38　IIMNC 对 Cu^{2+} 的吸附动力学

表 4.6　IIMNC 对 Cu^{2+} 的吸附动力学拟合参数

模型	参数	IIMNC0	IIMNC20	IIMNC45
拟一级动力学模型	q/(mg/g)	39.327 2	53.677 8	74.232 6
	k_1/min^{-1}	0.017 2	0.026 0	0.067 7
	R^2	0.973 1	0.965 4	0.927 6
拟二级动力学模型	q/(mg/g)	45.276 4	60.153 5	79.661 8
	k_2/[g/(mg·min)]	0.000 5	0.000 6	0.001 3
	R^2	0.996 6	0.997 0	0.976 1
叶洛维奇模型	α/[g/(mg·min)]	4.808 5	15.810 8	582.441 8
	β/(mg/g)	0.046 6	0.041 2	0.049 9
	R^2	0.992 3	0.989 5	0.996 0

3. 吸附等温线

　　IIMNC 对 Cu^{2+} 的吸附等温线如图 4.39 所示。从图 4.39 中可以看出，IIMNC 的吸附量随着平衡浓度增大而增大，IIMNC0 吸附量达到 84 mg/g，相应 IIMNC20 试验吸附量为 92 mg/g，IIMNC45 吸附量为 118 mg/g。这表明随着 MMTNS 加入，IIMNC 的吸附量增大，这是因为 MMTNS 本身对 Cu^{2+} 具有吸附作用，提供吸附位点，可有效提高 IIMNC 对 Cu^{2+} 的去除。另外对比不同的吸附剂（表 4.7），可看出 IIMNC 在吸附 Cu^{2+} 时具有明显优势，吸附量相对较大。此外，IIMNC 也是较为理想的吸附剂，因为蒙脱石纳米片和壳聚糖无毒，不会对水体产生二次污染。

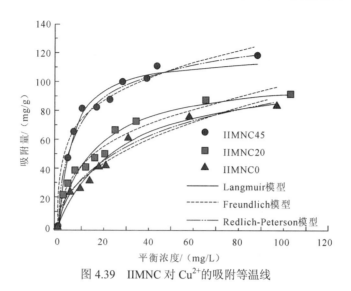

图 4.39 IIMNC 对 Cu^{2+} 的吸附等温线

表 4.7 不同吸附剂对 Cu^{2+} 的最大吸附量对比

吸附剂	pH	时间/h	最大吸附量/（mg/g）	参考文献
Poly(EGDMA-MAH/Cu^{2+})	7.0	1	48	Say 等（2003）
KSF-CTS	4.8	8	83	Pereira 等（2013）
CCM	5.0	24	17	Cho 等（2012）
CS/GO/Fe_3O_4-IIP	6.0	2	132	Kong 等（2017）
CS/PVA/MWCNTNH$_2$	5.5	4	20	Salehi 等（2012）
Cu(II)-MICA	5.5	6	46	Ren 等（2008）
IIMNC0	5	8	84	本书
IIMNC20	5	8	92	本书
IIMNC45	5	8	118	本书

注：Poly(EGDMA-MAH/Cu^{2+})为铜离子印迹聚乙二醇二甲基丙烯酸脂-甲基丙烯酰胺组氨酸；KSF-CTS 为壳聚糖膨润土；CCM 为壳聚糖/黏土/四氧化三铁；CS/GO/Fe_3O_4-IIP 为壳聚糖/氧化石墨烯/四氧化三铁离子印迹球；CS/PVA/MWCNTNH$_2$ 为壳聚糖/聚乙烯醇/氨基修饰碳纳米管；Cu(II)-MICA 为磁性铜离子印迹复合吸附剂

采用 Langmuir 模型［式（4.3）］、Freundlich 模型［式（4.4）］和 Redlich-Peterson 模型［式（4.5）］对平衡试验进行拟合。拟合结果如图 4.39 和表 4.8 所示。在表 4.8 中，Redlich-Peterson 模型的拟合度 R^2 比 Langmuir 模型和 Freundlich 模型都要大，因此 IIMNC 吸附 Cu^{2+} 符合 Redlich-Peterson 等温线方程，并且 IIMNC0、IIMNC20 和 IIMNC45 的 g 值分别为 0.7713、0.7103 和 0.8761，这表明 IIMNC 吸附 Cu^{2+} 行为更接近 Langmuir 等温线。通过 Langmuir 模型拟合，IIMNC0、IIMNC20 和 IIMNC45 的最大吸附量分别为 105.6014 mg/g、108.9212 mg/g 和 119.4204 mg/g。

表 4.8   IIMNC 对铜离子吸附等温线拟合参数

模型	参数	IIMNC0	IIMNC20	IIMNC45
	k	0.062 2	0.033 7	0.169 6
Langmuir 模型	Q	105.601 4	108.921 2	119.420 4
	R^2	0.955 7	0.977 4	0.979 8
	n	2.190 0	2.741 2	4.103 7
Freundlich 模型	k	11.133 2	18.182 1	41.707 2
	R^2	0.972 7	0.970 8	0.977 2
	k	6.331 0	25.149 2	36.073 7
Redlich-Peterson 模型	a	0.177 8	0.958 5	0.509 5
	g	0.771 3	0.710 3	0.876 1
	R^2	0.977 9	0.971 1	0.988 6

4.3.4   铜离子吸附机理

图 4.40 是凝胶吸附 Cu^{2+} 后的 EDS 面扫图。从 Si 元素的分布来看，MMTNS 均匀分布在壳聚糖骨架上，孔隙上内分布少，这表明 MMTNS 主要堆叠在壳聚糖骨架上，对孔隙影响较小。同时 N 和 Cu 的元素分布趋于一致性，在孔隙处分布少，其他处分布均匀，表明 Cu^{2+} 均匀吸附在 IIMNC 上。

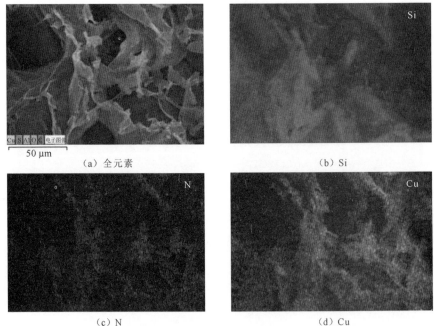

(a) 全元素　　　　　　　　　　　　　(b) Si

(c) N　　　　　　　　　　　　　(d) Cu

图 4.40   IIMNC 吸附 Cu^{2+} 后的 EDS 分布图（后附彩图）

离子印迹作为一种特异性吸附手段，印迹方式起到至关重要的作用。在 IIMNC 中，主要靠壳聚糖的酰基对 Cu^{2+} 进行印迹处理，因此试验采用 XPS 对洗脱前 IIMNC（未采用硫酸对 Cu^{2+} 进行洗脱的 IIMNC）和吸附 Cu^{2+} 后进行了分析，结果如图 4.41 所示。相较于图 4.36（a），IIMNC 洗脱前和吸附后 XPS 全谱中可明显检测到 Cu 2p 的峰，这说明 Cu 已印迹在 IIMNC 上。此外，在洗脱前，可明显观察到 Na 元素峰，考虑洗脱前对 IIMNC 用去离子水洗至中性，推测 Na 元素峰主要来自 MMTNS。然而在 IIMNC［图 4.36（a）］和吸附后［图 4.41（a）］中，Na 元素峰都不存在，这可能是由于在洗脱时 Na^+ 被洗脱，进一步留下有效 Cu^{2+} 的吸附位点，间接实现"阳离子交换"。在 N 谱中［图 4.41（b）］，洗脱前主要有两个峰，一个结合能位于 398.27 eV（—NH_2），另一个位于 400.17 eV（O=C—N），洗脱加入硫酸后，一部分质子化与 MMTNS 结合后难以与 Cu^{2+} 再次结合，因而在 IIMNC 吸附后存在质子化的酰胺基峰，位于 401.12 eV。

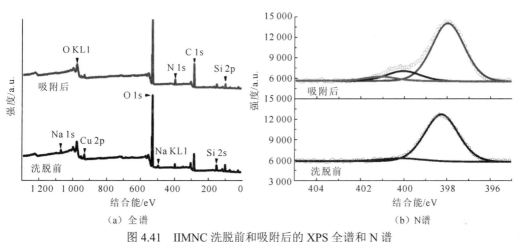

图 4.41　IIMNC 洗脱前和吸附后的 XPS 全谱和 N 谱

4.3.5　选择性吸附和循环性能

考察了 IIMNC 在 Cu^{2+}、Zn^{2+}、Co^{2+}、Ni^{2+} 和 Cd^{2+} 五元混合溶液中对 Cu^{2+} 的特异性吸附，结果如图 4.42 所示。由图 4.42 可见，IIMNC0、IIMNC20 和 IIMNC45 在 Cu^{2+}、Zn^{2+}、Co^{2+}、Ni^{2+} 和 Cd^{2+} 的五元混合溶液中对 Cu^{2+} 的吸附量分别为 43.81 mg/g、50.25 mg/g 和 75.27 mg/g，相比在单独 Cu^{2+} 溶液中的吸附量（41.85 mg/g、57.86 mg/g 和 81.36 mg/g），IIMNC 对 Cu^{2+} 的去除能力略微下降，无明显减弱趋势。另外 IIMNC 对其他干扰离子的吸附量基本维持在 10 mg/g 以下，通过计算 IIMNC 中 Cu^{2+} 吸附量和干扰离子 Zn^{2+}、Co^{2+}、Ni^{2+} 和 Cd^{2+} 的吸附量比值，得到的选择系数如表 4.9 所示。IIMNC 对 Cu^{2+} 的选择系数最小为 4.18，最大为 37.63，均大于 1，这表明 IIMNC 对 Cu^{2+} 具有明显的选择性吸附。同时选择系数 $K(Cu^{2+}/Zn^{2+})$ 和 $K(Cu^{2+}/Co^{2+})$ 明显大于 $K(Cu^{2+}/Ni^{2+})$ 和 $K(Cu^{2+}/Cd^{2+})$，这表明相对 Ni^{2+} 和 Cd^{2+} 来说，IIMNC 在 Zn^{2+} 和 Co^{2+} 中对 Cu^{2+} 的选择性明显要更强。

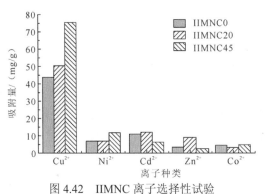

图 4.42　IIMNC 离子选择性试验

表 4.9　IIMNC 对 Cu^{2+}的选择系数 K

吸附剂	选择系数			
	Ni^{2+}	Cd^{2+}	Zn^{2+}	Co^{2+}
IIMNC0	6.68	4.18	14.85	10.54
IIMNC20	8.05	4.27	5.80	18.08
IIMNC45	6.55	12.90	37.63	17.54

　　图 4.43 是 IIMNC 的洗脱和循环性能测试结果。由图 4.43（a）可知，IIMNC 具有很强的洗脱能力。在第 1 次吸附过程中［图 4.43（b）］，IIMNC0、IIMNC20 和 IIMNC45 对 Cu^{2+}的吸附量分别达到 6.28 mg/g、6.94 mg/g 和 6.71 mg/g，洗脱 1 min 后，洗脱量即能达到 5.2 mg、5.7 mg 和 5.4 mg，这表明 IIMNC 在 1 min 内基本能洗脱 80%以上。同时在 10 min 后，洗脱量基本不变，表明洗脱基本已经完成。此外在第二次洗脱时，洗脱液基本检测不到 Cu^{2+}的存在，表明 IIMNC 洗脱迅速，这可能与 IIMNC 具有丰富的孔隙有关（图 4.35）。另外，从图 4.43（b）可看出 IIMNC 对 Cu^{2+}的循环性能好，经过 5 次循环，IIMNC0、IIMNC20 和 IIMNC45 对 Cu^{2+}的吸附量分别为 37.93 mg/g、55.77 mg/g 和 78.73 mg/g，对比第 1 次吸附量（41.85 mg/g、57.86 mg/g 和 81.36 mg/g），IIMNC0、IIMNC20 和 IIMNC45 吸附量分别下降 3.92 mg/g、2.09 mg/g 和 2.63 mg/g，吸附能力下降不明显，表明 IIMNC 具有良好的循环再生能力。

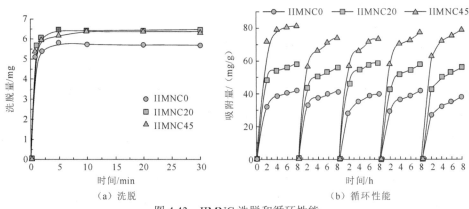

（a）洗脱　　　　　　　　　　　　（b）循环性能

图 4.43　IIMNC 洗脱和循环性能

4.4　蒙脱石纳米片/聚乙烯醇/海藻酸钠/壳聚糖凝胶球

4.4.1　凝胶球制备

在沸水浴中将 2 g 聚乙烯醇和 0.26 g 海藻酸钠溶于 60 mL 去离子水中，搅拌 2 h 以获得均匀的混合物。然后将混合物转到 80 ℃ 的水浴中，随后加入 2 g 壳聚糖，持续搅拌 6 h。完全溶解后，将混合溶液冷却至室温。然后取 40 mL 蒙脱石纳米片分散液加入上述混合溶液中，并搅拌使其混合均匀（蒙脱石纳米片分散液通过超声剥离法制备，其详细制备方法参见作者前期的工作（Wang et al., 2019）。制备的蒙脱石纳米片分散液的质量浓度为 43.1 g/L，稀释至质量浓度为 21.6 g/L 和 10.8 g/L）；最后，将混合溶液用注射器逐滴滴入质量浓度 30 g/L 氯化钙-饱和硼酸水溶液中，交联形成 3 mm 左右的球状凝胶。新形成的凝胶球在饱和硼酸溶液（其中氯化钙质量浓度为 30 g/L）中浸泡 12 h。然后用去离子水洗涤凝胶球三次以除去未反应的试剂。最后，用真空冷冻干燥机对凝胶球进行脱水，以保持多孔结构。

4.4.2　凝胶球表征

图 4.44（a）为凝胶球的红外光谱。由图可知，凝胶球中许多衍射峰与聚乙烯醇、海藻酸钠、壳聚糖和蒙脱石纳米片中的衍射峰类似，如 3 632 cm^{-1} 处出现的衍射峰对应存在于蒙脱石纳米片边缘的典型的 Al—OH 拉伸振动，1 036 cm^{-1} 处出现的峰是由蒙脱石纳米片面内 Si—O—Si 拉伸振动造成的。出现在 3 396 cm^{-1} 和 1 338 cm^{-1} 处的峰值分别属于壳聚糖中 N—H 和 C—N 的拉伸振动。此外，1 637 cm^{-1} 和 1 429 cm^{-1} 处的衍射峰属于海藻酸钠中—COO—的反对称拉伸振动。2 942 cm^{-1} 处的峰是聚乙烯醇中 C—H 的典型拉伸振动（Martínez-Gómez et al., 2017）。这些结果表明聚乙烯醇、海藻酸钠、壳聚糖和蒙脱石纳米片成功复合在一起，形成了水凝胶球。图 4.44（b）为蒙脱石纳米片质量分数为 29.70% 的凝胶球的热重曲线。可以看出热重曲线可分为三个损失阶段，分别为吸附水的蒸发（50~144.8 ℃）、有机试剂分子的断键、断链、脱羟基、脱羧基（200~368.5 ℃）和有机试剂的崩解（368.5~717.3 ℃）。热重残余物为凝胶球中不可分解的成分，包括来自蒙脱石纳米片的无定形二氧化硅和氧化铝，以及来自海藻酸钠的无机盐。

凝胶球为白色胶状，直径约为 4 mm[图 4.45（a）]。冷冻干燥后凝胶球外形尺寸保持不变[图 4.45（b）]，但由于脱水，凝胶球的表面变得粗糙。图 4.45（c）为扫描电镜观察到的凝胶球内部结构。可以发现，凝胶球呈现出网络状多孔结构。这种结构主要由蒙脱石纳米片与有机交联剂之间的氢键及静电等作用形成。聚乙烯醇、海藻酸钠和壳聚糖的链状结构交织缠绕在一起形成网状结构，然后蒙脱石纳米片可以通过棱面 Al—OH 与壳聚糖含丰富氨基（—NH$_2$）的直链结合形成巨大的平面（Wang et al., 2018b）。因此凝胶球中可以观察到多孔结构中堆积了许多平面，而这些平面一定程度上限制了交联剂链的位移及变形，使凝胶球更为稳定。

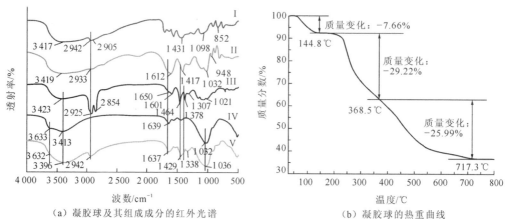

（a）凝胶球及其组成成分的红外光谱　　　　（b）凝胶球的热重曲线

图 4.44　蒙脱石纳米片/聚乙烯醇/海藻酸钠/壳聚糖凝胶球的红外及热重曲线

I—聚乙烯醇；II—海藻酸钠；III—壳聚糖；IV—蒙脱石纳米片；V—凝胶微球

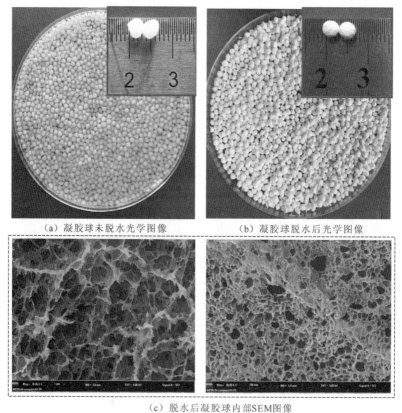

（a）凝胶球未脱水光学图像　　　　（b）凝胶球脱水后光学图像

（c）脱水后凝胶球内部SEM图像

图 4.45　蒙脱石纳米片/聚乙烯醇/海藻酸钠/壳聚糖凝胶球照片与 SEM 图像

4.4.3　亚甲基蓝吸附行为

1. 溶液初始 pH 影响

一般来说，溶液初始 pH 会影响离子型染料分子的电离度和分子结构，进而影响染料的去除效率。如图 4.46（a）～（e）所示，亚甲基蓝溶液的紫外可见吸收峰强度随接触时间的增加而降低，说明亚甲基蓝被凝胶微球逐渐吸附。此外，亚甲基蓝吸收峰的位置保持不变，说明亚甲基蓝的显色官能团在初始 pH 为 3～5 时没有被破坏。从图中的插图可以直接观察到亚甲基蓝溶液颜色随吸附时间的变化。在 600 min 时，亚甲基蓝溶液在 5 个初始 pH 下均达到了几乎无色，说明凝胶微球是一种有效的亚甲基蓝吸附材料，

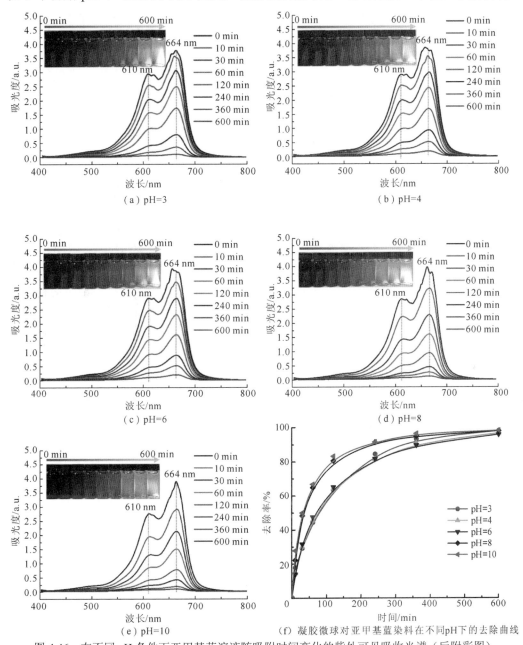

图 4.46　在不同 pH 条件下亚甲基蓝溶液随吸附时间变化的紫外可见吸收光谱（后附彩图）

凝胶微球中：MMTNS 质量分数为 29.70%；亚甲基蓝初始浓度为 25 mg/L，500 mL；凝胶微球用量为 1.0 g；溶液温度为 30 ℃

初始 pH 不会影响其最终的吸附性能。但是，初始 pH 会影响凝胶微球对亚甲基蓝的去除速率。如图 4.46（f）所示，凝胶微球加入亚甲基蓝溶液中后，吸附立刻发生。在初始 pH 分别为 8 和 10 的条件下，在 250 min 时去除了溶液中 90%的亚甲基蓝，而在初始 pH 为 3、4 和 6 的条件下，均需要 400 min 才能实现。其原因可归结于凝胶微球上带负电基团与带正电的亚甲基蓝分子间的静电和氢键相互作用。凝胶微球由大量有机物和 MMTNS 形成，均含有丰富的羟基。这些羟基中的一部分在较高的 pH 下会质子化，增加凝胶微球表面的负电荷（Liu et al.，2018a），因此，亚甲基蓝在 pH 较高时更容易吸附在凝胶微球上。相应地，在较低的 pH 下，H^+较多，会与阳离子的亚甲基蓝发生竞争吸附于凝胶微球中的自由活性位点。综上分析，初始 pH 为 10 时亚甲基蓝的去除效果最好，但初始 pH 为 8 时亚甲基蓝的去除效果与 10 时相近。因此，在之后的实验中，亚甲基蓝溶液的初始 pH 均为 8。

2. 凝胶微球中蒙脱石纳米片含量的影响

研究 3 种蒙脱石纳米片含量（9.55%、17.44%和 29.70%）的凝胶微球对亚甲基蓝染料的吸附去除。由图 4.47（a）可知，随着 MMTNS 含量增加，凝胶微球去除亚甲基蓝染料效果提升。当处理时间为 250 min 时，MMTNS 质量分数为 29.70%的凝胶微球对亚甲基蓝去除率达到 90%，相同时间 MMTNS 质量分数为 17.44%和 9.55%的凝胶微球对亚甲基蓝去除率分别为 68.16%和 42.46%，说明 MMTNS 可以提高凝胶微球对亚甲基蓝的去除率。原因可以归结为三点。第一是带负电的 MMTNS 与带正电的亚甲基蓝之间的静电相互作用。低价态阳离子（Al^{3+}、Mg^{2+}等）在晶格中同晶取代高价态的 Si^{4+}和 Al^{3+}，导致 MMTNS 带负电荷。为平衡电荷，蒙脱石层间存在大量可交换阳离子，这决定了 MMTNS 具有交换和截留阳离子及吸附各种有机和无机阳离子的能力（Brigatti et al.，2006）。第二是 MMTNS 的巨大比表面积。蒙脱石是一种典型的层状矿物，当其剥离成单层或少层的 MMTNS 时，暴露出巨大的比表面积，为亚甲基蓝提供了丰富的吸附位点。第三是多孔结构。MMTNS 的边缘含有丰富的羟基（—OH），既可以通过静电作用与有机试剂形成氢键，也可以通过静电作用形成卡房结构。在这些相互作用下，MMTNS 和有机试剂形成了多孔结构[图 4.45（c）～（d）]，为亚甲基蓝分子进入凝胶微球内部与吸附位点结合提供了通道。此外，MMTNS 能够支持、加强和维持这种多孔结构，使得亚甲基蓝分子可以持续不断进入凝胶微球内部。由此可见，凝胶微球中的 MMTNS 对亚甲基蓝的吸附去除有促进作用。

3. 亚甲基蓝初始浓度的影响

如图 4.47（b）所示，凝胶微球对低浓度亚甲基蓝的去除率达到 95%以上，远远高于对高浓度亚甲基蓝的吸附去除。当凝胶微球进入亚甲基蓝溶液中时，发生在凝胶微球表面及内部的吸附是同步进行的，但是由于亚甲基蓝接触凝胶微球表面要比进入内部更容易一些，凝胶微球表面上的吸附位点会被亚甲基蓝分子优先占据直到饱和。因此，凝胶微球表面集中的亚甲基蓝分子会对溶液中的亚甲基蓝分子产生一定的正电斥力，减缓

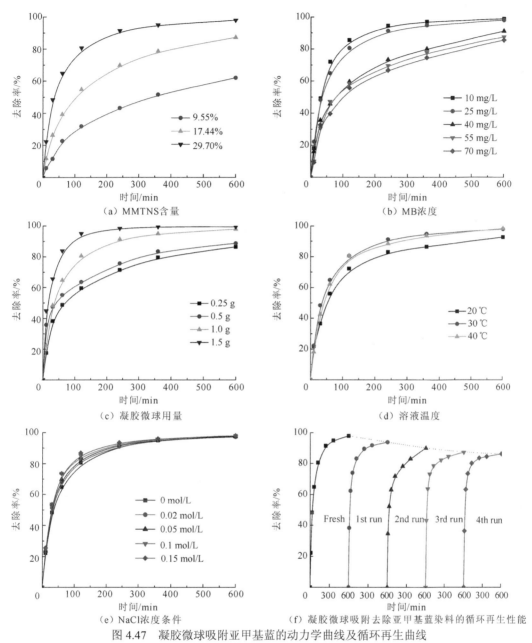

图 4.47　凝胶微球吸附亚甲基蓝的动力学曲线及循环再生曲线

标准条件：MMTNS 含量（29.70%）、MB 浓度（25 mg/L×500 mL）、初始 pH（pH=8）、
凝胶微球用量（1.0 g）、溶液温度（30℃）

亚甲基蓝分子进入凝胶微球内部，从而导致亚甲基蓝去除速率降低。因此，在凝胶微球去除亚甲基蓝的过程中，存在一个快速去除期（在表面吸附位点饱和之前）和一个逐渐去除期（在表面吸附位点饱和之后）。此外，高浓度的亚甲基蓝更容易使凝胶微球表面吸附位点饱和，降低去除速率。因此，凝胶微球对低浓度的亚甲基蓝染料具有更高和快速的去除效果。

4. 凝胶微球用量的影响

研究凝胶微球初始用量对亚甲基蓝吸附去除的影响,结果如图 4.47（c）所示,随着凝胶微球用量的增加,亚甲基蓝的去除率迅速升高。其原因可能是随着用量增加,吸附位点增加,丰富的吸附位点有利于与亚甲基蓝接触,从而实现对亚甲基蓝的高效去除。然而,过剩的吸附位点是对吸附材料的浪费。结果表明,1.0 g/500 mL 凝胶微球对亚甲基蓝的去除率与 1.5 g/500 mL 相当,1.0 g/500 mL 凝胶微球的去除率为 98%,而 1.5 g/500 mL 凝胶微球的去除率为 99.6%。因此,在之后的实验中,凝胶微球的用量均为 1.0 g/500 mL。

5. 溶液温度的影响

如图 4.47（d）所示,在 30 ℃条件下,凝胶微球在 230 min 左右对亚甲基蓝吸附去除即可达到 90%,而在 20 ℃条件下则需要 500 min 才能达到 90%,这表明一定范围内可以通过提高温度来强化凝胶微球对亚甲基蓝的去除效果。但是,与 30 ℃相比,亚甲基蓝在 40 ℃下的去除曲线没有提高。出现上述现象主要是因为高温下亚甲基蓝分子扩散速率增加,使亚甲基蓝分子迅速进入凝胶微球内部,从而提高去除效果。但由于凝胶微球中吸附位点有限,一旦吸附位点饱和,温度则不再对亚甲基蓝的去除起作用。因此,选择 30 ℃作为最佳溶液温度。

6. 离子强度的影响

通过向亚甲基蓝溶液中添加不同量的 NaCl 来研究离子强度对凝胶微球吸附亚甲基蓝的影响。由图 4.47（e）可知,NaCl 存在会轻微加快亚甲基蓝的去除速率。可能的原因是在凝胶微球制备过程中,部分 Na^+ 被饱和硼酸溶液中的 Ca^{2+} 取代。然而,蒙脱石中 Na^+ 比 Ca^{2+} 更倾向于与亚甲基蓝的交换（Ma et al.,2004）。NaCl 的加入使 Ca^{2+} 重新被 Na^+ 取代,Ca^{2+} 的交换量随 NaCl 浓度的升高而增加。因此,随着 NaCl 浓度的升高,亚甲基蓝的去除速率略有加快。

7. 循环再生性

由于亚甲基蓝与凝胶微球的吸附反应（包括物理吸附和化学吸附）复杂,亚甲基蓝的脱附难以进行。各种洗脱液被用于研究亚甲基蓝的解吸,据报道最大解吸率约为 40%（Daneshvar et al.,2017）。本小节利用 TiO_2 对吸附在凝胶微球上的亚甲基蓝进行降解,实现了亚甲基蓝的再利用。如图 4.47（f）所示,凝胶微球经过 5 次循环后仍保持较高的亚甲基蓝去除率,表明凝胶微球作为吸附剂具有良好的稳定性和循环再生性。

4.4.4 吸附动力学

图 4.48 为凝胶微球在上述最优条件下对亚甲基蓝染料（70 mg/L）的吸附动力学。200 min 前为高速率吸附阶段,之后吸附速率缓慢减小直到达到平衡。为了确保吸附达到平衡,以下实验均选择吸附时间为 600 min。然后使用拟一级动力学模型[式（4.1）],

拟二级动力学模型[式（4.2）]和叶洛维奇模型[式（4.8）]来拟合实验数据。

$$q_t = \frac{1}{B}\ln(AB) + \frac{1}{B}\ln t \tag{4.8}$$

式中：q_t 为时间 t 时凝胶微球对亚甲基蓝的吸附量，mg/g；A 为初始吸附速率，mg/(g·min)；B 为与表面覆盖程度和化学吸附活化能有关的系数，g/mg。表 4.10 显示拟合结果。显然，亚甲基蓝在水凝胶珠上的吸附过程遵循叶洛维奇模型。而且，拟二级动力学模型的 q_e（37.177 mg/g）非常接近实验数值（36.55 mg/g）。

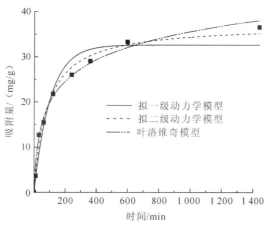

图 4.48　凝胶微球对亚甲基蓝染料的吸附动力学曲线

表 4.10　凝胶微球对亚甲基蓝染料的吸附动力学参数

初始浓度/（mg/L）	模型	动力学参数		
	拟一级动力学模型	q_e/（mg/g）	k_1/min^{-1}	R_1^2
		32.648	0.009 8	0.951 2
70	拟二级动力学模型	q_e/（mg/g）	k_2/min^{-1}	R_2^2
		37.177	0.000 3	0.987 5
	叶洛维奇模型	A/[mg/（g·min）]	B/（g/mg）	R_3^2
		1.28	0.14	0.994 3

4.4.5　吸附等温线

图 4.49 为 30 ℃时亚甲基蓝染料在凝胶微球上的吸附量与溶液中亚甲基蓝平衡浓度的关系。亚甲基蓝的吸附容量随着平衡浓度的增加而增加，直到达到平衡状态。为了了解吸附过程，使用 Langmuir 模型[式（4.3）]、Freundlich 模型[式（4.4）]、Redlich-Peterson 模型[式（4.5）]和 Sips 模型[式（4.6）]拟合实验数据。四种模型计算的参数见表 4.11。结果表明，Freundlich 模型、Redlich-Peterson 模型和 Sips 模型的相关系数 R^2（0.99）都接近 1，这意味着三个模型都可以很好地拟合数据。Langmuir 模型的 R^2 也超过 0.90，

也就是说 Langmuir 模型可以提供一些信息，如亚甲基蓝在凝胶微球上的最大吸附容量为 137.15 mg/g，很接近实验值。比较凝胶微球和其他吸附剂对亚甲基蓝的最大吸附容量（表 4.12），可以看出凝胶微球因其多孔结构和丰富的吸附位点对亚甲基蓝具有显著的吸附去除效果。

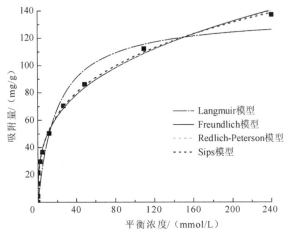

图 4.49　凝胶微球对亚甲基蓝染料的吸附等温线曲线

表 4.11　凝胶微球对亚甲基蓝染料的吸附等温线参数

温度/K	模型	等温线参数		
303	Langmuir 模型	q_m/（mg/g）	b/（L/mg）	R_1^2
		137.15	0.048 9	0.937 9
	Freundlich 模型	n	K_f	R_2^2
		3.06	23.49	0.994 9
	Redlich-Peterson 模型	K_R/（L/g）	α_R/（L/mg）	β_R　R_3^2
		536.25	21.99	0.68　0.994 8
	Sips 模型	K_S/（L/g）	α_S（L/g）	β_S　R_4^2
		23.01	0.04	0.38　0.995 4

表 4.12　亚甲基蓝染料在几种常见吸附材料上的最大吸附容量

吸附剂	最大吸附容量/（mg/g）	参考文献
木质素壳聚糖微球	36.25	Albadarin 等（2017）
羧甲基纤维素-k-卡拉胶-蒙脱石凝胶球	12.5	Liu 等（2018a）
所拉胶-聚丙烯酰胺-衣康酸	107.1	Qi 等（2018）
壳聚糖巴巴苏油	137.0	Dos Santos 等（2018）
阳离子交换树脂	45	Khan 等（2015）
化学改性松子壳	39.7	Naushad 等（2016）
聚乙烯醇-海藻酸钠-壳聚糖-蒙脱石水凝胶球	137.2	本书

4.4.6　吸附热力学

在 293～313 K 的温度范围内对亚甲基蓝在凝胶微球上的吸附进行热力学研究。热力学参数如吉布斯自由能变化（ΔG°）、焓变（ΔH°）和熵变（ΔS°）由以下方程计算：

$$\Delta G^\circ = \Delta H^\circ - T\Delta S^\circ \tag{4.9}$$

$$K_c = \frac{C_{Ae}}{C_e} \tag{4.10}$$

$$\ln K_c = \frac{\Delta S^\circ}{R} - \frac{\Delta H^\circ}{R} \times \frac{1}{T} \tag{4.11}$$

式中：K_c 为亚甲基蓝吸附的分布系数；C_{Ae} 和 C_e 分别为亚甲基蓝在凝胶微球上和溶液相中的平衡浓度，mg/L；T 为溶液温度，K；R 为气体常数。

由图 4.50 拟合计算的 ΔH° 和 ΔS°（表 4.13）均为正值，表明亚甲基蓝吸附到凝胶微球表面是一个无序的吸热过程。ΔG° 为负值，表明吸附过程是自发进行的且自发性随温度的升高而增加。

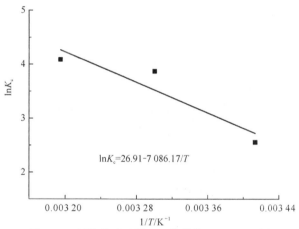

$$\ln K_c = 26.91 - 7\,086.17/T$$

图 4.50　凝胶微球吸附亚甲基蓝的 Van't-Hoff 图

表 4.13　凝胶微球对亚甲基蓝染料的吸附热力学参数

吸附质	温度/K	K_c	ΔG°/（kJ/mol）	ΔH°/（kJ/mol）	ΔS°/[kJ/(mol·K)]
亚甲基蓝 （25 mg/g）	293	12.847	-5.55	58.91	0.22
	303	47.899	-7.75		
	313	59.560	-9.95		

4.4.7　亚甲基蓝吸附机理

通过 FTIR、EDS 和 XPS 分析，研究亚甲基蓝染料在凝胶微球上的吸附机理。图 4.51（a）显示亚甲基蓝染料及凝胶微球吸附亚甲基蓝前后的 FTIR 光谱。可以发现，凝胶微球吸附亚甲基蓝染料后，其光谱图相比于未吸附的凝胶微球在 1 603 cm⁻¹ 和 1 398 cm⁻¹ 处出现了属于亚甲基蓝染料的特征红外吸收峰，分别对应于芳香环振动和 C═N 键振动（Pang et al.，2017）。1 490 cm⁻¹ 处的峰值属于—CH₃ 的对称弯曲振动（Uddin et al.，2009）。以上结果表明亚甲基蓝分子成功吸附在多孔凝胶微球上。EDS 发现亚甲基蓝分子在多孔凝胶微球上的分布广泛且均匀[图 4.51（a）和（b）]。这一现象表明凝胶微球上的吸附位点丰富且分布均匀。

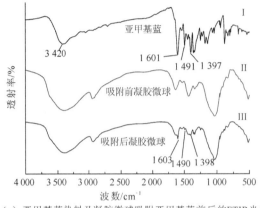

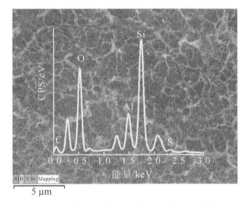

（a）亚甲基蓝染料及凝胶微球吸附亚甲基蓝前后的FTIR光谱　　（b）凝胶微球吸附亚甲基蓝后的EDS图像

（c）S元素分布图谱

图 4.51　凝胶微球的红外光谱及 EDS 图像

利用 XPS 进一步研究吸附亚甲基蓝前后凝胶微球中化学键的变化。图 4.52（a）显示，吸附亚甲基蓝后，凝胶微球图谱在 400.2 eV 处出现了对应于—N(CH₃)₂ 基团的峰（Chen et al.，2017），这进一步证实了亚甲基蓝吸附在凝胶微球上。同时，在 401.1 eV 处发现了由质子化形成的—NH₃⁺基团，而另一个位于 398.6 eV 处的基团则归属于—NH₂/—NH—基团（Jurado-López et al.，2017）。对 O 的光谱进行分峰处理，如图 4.52（b）所示。结果表明，吸附亚甲基蓝前后，凝胶微球在 532.8 eV、531.5 eV 和 530.3 eV 处均存在吸收峰，分别对应于 Si—O、C—OH 和 O—H 键。吸附亚甲基蓝前凝胶微球中 Si—O、C—OH 和 O—H 键的质量分数分别为 9%、77%和 14%，吸附亚甲基蓝后分别为 22%、49%和 29%。很明显，在吸附亚甲基蓝后，C—OH 质量分数降低，表明亚甲基蓝分子与

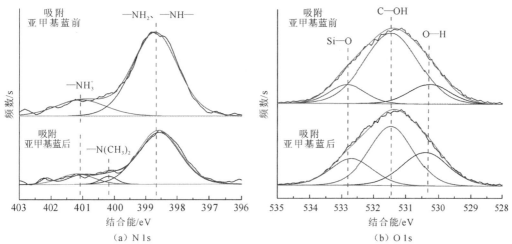

图 4.52　吸附亚甲基蓝前后凝胶微球中 N 1s 和 O 1s 的 XPS 谱图

羟基中的氧发生了反应。可以解释如下：

$$\text{HB—OH} \rightleftharpoons \text{HB—O}^- + \text{H}^+ \qquad (4.12)$$

$$\text{HB—O}^- + \text{MB}^+ \rightleftharpoons \text{HB—O—MB} \qquad (4.13)$$

式中：HB 为凝胶微球；MB 为亚甲基蓝。

　　同时，亚甲基蓝与 MMTNS 的阳离子之间也存在离子交换。为了进一步验证机理，测量凝胶微球吸附亚甲基蓝前后溶液中 Na^+ 浓度，结果如图 4.53 所示。凝胶微球吸附亚甲基蓝后，溶液中 Na^+ 的浓度达到 0.899 mg/L，即在亚甲基蓝初始浓度为 25 mg/L 时，500 mL 溶液中有 6.26 mg 亚甲基蓝染料经离子交换被去除。通过总吸附量计算羟基的吸附和离子交换在吸附过程中的比例（图 4.53）可知，低亚甲基蓝浓度时离子交换与羟基的吸附同样重要。

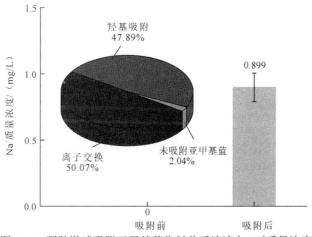

图 4.53　凝胶微球吸附亚甲基蓝染料前后溶液中 Na^+ 质量浓度

MMTNS 含量（29.70%）、MB 初始浓度（25 mg/L×500 mL）、初始 pH（pH=8）、凝胶微球用量（1.0 g）

参 考 文 献

AHMADPOOR F, SHOJAOSADATI S A, MOUSAVI S Z, 2019. Preparation of montmorillonite nanosheets through freezing/thawing and ultrasonic exfoliation[J]. International Journal of Biological Macromolecules, 128: 941-947.

ALBADARIN A B, COLLINS M N, NAUSHAD M, et al., 2017. Activated lignin-chitosan extruded blends for efficient adsorption of methylene blue[J]. Chemical Engineering Journal, 307: 264-272.

AMARASINGHE P M, KATTI K S, KATTI D R, 2009. Nature of organic fluid-montmorillonite interactions: An FTIR spectroscopic study[J]. Journal of Colloid and Interface Science, 337(1): 97-105.

AMARSANAA J, MACKENZIE K J D, TEMUUJIN J, et al., 2003. Characterisation of acid activated montmorillonite clay from Tuulant (Mongolia)[J]. Ceramics International, 30(2): 251-255.

BAI H, ZHAO Y, ZHANG X, et al., 2019. Correlation of exfoliation performance with interlayer cations of montmorillonite in the preparation of two-dimensional nanosheets[J]. Journal of The American Ceramic Society, 102: 3908-3922.

BOGGIONE M J, MAHL C R A, BEPPU M M, et al., 2017. Synthesis and characterization of chitosan membranes functionalized with amino acids and copper for adsorption of endoglucanase[J]. Powder Technology, 315: 250-257.

BRIGATTI M F, GALAN E, THENG B K G, 2006. Structures and mineralogy of clay minerals[J]. Developments in Clay Science, 1(C): 19-86.

CHEN P, CAO Z, WEN X, et al., 2017. A novel mesoporous silicate material (MS) preparation from dolomite and enhancing methylene blue removal by electronic induction[J]. Journal of the Taiwan Institute of Chemical Engineers, 80: 128-136.

CHEN H, CHEN Z, ZHAO G, et al., 2018. Enhanced adsorption of U(VI) and 241Am(III) from wastewater using Ca/Al layered double hydroxide@carbon nanotube composites[J]. Journal of Hazardous Materials, 347: 67-77.

CHIEM L T, HUYNH L, RALSTON J, et al., 2006. An in situ ATR-FITR study of polyacrylamide adsorption at the talc surface[J]. Journal of Colloid and Interface Science, 297: 54-61.

CHO D W, JEON B H, CHON C M, et al., 2012. A novel chitosan/clay/magnetite composite for adsorption of Cu(II) and As(V)[J]. Chemical Engineering Journal, 200-202: 654-662.

DANESHVAR E, VAZIRZADEH A, NIAZI A, et al., 2017. Desorption of Methylene blue dye from brown macroalga: Effects of operating parameters, isotherm study and kinetic modeling[J]. Journal of Cleaner Production, 152: 443-453.

DOS SANTOS C C, MOUTA R, JUNIOR M C C, et al., 2018. Chitosan-edible oil based materials as upgraded adsorbents for textile dyes[J]. Carbohydrate Polymers, 180: 182-191.

GAN W, SHANG X, LI X, et al., 2019. Achieving high adsorption capacity and ultrafast removal of methylene blue and Pb^{2+} by graphene-like TiO_2@C[J]. Colloids and Surfaces A-Physicochemical and

Engineering Aspects, 561: 218-225.

GHOBASHY M M, ELHADY, MOHAMED A, 2017. pH-sensitive wax emulsion copolymerization with acrylamide hydrogel using gamma irradiation for dye removal[J]. Radiation Physics and Chemistry, 134: 47-55.

GUO Y, GE X, GUAN J, et al., 2016. A novel method for fabricating hybrid biobased nanocomposites film with stable fluorescence containing CdTe quantum dots and montmorillonite-chitosan nanosheets[J]. Carbohydrate Polymers, 145: 13-19.

GUO H, JIAO T, ZHANG Q, et al., 2015. Preparation of graphene oxide-based hydrogels as efficient dye adsorbents for wastewater treatment[J]. Nanoscale Research Letters, 10(1): 931.

HUANG F, TAHMASBI R A, ZHENG W, et al., 2017. Hybrid organic-inorganic 6FDA-6pFDA and multi-block 6FDA-DABA polyimide SiO_2-TiO_2 nanocomposites: Synthesis, FFV, FTIR, swelling, stability, and X-ray scattering[J]. Polymer (United Kingdom), 108: 105-120.

JURADO-LÓPEZ B, VIEIRA R S, RABELO R B, et al., 2017. Formation of complexes between functionalized chitosan membranes and copper: A study by angle resolved XPS[J]. Materials Chemistry and Physics, 185: 152-161.

KARMAKAR A, SINGH B, 2017. Spectroscopic and theoretical studies of charge-transfer interaction of 1-(2-pyridylazo)-2-napthol with nitroaromatics[J]. Spectrochimica Acta Part A: Molecular and Biomolecular Spectroscopy, 179: 110-119.

KHAN M A, ALOTHMAN Z A, NAUSHAD M, et al., 2015. Adsorption of methylene blue on strongly basic anion exchange resin (Zerolit DMF): kinetic, isotherm, and thermodynamic studies[J]. Desalination and Water Treatment, 53(2): 515-523.

KONG D, WANG N, QIAO N, et al., 2017. Facile preparation of ion-imprinted chitosan microspheres enwrapping Fe_3O_4 and graphene oxide by inverse suspension cross-linking for highly selective removal of copper(II)[J]. American Chemical Society Sustainable Chemistry and Engineering, 5(8): 7401-7409.

KUMARARAJA P, MANJAIAH K M, DATTA S C, et al., 2018. Chitosan-g-poly (acrylic acid)-bentonite composite: A potential immobilizing agent of heavy metals in soil[J]. Cellulose, 25: 3895-3999.

LAWRIE G, KEEN I, DREW B, et al., 2007. Interactions between alginate and chitosan biopolymers characterized using FTIR and XPS[J]. Biomacromolecules, 8(8): 2533-2541.

LEI Y, CUI Y, HUANG Q, et al., 2019. Facile preparation of sulfonic groups functionalized MXenes for efficient removal of methylene blue[J]. Ceramics International. , 45(14): 17653-17661.

LI Z, CHANG P H, JIANG W T, et al., 2011. Mechanism of methylene blue removal from water by swelling clays[J]. Chemical Engineering Journal, 168(3): 1193-1200.

LINGHU W, SUN Y, YANG H, et al., 2017. Macroscopic and spectroscopic exploration on the removal performance of titanate nanotubes towards Zn(II)[J]. Journal of Molecular Liquids, 244: 146-153.

LIU C, OMER A M, OUYANG X K, 2018a. Adsorptive removal of cationic methylene blue dye using carboxymethyl cellulose/k-carrageenan/activated montmorillonite composite beads: Isotherm and kinetic studies[J]. International Journal of Biological Macromolecules, 106: 823-833.

LIU X, XU X, SUN J, et al., 2018b. Insight into the impact of interaction between attapulgite and graphene oxide on the adsorption of U(VI)[J]. Chemical Engineering Journal, 343: 217-224.

MA Y, XU Z, YOU P, 2004. Study on adsorption of modified montmorillonite for methylene blue[J]. Journal of the Chinese Ceramic Society, 32(8): 970-974, 981.

MA Y, LV L, GUO Y, et al., 2017. Porous lignin based poly (acyglic acid)/organo-montmorillonite nanocomposites: Swelling behaviors and rapid removal of Pb(II) ions[J]. Polymer, 128: 12-23.

MAHAPATRA M, KARMAKAR M, DUTTA A, et al., 2018. Microstructural analyses of loaded and/or unloaded semlsynthetic porous material for understanding of superadsorption and optimization by response surface methodology[J]. Journal of Environmental Chemical Engineering, 6(1): 289-310.

MARTÍNEZ-GÓMEZ F, GUERRERO J, MATSUHIRO B, et al., 2017. In vitro release of metformin hydrochloride from sodium alginate/polyvinyl alcohol hydrogels[J]. Carbohydrate Polymers, 155: 182-191.

MITRA M, MAHAPATRA M, DUTTA A, et al., 2019. Carbohydrate and collagen-based doubly-grafted interpenetrating terpolymer hydrogel via N-H activated in situ allocation of monomer for superadsorption of Pb(II), Hg(II), dyes, vitamin-C, and p-nitrophenol[J]. Journal of Hazardous Materials, 369: 746-762.

NAUSHAD M, ALI KHAN M, ABDULLAH ALOTHMAN Z, et al., 2016. Adsorption of methylene blue on chemically modified pine nut shells in single and binary systems: Isotherms, kinetics, and thermodynamic studies[J]. Desalination and Water Treatment, 57(34): 15848-15861.

OVCHINNIKOV O V, EVTUKHOVA A V, KONDRATENKO T S, et al., 2016. Manifestation of intermolecular interactions in FTIR spectra of methylene blue molecules[J]. Vibrational Spectroscopy, 86: 181-189.

PANG J, FU F, DING Z, et al., 2017. Adsorption behaviors of methylene blue from aqueous solution on mesoporous birnessite[J]. Journal of the Taiwan Institute of Chemical Engineers, 77: 168-176.

PEREIRA F A R, SOUSA K S, CAVALCANTI G R S, et al., 2013. Chitosan-montmorillonite biocomposite as an adsorbent for copper (II) cations from aqueous solutions[J]. International Journal of Biological Macromolecules, 61: 471-478.

QI X, WEI W, SU T, et al., 2018. Fabrication of a new polysaccharide-based adsorbent for water purification[J]. Carbohydrate Polymers, 195: 368-377.

REN Y, WEI X, ZHANG M, 2008. Adsorption character for removal Cu(II) by magnetic Cu(II) ion imprinted composite adsorbent[J]. Journal of Hazardous Materials, 158(1): 14-22.

SALEHI E, MADAENI S S, RAJABI L, et al., 2012. Novel chitosan/poly(vinyl) alcohol thin adsorptive membranes modified with amino functionalized multi-walled carbon nanotubes for Cu(II) removal from water: Preparation, characterization, adsorption kinetics and thermodynamics[J]. Separation and Purification Technology, 89: 309-319.

SAY R, BIRLIK E, ERSÖZ A, et al., 2003. Preconcentration of copper on ion-selective imprinted polymer microbeads[J]. Analytica Chimica Acta, 480(2): 251-258.

SINGH B, SHARMA V, 2017. Crosslinking of poly(vinylpyrrolidone)/acrylic acid with tragacanth gum for hydrogels formation for use in drug delivery applications[J]. Carbohydrate Polymers, 157: 185-195.

SINGHA N R, KARMAKAR M, MAHAPATRA M, et al., 2017a. Systematic synthesis of pectin-: G-(sodium acrylate-co-N-isopropylacrylamide) interpenetrating polymer network for superadsorption of dyes/M(II): Determination of physicochemical changes in loaded hydrogels[J]. Polymer Chemistry, 8(20): 3211-3237.

SINGHA N R, MAHAPATRA M, KARMAKAR M, et al., 2017b. Synthesis of guar gum-: G -(acrylic acid-co -acrylamide-co-3-acrylamido propanoic acid) IPN via in situ attachment of acrylamido propanoic acid for analyzing superadsorption mechanism of Pb(II)/Cd(II)/Cu(II)/MB/MV[J]. Polymer Chemistry, 8(44): 6750-6777.

SINGHA N R, MAHAPATRA M, KARMAKAR M, et al., 2018. In situ allocation of a monomer in pectin- g -terpolymer hydrogels and effect of comonomer compositions on superadsorption of metal ions/dyes[J]. American Chemical Society Omega, 3(4): 4163-4180.

SKWARCZYNSKA A L, BINIAS D, MANIUKIEWICZ W, et al., 2019. The mineralization effect on chitosan hydrogel structure containing collagen and alkaline phosphatase[J]. Journal of Molecular Structure, 1187: 86-97.

UDDIN M T, ISLAM M A, MAHMUD S, et al., 2009. Adsorptive removal of methylene blue by tea waste[J]. Journal of Hazardous Materials, 164(1): 53-60.

WANG Z, WANG Y, MU R, et al., 2017. Probing equilibrium of molecular and deprotonated water on $TiO_2(110)$[J]. Proceedings of the National Academy of Sciences, USA, 114(8): 1801-1805.

WANG W, ZHAO Y, BAI H, et al., 2018a. Methylene blue removal from water using the hydrogel beads of poly(vinyl alcohol)-sodium alginate-chitosan-montmorillonite[J]. Carbohydrate Polymers, 198: 518-528.

WANG W, ZHAO Y, YI H, et al., 2018b. Preparation and characterization of self- assembly hydrogels with exfoliated montmorillonite nanosheets and chitosan[J]. Nanotechnology, 29: 025605.

WANG W, ZHAO Y, YI H, et al., 2019. Pb(II) removal from water using porous hydrogel of chitosan-2D montmorillonite[J]. International Journal of Biological Macromolecules, 128: 85-93.

XING R, WANG W, JIAO T, et al., 2017. Bioinspired polydopamine sheathed nanofibers containing carboxylate graphene oxide nanosheet for high-efficient dyes scavenger[J]. American Chemical Society Sustainable Chemistry and Engineering, 5(6): 4948-4956.

YANG J, JIANG X, JIAO F, et al., 2018. The oxygen-rich pentaerythritol modified multi-walled carbon nanotube as an efficient adsorbent for aqueous removal of alizarin yellow R and alizarin red S[J]. Applied Surface Science, 436: 198-206.

YI H, ZHAN W, ZHAO Y, et al., 2019. A novel core-shell structural montmorillonite nanosheets/stearic acid composite PCM for great promotion of thermal energy storage properties[J]. Solar Energy Materials and Solar Cells, 192: 57-64.

ZHANG L, ZENG Y, CHENG Z, 2016. Removal of heavy metal ions using chitosan and modified chitosan: A review[J]. Journal of Molecular Liquids, 214: 175-191.

蒙脱石纳米片环境催化材料

蒙脱石剥离所得的纳米片具有巨大的比表面积、强负电性和亲水性等特点,其可作为理想的催化剂载体用以提高催化剂在环境修复或水处理中的应用性能。本章将对蒙脱石纳米片所构建的三维材料作为催化剂载体在光催化和芬顿反应下去除水体中有机污染物的优越性和应用前景进行总结,为高性能环境催化材料的制备提供一些新思路。

5.1　蒙脱石纳米片/铁-壳聚糖凝胶

有机-无机复合吸附剂在吸附有机物时通常存在再生困难的问题。在前人的研究中,虽然采用壳聚糖(CS)和蒙脱石为原料并辅以丙烯酸制备的复合材料对亚甲基蓝吸附量高达 1 859 mg/g,但是采用酸对复合吸附剂进行解吸时一次解吸率仅 69.8%,影响后续循环使用(Wang et al.,2008)。在后来的研究中也发现蒙脱石纳米片/壳聚糖复合吸附剂(MMTNS/CS)采用盐酸循环效果较差,经 5 次循环后去除率已经低于 20%,严重影响MMTNS/CS 复合吸附剂的使用(Zhao et al.,2020)。该研究进一步表明,在低氧化性过氧化氢存在下,MMTNS/CS 吸附剂具有较好的循环效果,经 5 次循环仍保有近 90%的去除率,但是采用该方法需要耗费大量过氧化氢,且需要长时间作用才能实现。因而,本节通过引入铁离子制备具有层状结构的蒙脱石纳米片/铁-壳聚糖复合材料(MMTNS/Fe-CS),通过在光照下诱导芬顿反应,促进亚甲基蓝降解释放吸附位点,以解决 MMTNS/CS 的循环问题。

5.1.1　蒙脱石纳米片/铁-壳聚糖凝胶制备

蒙脱石纳米片/壳聚糖凝胶制备主要分为 3 步。①制备蒙脱石纳米片。称取 50.0 g 蒙脱石原矿,将其与 1.0 L 去离子水混合搅拌均匀后,以 400 r/min 的转速搅拌 4 h 以达到水化膨胀的目的。接着以 1 000 r/min 的转速低速离心 1 min,将大颗粒的杂质剔除。剔除杂质后的悬浮液以 10 000 r/min 的转速离心 5 min 后,取沉淀得到提纯蒙脱石。提纯蒙脱石分散在 140 mL 去离子水中,以 300 W 的超声功率超声 4 min 使蒙脱石剥离,剥离的蒙脱石悬浮液依次以 10 000 r/min 的转速离心 3 min、13 000 r/min 离心 4 min 去除未剥离蒙脱石颗粒后,可得原始蒙脱石纳米片悬浮液,最后将其稀释,控制其质量浓度为 15 g/L。②制备铁-壳聚糖复合物。首先配置 4 份 100 mL 2.5%的乙酸溶液,然后各加入 1.0 g 壳聚糖搅拌 4 h 得到壳聚糖溶液,紧接着分别加入 0 mL、2.42 mL、6.15 mL 和

19.88 mL 的 FeCl₃ 溶液（0.2 mol/L）反应 4 h。③合成蒙脱石纳米片/壳聚糖凝胶。移取特定量的壳聚糖-铁混合液与 20 mL 的蒙脱石纳米片悬浮液使蒙脱石纳米片和壳聚糖的质量比为 10：1。待混合均匀后，放入 90 ℃的烘箱恒温养护 24 h。反应结束后，取出冷却至室温后经冷冻干燥得到蒙脱石纳米片/铁-壳聚糖凝胶，按照铁离子和壳聚糖酰胺基的摩尔比分别命名为 MMTNS/Fe-CS（0）、MMTNS/Fe-CS（0.1）、MMTNS/Fe-CS（0.25）和 MMTNS/Fe-CS（1）。

5.1.2　蒙脱石纳米片/铁-壳聚糖凝胶表征

图 5.1 是 MMTNS/Fe-CS 的光学、SEM-EDS 和 TEM 图像。从图 5.1（a）中可明显看出，加入的铁离子越多，复合物颜色越深。图 5.1（c）和（d）为不同放大倍率下的 MMTNS/Fe-CS 的 TEM 图像。图 5.1（c）显示堆叠的 MMTNS，图 5.1（d）以更高的放大倍数显示 MMTNS 由厚度约为 6 nm 的卷曲层组成。根据 Si、N、Fe 的分布[图 5.1（e）～（g）]，可以推断出具有三维层状结构的 MMTNS/Fe-CS 制备成功。

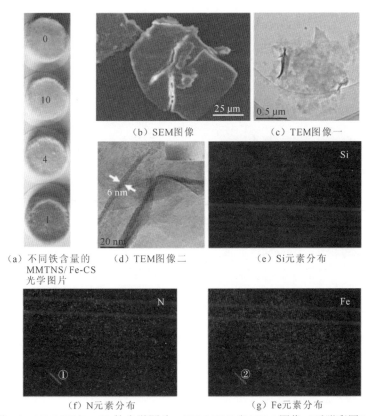

（b）SEM 图像　　（c）TEM 图像一

（a）不同铁含量的 MMTNS/Fe-CS 光学图片　　（d）TEM 图像二　　（e）Si 元素分布

（f）N 元素分布　　（g）Fe 元素分布

图 5.1　MMTNS/Fe-CS 的光学图片、SEM-EDS 和 TEM 图像（后附彩图）

为了鉴定 MMTNS/Fe-CS 表面的元素，进行了 XPS 测试，结果如图 5.2 所示。在图 5.2（a）中，存在 C 1s、N 1s、Si 2s、Fe 2p 和 O 1s 等强度峰。通过全谱对 Si、C、N

和 Fe 的元素含量进行分析，发现复合材料中的 Si、C、N 和 Fe 质量分数分别为 67.97%、28.79%、2.55%和 0.69%。在图 5.2（c）中，在 288.54 eV、286.48 eV 和 284.8 eV 处存在三个峰，分别属于 N—C═O、C—N 和 C—C（Rashid et al.，2015）。在制备 MMTNS/Fe-CS 时，首先将 CS 溶解在乙酸溶液中，然后将部分 CS 的氨基质子化，使其带正电，由于 MMTNS 表面具有许多负电荷，CS 会通过静电被 MMTNS 吸引；另一部分 CS 与 Fe^{3+} 结合，即以 CS 作为络合剂和交联剂，以络合铁和交联 MMTNS。在 402.11 eV、400.38 eV 和 398.91 eV 处有 3 个峰，分别对应于—NH_3、O═C—N 和—NH_2（Lin et al.，2019）。如图 5.2(d)所示，Fe^{3+} 的峰位于 712.67 eV、716.14 eV、726.58 eV，并伴有两个峰 721.07 eV 和 735.1 eV（Zhang et al.，2019）。

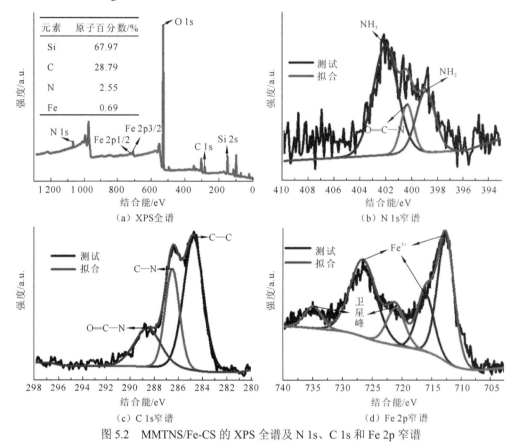

图 5.2　MMTNS/Fe-CS 的 XPS 全谱及 N 1s、C 1s 和 Fe 2p 窄谱

5.1.3　亚甲基蓝吸附降解行为

图 5.3（a）是 MMTNS/Fe-CS 和 H_2O_2 去除亚甲基蓝的效果对比图。由图可见，亚甲基蓝在 MMTNS/Fe-CS 和 H_2O_2 都未加入时，存在状态很稳定，浓度基本不变。但是，加入 H_2O_2 后，浓度在 2 h 内几乎呈直线下降，这是因为 H_2O_2 本身在光照条件下会产生羟基自由基团，使亚甲基蓝降解。加入 MMTNS/Fe-CS 而不加 H_2O_2 时，MMTNS/Fe-CS 在无

光照的条件下发生吸附作用，45 min 吸附了约 10%的亚甲基蓝。引入光照后，亚甲基蓝浓度略微下降。同时加入 H₂O₂ 和 MMTNS/Fe-CS 后，在暗处先发生吸附作用后，在光照条件下发生吸附-降解，在 120 min 时，亚甲基蓝基本去除完毕，溶液呈现无色状态。

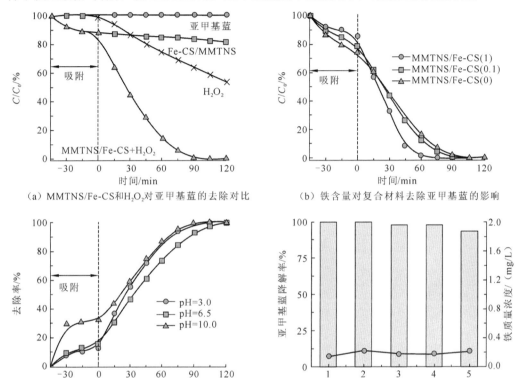

（a）MMTNS/Fe-CS和H₂O₂对亚甲基蓝的去除对比　　（b）铁含量对复合材料去除亚甲基蓝的影响

（c）不同pH下MMTNS/Fe-CS对亚甲基蓝的去除　　（d）复合物降解亚甲基蓝的循环效果及铁含量变化

图 5.3　MMTNS/Fe-CS 吸附降解亚甲基蓝

为了进一步描述 MMTNS/Fe-CS 的亚甲基蓝去除行为，可采用微分的形式确定：

$$-\frac{\mathrm{d}C_t}{\mathrm{d}t}=k[氧化剂]^x C_t^y \tag{5.1}$$

式中：t 为反应时间，min；C_t 为 t 时刻降解产物的浓度，mg/L；k 为速率常数；指数 x 和 y 分别为氧化剂和降解物浓度的阶数。考虑 H₂O₂ 的加入量充足性问题，式中 x 可认为其为 1，即该式可简化为

$$-\frac{\mathrm{d}C_t}{\mathrm{d}t}=kC_t^y \Rightarrow \mathrm{d}C_t=-kC_t^y\mathrm{d}t \tag{5.2}$$

目前，常用的有零级、一级和二级动力学，即 y=0, 1, 2。

当 y=0 时，则有

$$C=-k_0 t \tag{5.3}$$

y=1 时，转化为直线表达形式为

$$\mathrm{d}C=-k_1 C\mathrm{d}t \Rightarrow C=-C_0\mathrm{e}^{-k_1 t} \Rightarrow \ln\left(\frac{C}{C_0}\right)=-k_1 t \tag{5.4}$$

$y=2$ 时，转化为直线表达形式为

$$dC = -k_2 C^2 dt \Rightarrow C = \frac{1}{k_2 t + C_0} \Rightarrow \frac{1}{C} = k_2 t + C_0 \qquad (5.5)$$

对试验结果进行拟合，可发现，单一 H_2O_2 的零级和一级动力学拟合度基本接近，而对于 MMTNS/Fe-CS，零级动力学拟合度最优，其拟合度为 0.9755。同时在零级动力学下，可明显发现 MMTNS/Fe-CS 的降解速率明显快于 H_2O_2 的速率，是其 2.80 倍，和试验结果一致。图 5.3（b）是不同铁含量的 MMTNS/Fe-CS 对亚甲基蓝的吸附-光芬顿去除效果试验。从图中可明显看出：在吸附阶段，随着铁离子增加，亚甲基蓝残留的浓度更高，这可能是因为 Fe^{3+} 的引入减少了 MMTNS/Fe-CS 表面的负电荷，对亚甲基蓝的吸附能力变弱；在光照去除阶段，明显发现引入的铁越多，亚甲基蓝降解越快。未加入 Fe^{3+} 的 MMTNS/Fe-CS(0) 和加入少量 Fe^{3+} 的 MMTNS/Fe-CS(0.1) 去除亚甲基蓝基本可在 90 min 完成，同时加入更多 Fe^{3+} 的复合吸附剂 MMTNS/Fe-CS(1) 去除亚甲基蓝可提前到约 60 min，这是因为随着 Fe^{3+} 增多，H_2O_2 产生羟基自由基的速率变快，亚甲基蓝降解变快。通过动力学的拟合结果（表 5.1）也发现，MMTNS/Fe-CS(0.1) 的零级降解速率常数和 MMTNS/Fe-CS(0) 的零级降解速率常数较为接近，MMTNS/Fe-CS(1) 的速率常数最大。

表 5.1 亚甲基蓝在 MMTNS/Fe-CS 上的降解动力学拟合参数表

反应类型	pH	零级		一级		二级	
		k_0	R^2	k_1	R^2	k_2	R^2
H_2O_2	3	0.0808	0.9938	0.0048	0.9937	0.0003	0.9856
MMTNS/Fe-CS(0.25)	3	0.2261	0.9755	0.0313	0.9456	0.0066	0.6710
MMTNS/Fe-CS(1)	3	0.2994	0.9575	0.0596	0.8758	0.0469	0.5219
MMTNS/Fe-CS(0.1)	3	0.1934	0.9844	0.0328	0.9002	0.0107	0.5913
MMTNS/Fe-CS(0)	3	0.1752	0.9957	0.0267	0.9054	0.0061	0.6440
MMTNS/Fe-CS(0.25)	6.5	0.2019	0.9858	0.0200	0.9569	0.0033	0.7645
MMTNS/Fe-CS(0.25)	10	0.1765	0.9926	0.0285	0.8925	0.0075	0.6164
叔丁醇	3	0.1035	0.9514	0.0138	0.9788	0.0007	0.8166
三氯甲烷	3	0.1438	0.9956	0.0089	0.9327	0.0012	0.8640

图 5.3（c）是不同 pH 下 MMTNS/Fe-CS 对亚甲基蓝的去除效果图。由图可见，在吸附阶段，复合物在酸性和接近中性的时候对亚甲基蓝的吸附作用基本接近，在碱性条件下表现出明显的差异性，吸附作用几乎增长了一倍，达到约 30%；在降解阶段的酸性条件下明显比偏中性和碱性条件下降解效果明显，这是因为在酸性条件下，羟基自由基活性更高。根据零级、一级和二级动力学的拟合计算，也发现其速率常数呈现酸性＞偏中性＞碱性的规律。图 5.3（d）是 MMTNS/Fe-CS 的循环试验结果。在 5 次循环内，MMTNS/Fe-CS 对亚甲基蓝的去除率分别为 99.86%、99.50%、98.27%、97.78%

和 93.76%，说明 MMTNS/Fe-CS 经过 5 次循环仍旧保留对亚甲基蓝 90% 以上的去除效果，这表明 MMTNS/Fe-CS 具有良好的循环能力。在未引入 Fe^{3+} 时，在 H_2O_2 的氧化作用下，MMTNS/CS 能够循环去除亚甲基蓝，5 次去除率分别为 99.95%、98.39%、94.05%、92.93% 和 89.22%，但是对于 MMTNS/CS 来说循环却存在两方面问题。一方面消耗量大，试验 H_2O_2 和亚甲基蓝的质量比为 1190，另一方面作用时间较长，需要 24 h 作用才能实现亚甲基蓝的脱色（Zhao et al.，2020）。引入 Fe^{3+} 后，MMTNS/Fe-CS 在光照条件下，不仅可以极大地降低 H_2O_2 的用量，H_2O_2 和亚甲基蓝的质量比降为 34，降幅 35 倍；而且可以缩短作用时间，可在 2 h 内实现亚甲基蓝的去除，这说明吸附和光芬顿共同作用实现 MMTNS/Fe-CS 快速循环。MMTNS/Fe-CS 不仅吸附亚甲基蓝，而且促进 H_2O_2 产生氧化性更强的羟基和超氧等自由基，实现溶液和 MMTNS/Fe-CS 上的亚甲基蓝降解，促进 MMTNS/Fe-CS 上吸附位点的释放，实现 MMTNS/Fe-CS 再生循环。在芬顿反应中，铁离子溶出是较为普遍的问题，因此试验对 MMTNS/Fe-CS 循环过程中 Fe^{3+} 的溶出浓度进行了测试，结果如图 5.3（d）所示。在 5 次循环中，MMTNS/Fe-CS 中 Fe^{3+} 浸出浓度分别为 0.14 mg/L、0.22 mg/L、0.18 mg/L、0.17 mg/L 和 0.21 mg/L，浸出浓度很小，这表明 MMTNS/Fe-CS 在循环过程中铁离子溶出量低，具有良好的循环能力。

5.1.4　亚甲基蓝吸附和降解机理

为进一步描述吸附和光芬顿降解，对 MMTNS/Fe-CS 的吸附、同步降解和异步降解性能展开研究，结果如图 5.4（a）所示。由图可见，同步降解速率明显优于异步降解速率，表明吸附在亚甲基蓝的脱色/降解中起着重要作用。同时，同步降解与异步降解的差异小于 MMTNS/Fe-CS 的吸附性能，这表明在异步降解过程中吸附的亚甲基蓝被降解，吸附位点释放减小了两者之间的差异。由此可见吸附和芬顿降解在 MMTNS/Fe-CS 去除亚甲基蓝中起着明显的协同作用。图 5.4（b）是亚甲基蓝在 MMTNS/Fe-CS 上的吸附降解紫外分光全谱图。由图可见，亚甲基蓝存在三个明显的吸收峰，分别位于 246 nm、288 nm 和 664 nm 处。在吸附阶段可明显发现，亚甲基蓝的吸收峰在 664 nm 处明显降低，而在 246 nm 和 288 nm 处的吸收峰未发生明显的变化。这表明，在该阶段亚甲基蓝结构稳定，未遭到明显的破坏。而当加入过氧化氢后，在 664 nm 处的吸收峰急剧减小并发生蓝移现象，这说明溶液中的亚甲基蓝的浓度变低并且亚甲基蓝的结构遭到破坏。此外，246 nm 处的吸收峰减小并消失，288 nm 处的吸收峰相应减小并消失，也表明亚甲基蓝的结构被破坏。在亚甲基蓝降解的过程中，羟基、超氧等自由基起到了非常重要的作用。为验证其作用，采用三氯甲烷（trichloromethane，Tri）和叔丁醇（tert-butyl alcohol，TBA）作为掩蔽剂进行试验，结果如图 5.4（c）所示。未加入掩蔽剂时，亚甲基蓝在 75 min 时残留有 1.22 mg/L，加入三氯甲烷和叔丁醇后，反应明显受到抑制，在 75 min 时，溶液中分别还残留亚甲基蓝 5.99 mg/L 和 8.03 mg/L。此外，对降解动力学进一步拟合，发现降解速率由 0.226 1 变成 0.143 8 和 0.103 5，这表明在反应中生成了羟基自由基和超氧自由基等基团。同时电子自旋共振（electron spin resonance，ESR）图谱[图 5.4（d）]出现

1∶2∶2∶1 的特征峰，更进一步表明了羟基自由基的存在。

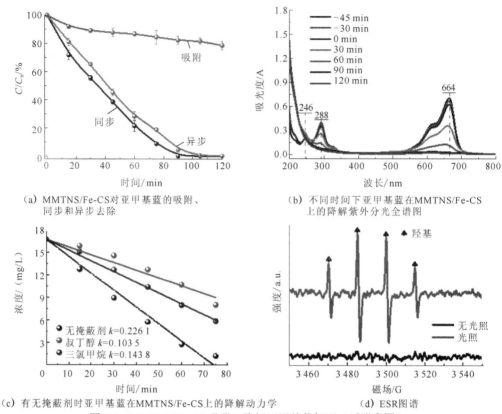

（a）MMTNS/Fe-CS对亚甲基蓝的吸附、
同步和异步去除

（b）不同时间下亚甲基蓝在MMTNS/Fe-CS
上的降解紫外分光全谱图

（c）有无掩蔽剂时亚甲基蓝在MMTNS/Fe-CS上的降解动力学

（d）ESR图谱

图 5.4　MMTNS/Fe-CS 吸附、降解亚甲基蓝机理（后附彩图）

在降解产物中，可明显观测到 m/z 为 284、301、279、256、228、246 和 236 的中间物质。由此可推测亚甲基蓝的降解途径主要有两条，如图 5.5 所示。一条降解途径是先脱甲基，这是因为 N—CH$_3$ 的结合能最低，亚甲基蓝受到自由基的攻击时，容易脱去甲

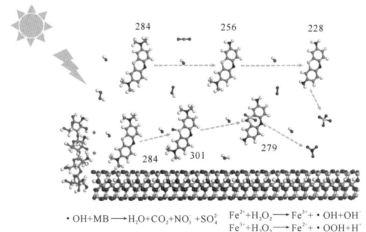

$\cdot OH + MB \longrightarrow H_2O + CO_2 + NO_3^- + SO_4^{2-}$

$Fe^{2+} + H_2O_2 \longrightarrow Fe^{3+} + \cdot OH + OH^-$

$Fe^{3+} + H_2O_2 \longrightarrow Fe^{2+} + \cdot OOH + H^+$

图 5.5　亚甲基蓝在 MMTNS/Fe-CS 的降解示意图（后附彩图）

基变成天青 A 和硫堇等中间产物（Wang et al.，2014）；另一条降解途径是亚甲基蓝的 S 先发生氧化，这可能是因为 MMTNS/Fe-CS 吸附亚甲基蓝后，亚甲基蓝的甲基得到保护，此时 S 因结合能（3.30 eV）接近 N—CH₃ 的结合能，也容易氧化生成 S=O 和磺酸的形式（Huang et al.，2010）。最终亚甲基蓝经两条降解途径产生的中间物质被自由基氧化成甲酸、二氧化碳、硫酸根、硝酸根和水等小粒子。

5.2　卡房结构蒙脱石纳米片/二硫化钼复合材料

近年来，非均相光催化剂在水处理和环境修复等领域中的应用引起了人们广泛关注，这主要归因于其能利用太阳能产生高活性的羟基自由基（·OH）、超氧自由基（$·O_2^-$）等活性基团，从而将各种有机污染物直接氧化成 CO_2、H_2O 等无机分子。二硫化钼（MoS_2）是一种典型的过渡金属硫化物，其片层由 S—Mo—S 共价键连接，而层间通过微弱的范德瓦耳斯力结合。由于随着 MoS_2 片层厚度的减小，MoS_2 的能带结构由间接带隙转变为直接带隙，且带隙能也从 1.2 eV 增大到 1.9 eV，从而提高光生载流子的分离效率。此外单层 MoS_2 纳米片还具有较高的层内电子迁移率（$200\sim500\ cm^2/(V·s)$）和优异的光致发光能力（Venkata Subbaiah et al.，2016），因此单层或少数层的 MoS_2 纳米片具有优异的光催化性能。但由于 MoS_2 纳米片巨大的表面能和强疏水性，其在应用过程中易团聚，从而显著降低其催化性能。蒙脱石是储量丰富的天然黏土矿物之一，具有极好的表面润湿性且易于水化膨胀剥离，因此其可作为 MoS_2 纳米片理想的催化载体，以提高 MoS_2 纳米片于水溶液中的分散性能，从而提高其光催化性能。

5.2.1　卡房结构蒙脱石纳米片/二硫化钼复合材料制备

蒙脱石纳米片的基面带永久负电，而其端面在酸性条件下会吸附水溶液的 H^+ 从而带正电荷，因此在酸性溶液中蒙脱石纳米片之间会通过端面和基面间的静电力进行自组装，最终形成三维多孔的卡房结构蒙脱石纳米片（montmorillonite "house-card"，MMTHC）。该卡房结构的构建可以抑制蒙脱石纳米片的堆叠，从而增大其比表面积。通过在卡房结构蒙脱石纳米片上负载二硫化钼，可以提高二硫化钼于水溶液中的分散性能，其制备示意图如图 5.6 所示（Yang et al.，2020）。当蒙脱石纳米片悬浮液的 pH 为 9.7，MMTNS 的基面和端面均带负电荷，导致 MMTNS 之间产生强静电排斥作用，从而使 MMTNS 在溶液中很好地分散。当加入钼酸铵（$(NH_4)_6Mo_7O_{24}$）和硫脲（CH_4N_2S）时，悬浮液的 pH 变为 6.5 左右。当 pH 低于 6.3 时，MMTNS 的端面变为带正电荷，而基面保持负电荷。因此，通过端面和基面之间的静电作用，MMTNS 可以很容易地自组装成卡房结构。这种独特结构的形成可为 MoS_2 纳米片的负载提供更多的位点，从而抑制 MoS_2 的团聚。当卡房结构蒙脱石纳米片形成后，硫脲通过氨基吸附在 MMTHC 的表面，而钼酸铵均匀分散在悬浮液中。当反应釜的温度升高到 220 ℃时，硫脲逐渐分解并与钼酸铵反应，通过成核作用锚定在卡房结构蒙脱石纳米片表面上（Chang et al.，2013），从而在卡房结构蒙脱石纳米片上原位沉积 MoS_2 纳米片，得到了黑色 MMTHC/MoS_2 复合材料。此外，已有研究表明，蒙脱石纳米片的卡房结构在干燥过程中容易崩塌，而 MoS_2/MMT 复合材料中明显的交联网络结构，表明 MoS_2 在 MMTHC 上的锚定可反过来增加该卡房结构的强度，从而使其干燥过程中免于崩塌。

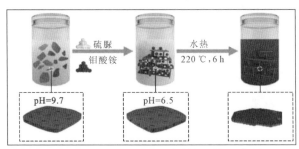

图 5.6　MMTHC/MoS_2 复合材料制备示意图

5.2.2　卡房结构蒙脱石纳米片/二硫化钼复合材料表征

MMTNS、MoS_2 和 MMTHC/MoS_2 复合物的 FTIR 谱图如图 5.7（a）所示。在 MMTNS 的 FTIR 谱图中，位于 3 627 cm^{-1}、3 441 cm^{-1}、1 638 cm^{-1}、1 030 cm^{-1} 和 466 cm^{-1} 处的吸收峰分别归因于 Al—O—H 基团中的—OH 拉伸振动，H 键合水的不对称和对称 H—O—H 拉伸振动、水的 O—H 混合振动、Si—O—Si 的拉伸振动和 Si—O 的混合振动。除 3 441 cm^{-1} 和 1 635 cm^{-1} 处的两处吸收峰外，MoS_2 上未检测到别的吸收峰，这与之前的研究结果一致。在 MMTHC/MoS_2 复合物的 FTIR 光谱中，由于羟基的消失，3 627 cm^{-1} 处的谱带消失，并且 3 441～1 623 cm^{-1} 处的谱带发生红移。Si—O—Si 的特征带由 1 030 cm^{-1} 移到 1 015 cm^{-1}，这可能与合成过程中 MMTNS 与 MoS_2 的相互作用有关。

MMTNS、MoS_2 和 MMTHC/MoS_2 复合物的 XPS 图谱如图 5.7（b）所示。在 MMTNS 图谱上可观察到 O、Si 和 Al 特征峰，在纯 MoS_2 图谱中出现 Mo、S 和 O 特征峰。在两种材料合成后，MMTHC/MoS_2 复合物呈现出 MMTNS 和 MoS_2 的特征峰，为两种物质的良好结合提供了又一个证据。MMTHC/MoS_2 复合物中 Mo 原子和 S 原子的比例分别为 5.95% 和 14.98%，与 MoS_2 的理论值接近，表明 Mo 和 S 更可能以 MoS_2 的形式存在。MoS_2 和 MMTHC/MoS_2 复合物中 Mo 3d 和 S 2p 的高分辨图谱分别如图 5.7（c）和（d）所示。Mo 3d$_{3/2}$、Mo 3d$_{5/2}$、S 2p$_{1/2}$ 和 S 2p$_{3/2}$ 的结合能分别为 231.68 eV、228.48 eV、162.78 eV 和 161.45 eV，与 MoS_2 对应，进一步证明了 Mo 和 S 以 MoS_2 的形式存在。此外，MMTHC/MoS_2 复合物的 Mo 峰和 S 峰与纯 MoS_2 相比发生了右移，表明 MMTHC/MoS_2 复合物中 MoS_2 和 MMTNS 之间存在相互作用。

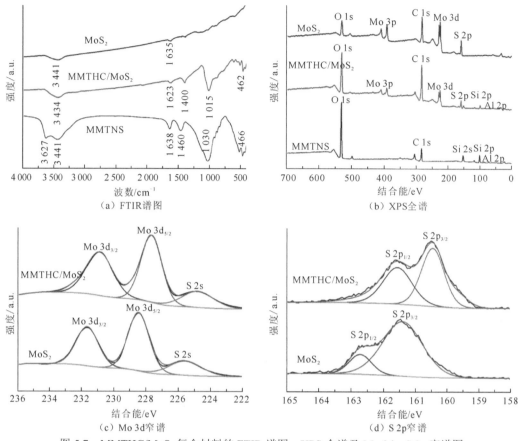

（a）FTIR谱图　　　　　　　　（b）XPS全谱

（c）Mo 3d窄谱　　　　　　　（d）S 2p窄谱

图 5.7　MMTHC/MoS$_2$复合材料的 FTIR 谱图、XPS 全谱及 Mo 3d、S 2p 窄谱图

MMTHC/MoS$_2$复合材料的形貌特征如图 5.8（a）所示，该复合材料具有明显的交联网状结构。因此可以推断 MMTNS 通过自组装形成了卡房结构，而 MoS$_2$以其为载体进行锚定，从而形成 MMTHC/MoS$_2$复合物。该复合材料中的蒙脱石纳米片独特的卡房结构不仅能有效阻止 MMTNS 的堆叠，还能有效地阻碍 MoS$_2$纳米片的团聚和堆积从而暴露更多的活性位点，因此 MMTHC 是 MoS$_2$优异的载体。图 5.8（b）为 MMTHC/MoS$_2$复合材料的 TEM 图，图像显示该复合材料具有交联骨架，其中一些纳米片平行于视图，而另一些则垂直于视图，表明卡房结构的形成，该结构有效地阻止了 MoS$_2$纳米片的团

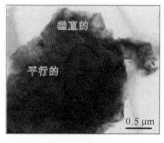

（a）SEM　　　　　　　　（b）TEM　　　　　　　　（c）接触角

图 5.8　MMTHC/MoS$_2$复合材料的 SEM、TEM 和接触角测试结果

聚现象。纯 MoS_2 和蒙脱石纳米片的接触角分别为 53.5°和 17.1°（Yang et al.，2020），而卡房结构蒙脱石纳米片复合材料的接触角为 35.1°[图 5.8（c）]。该结果表明卡房结构蒙脱石纳米片的存在能显著增强 MoS_2 的表面润湿性及其于水溶液中的分散性。

5.2.3 卡房结构蒙脱石纳米片/二硫化钼复合材料光催化降解性能

为评估 MMTHC/MoS_2 复合材料的光催化降解性能，以甲基橙为污染物模型、$NaBH_4$ 为牺牲剂进行降解试验，结果如图 5.9（a）所示。由于 $NaBH_4$ 具有强还原性，纯 $NaBH_4$ 在溶液中会部分分解造成约 10%的甲基橙降解。当该体系中加入 MMTNS 后，甲基橙的降解率仍然保持在 10%左右，说明 MMTNS 对甲基橙的降解无显著影响。而加入纯 MoS_2 后，甲基橙的降解率有较大的提高，在 120 min 后维持在 48.6%左右，说明 MoS_2 能对甲基橙进行催化降解但效率不高。当以 MMTHC/MoS_2 复合材料为催化剂时，甲基橙被快速降解，120 min 后的降解率高达 98.6%。从图 5.9（c）可以看出，随着降解时间延长，甲基橙溶液的颜色快速消退，在 60 min 后溶液几乎变为透明，说明 MMTHC/MoS_2 复合材料对甲基橙具有优异的光催化降解活性。此外通过准一级动力学方程对降解数据进行拟合，发现 MMTHC/MoS_2 复合材料对甲基橙的降解速率（$0.032\ 8\ min^{-1}$）约为纯 MoS_2（$0.004\ 5\ min^{-1}$）的 7.3 倍，表明以卡房结构蒙脱石纳米片作载体能显著增强 MoS_2 的光催化性能。该结果可能归因于卡房结构蒙脱石纳米片的存在极大地提高了 MoS_2 暴露活性位点的密度及其于水溶液中的分散性。随后对 MMTHC/MoS_2 复合材料的循环稳定性进

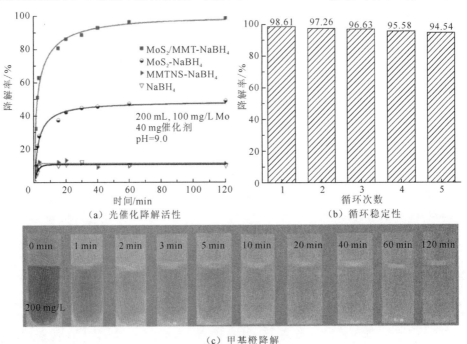

（a）光催化降解活性 （b）循环稳定性

（c）甲基橙降解

图 5.9 MMTHC/MoS_2 复合材料的光催化降解活性、循环稳定性试验结果
及甲基橙降解照片（后附彩图）

行考察，结果如图 5.9（b）所示，经过 5 次光催化降解循环后，该复合物对甲基橙的降解率维持在 94.54%以上，说明该催化剂具有优异的循环稳定性。由于该复合材料具有成本低、制备方法简单、催化性能优异等优点，其在环境修复领域具有较大的应用前景。

5.3　蒙脱石纳米片/二硫化钼空心微球

5.3.1　分级多孔结构蒙脱石纳米片空心微球构建及表征

1. 分级多孔结构蒙脱石纳米片空心微球构建

分级多孔结构材料具有密度小、比表面积大等特点，且其连通孔结构，有利于物质扩散和传输。因此以分级多孔结构蒙脱石作为 MoS_2 纳米片的催化载体，不仅可提高其于水溶液中的分散性，还可提高其光利用率，从而显著提高其光催化性能。分级多孔结构材料通常是通过双模板合成法制备，但该方法无法实现分级多孔结构矿物材料的构建（Wei et al.，2012）。基于蒙脱石水化膨胀易于剥离，其纳米片为片层结构且表面具有强负电、亲水性和热稳定性等特点，通过单模板层层自组装技术可以制备出具有分级多孔结构的蒙脱石纳米片空心微球，其制备示意图如图 5.10（a）所示（Chen et al.，2019）。首先以表面荷负电的聚苯乙烯微球为模板，通过静电力在其表面沉积一层荷正电的壳聚糖分子，然后使用超纯水对壳聚糖/聚苯乙烯微球进行冲洗，以去除多余的壳聚糖分子。随后通过静电力在其表面沉积一层蒙脱石纳米片，然后使用超纯水再次冲洗去除多余的蒙脱石纳米片，得到蒙脱石纳米片/聚苯乙烯微球。最后依次通过冷冻干燥、煅烧对聚苯乙烯微球进行热分解去除，得到蒙脱石纳米片空心微球。蒙脱石纳米片空心微球的构建机理图如图 5.10（b）所示，基于蒙脱石纳米片独特的片层结构，其在壳聚糖/聚苯乙烯微球表面难以实现紧密沉积，因此在超纯水冲洗过程中，与壳聚糖分子作用较弱的蒙脱石纳米片将发生脱落，从而在蒙脱石纳米片/聚苯乙烯微球表面形成缺陷。当蒙脱石纳米片/聚苯乙烯微球中的聚苯乙烯内核被热分解去除后形成蒙脱石纳米片空心微球，而该缺陷将在空心球的壳壁上形成纳米孔道，进而构建出分级多孔结构蒙脱石纳米片空心微球。因此，蒙脱石纳米片空心微球壳壁上孔道的大小易于通过调控所剥离蒙脱石纳米片的片径尺寸来实现。

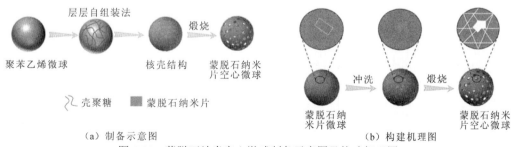

（a）制备示意图　　　　　　　（b）构建机理图
图 5.10　蒙脱石纳米空心微球制备示意图及构建机理图

2. 分级多孔结构蒙脱石纳米片空心微球表征

如图 5.11（a）所示，聚苯乙烯微球具有规则的球形结构和均一的粒度分布（800 nm）。随着层层自组装的进行，蒙脱石纳米片被成功地涂覆到聚苯乙烯微球的表面从而形成具有核壳结构的蒙脱石纳米片/聚苯乙烯微球[图 5.11（b）]。对蒙脱石纳米片/聚苯乙烯微球进行粗略计算可知，聚苯乙烯微球表面所沉积的壳聚糖/蒙脱石纳米片厚度大约为 3 nm [图 5.11（c）]。从该微球 TEM 图颜色的明暗对比可以确认其具有空心结构[图 5.11（f）]。此外，由图 5.11（e）可以看出该空心球的壳壁上存在一些不规则的孔道，该结果表明分级多孔结构蒙脱石纳米片空心微球的成功构建。使用氮气吸附-脱附等温线对该微球的比表面积和孔结构进行分析，发现该微球为 IV 吸附等温线类型和 H3 型迟滞环，说明该微球具有典型的介孔结构。该分级多孔结构蒙脱石纳米片空心微球的比表面积为 81.32 m^2/g，其总孔容积为 0.194 4 cm^3/g，表明分级多孔结构的优越性。

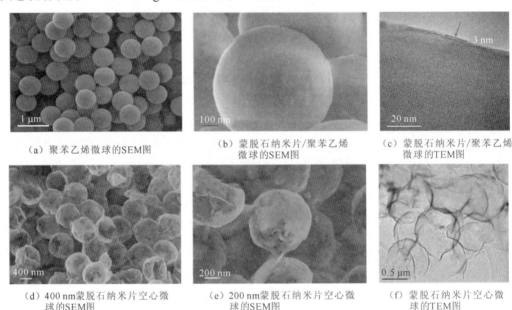

（a）聚苯乙烯微球的SEM图　　　（b）蒙脱石纳米片/聚苯乙烯　　　（c）蒙脱石纳米片/聚苯乙烯
　　　　　　　　　　　　　　　　微球的SEM图　　　　　　　　　微球的TEM图

（d）400 nm蒙脱石纳米片空心微　　　（e）200 nm蒙脱石纳米片空心微　　　（f）蒙脱石纳米片空心微
球的SEM图　　　　　　　　　球的SEM图　　　　　　　　球的TEM图

图 5.11　分级多孔结构蒙脱石纳米片空心微球的微观结构

5.3.2　蒙脱石纳米片/二硫化钼空心微球制备与表征

为提高 MoS_2 纳米片于水溶液中的分散性，从而提高其光催化性能，以分级多孔结构蒙脱石纳米片空心微球为核，通过水热合成法制备了 MMTNS/MoS_2 空心微球。同时为评估该微球的结构优越性，按相同的水热合成步骤制备了纯 MoS_2 作为对照。由图 5.12（a）和（b）可见，所制备的 MoS_2 团簇同样为球形结构，其粒径约为 6.5 μm，球体内部被杂乱无序的 MoS_2 纳米片填充。所制备的 MMTNS/MoS_2 空心微球颗粒较小，粒径约为 1.3 μm，表明 MMTNS/MoS_2 空心微球相较于 MoS_2 团簇具有更大的比表面积和更高的光利用率。此外，如图 5.12（e）所示，在光照条件下，由于光束不能渗透到 MoS_2 团簇内部，其内部 MoS_2 纳米片不能被光激发，从而造成大量无效活性位点。但是对于 MMTNS/MoS_2 空心微球，其内部 MoS_2 纳米片被蒙脱石纳米片空心球所代替，因此蒙脱石空心微球表面的 MoS_2 纳米片均能被光束有效激发，说明 MMTNS/MoS_2 空心微球具有更高的光催化活性位点密度。通过对 MMTNS/MoS_2 空心微球和 MoS_2 团簇 TEM 图[图 5.12(g)和(h)]进行粗略计算可知，MoS_2 纳米片(002)面的面网间距约为 0.62 nm，表明所制备的 MoS_2 纳米片为半导体相。此外，MoS_2 团簇的纳米片厚度（14.85 nm）约为空心微球上 MoS_2 纳米片厚度（4.5 nm）的 3.3 倍，说明空心微球上的 MoS_2 纳米片具有较大的能带间隙及较强的光生载流子分离能力。

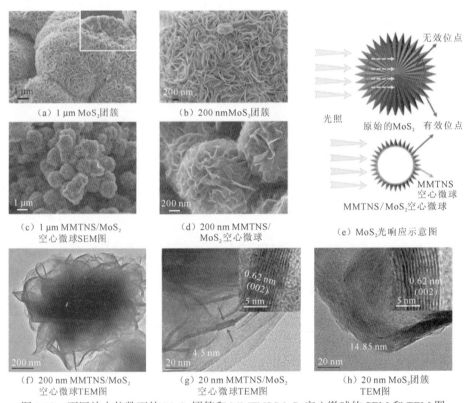

（a）1 μm MoS_2团簇　　　　（b）200 nmMoS_2团簇

（c）1 μm MMTNS/MoS_2　　　（d）200 nm MMTNS/　　　（e）MoS_2光响应示意图
空心微球SEM图　　　　　　MoS_2空心微球

（f）200 nm MMTNS/MoS_2　　（g）20 nm MMTNS/MoS_2　　（h）20 nm MoS_2团簇
空心微球TEM图　　　　　　空心微球TEM图　　　　　　　TEM图

图 5.12　不同放大倍数下的 MoS_2 团簇和 MMTNS/MoS_2 空心微球的 SEM 和 TEM 图及 MoS_2 光响应示意图

两个 MoS_2 的特征峰（E_{2g}^1 和 A_{1g}）均能从 MMTNS/MoS_2 空心微球和 MoS_2 团簇的拉曼谱图[图 5.13（a）]中观测到，E_{2g}^1 和 A_{1g} 分别对应 2H 相 MoS_2 的层内和层间伸缩振动峰。这两个特征峰的间距能反映 MoS_2 纳米片的厚度，间距越小厚度越薄。从拉曼谱图可以看出 MMTNS/MoS_2 空心微球上 MoS_2 的 E_{2g}^1 和 A_{1g} 相较于 MoS_2 团簇分别发生红移和蓝移，说明空心微球上 MoS_2 纳米片的厚度小于 MoS_2 团簇的厚度，因此空心微球上的 MoS_2 具有较宽的能带间隙。使用紫外-可见吸收光谱对 MMTNS/MoS_2 空心微球的光学性质进行分析，结果如图 5.13（b）所示。在可见光区域空心微球的光吸收能力并未衰减，且其光吸收能力大于 MoS_2 团簇，说明空心微球在紫外和可见光范围光响应性能较强。

MoS$_2$团簇、MMTNS/MoS$_2$空心微球和蒙脱石纳米片的带隙能经计算分别为 1.65 eV、1.8 eV 和 3.12 eV。相较于 MoS$_2$团簇，MMTNS/MoS$_2$空心微球具有更大的能带间隙，该结果与拉曼谱图结果一致。较大的能带间隙可以抑制 MoS$_2$光生载流子的复合，从而提高其光催化性能。

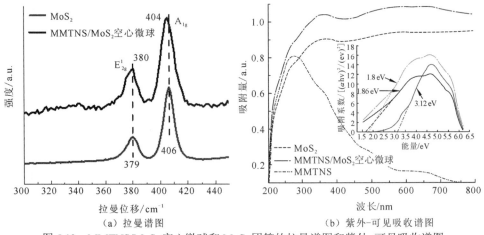

图 5.13　MMTNS/MoS$_2$空心微球和 MoS$_2$团簇的拉曼谱图和紫外-可见吸收谱图

5.3.3　蒙脱石纳米片/二硫化钼空心微球光催化降解性能

以甲基橙为污染物模型，对 MMTNS/MoS$_2$空心微球的光催化性能进行评估。光催化结果如图 5.14（a）所示，从图中可以看出蒙脱石纳米片对甲基橙的降解率几乎可以忽略。MoS$_2$团簇和 MMTNS/MoS$_2$空心微球对甲基橙均在 60 min 后达到降解平衡，且降解率分别为 83.9% 和 96.4%，两者对甲基橙的降解速率常数分别为 0.062 8 min^{-1} 和 0.125 6 min^{-1}。由此可知，MMTNS/MoS$_2$空心微球对甲基橙的降解速率约为 MoS$_2$团簇的

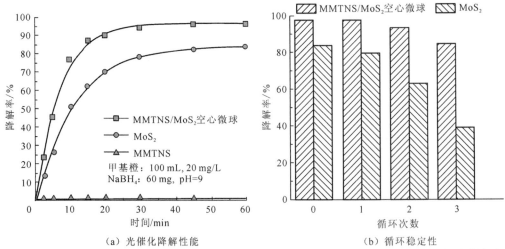

图 5.14　MMTNS/MoS$_2$空心微球和 MoS$_2$团簇对甲基橙的光催化降解性能和循环稳定性试验结果

两倍，说明得益于其较高的光利用率、活性位点密度及较宽的能带间隙，MMTNS/MoS₂ 空心微球呈现出优异的光催化降解性能。此外，从循环稳定性试验结果［图 5.14（b）］可知，随着循环次数的增加，MoS₂ 团簇对甲基橙的降解性能急剧衰减，循环 3 次后降解率只有 40%左右。但是对于 MMTNS/MoS₂ 空心微球，随着循环次数增加，其对甲基橙的降解率略微下降，循环 3 次后降解率依然大于 80%，说明以蒙脱石空心微球为核对 MoS₂ 进行负载可显著增加 MoS₂ 光催化的循环稳定性。

　　硫化物光催化剂在使用过程中会发生光腐蚀，从而降低其催化稳定性。MoS₂ 在水溶液中会发生表面氧化，从而破坏其晶体结构和光催化性能。为探究 MMTNS/MoS₂ 空心微球和 MoS₂ 团簇间存在循环稳定差异的原因，对循环试验后的 MMTNS/MoS₂ 空心微球和 MoS₂ 团簇分别进行了 XRD 和拉曼测试。从 XRD 测试结果［图 5.15（a）］可以看出，循环使用后 MoS₂ 团簇的晶体结构被显著破坏，而空心微球中 MoS₂ 的晶体结构依然保持良好。通过拉曼测试可知，循环使用后 MoS₂ 团簇的拉曼谱图中出现强烈的三氧化钼的衍射峰（Aɡ，B₁ɡ），说明 MoS₂ 团簇在光催化过程中被严重氧化。但是，对于 MMTNS/MoS₂ 空心微球，循环使用后其拉曼谱图上几乎没有三氧化钼的特征峰，说明该空心微球在光催化过程中几乎未发生氧化。上述结果说明 MMTNS/MoS₂ 空心微球中蒙脱石纳米片空心内核的存在不仅可以有效增强 MoS₂ 的光催化活性，同时还可以显著抑制 MoS₂ 光催化过程中的光腐蚀作用，从而显著提高 MoS₂ 的循环稳定性。

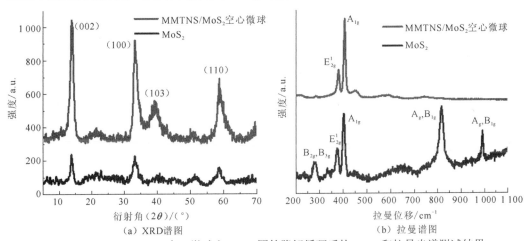

图 5.15　MMTNS/MoS₂ 空心微球和 MoS₂ 团簇降解循环后的 XRD 和拉曼光谱测试结果

参 考 文 献

CHANG K, GENG D, LI X, et al., 2013. Ultrathin MoS₂/nitrogen-doped graphene nanosheets with highly reversible lithium storage[J]. Advanced Energy Materials, 3(7): 839-844.

CHEN P, ZHAO Y, CHEN T, et al., 2019. Synthesis of montmorillonite-chitosan hollow and hierarchical mesoporous spheres with single-template layer-by-layer assembly[J]. Journal of Materials Science & Technology, 35(10): 2325-2330.

HUANG F, CHEN L, WANG H, et al., 2010. Analysis of the degradation mechanism of methylene blue by atmospheric pressure dielectric barrier discharge plasma[J]. Chemical Engineering Journal, 162(1): 250-256.

JANAKI S, PUNITHAMURTHY K, RENUK L, 2019. A Novel approach for synthesis of $LaFeO_3$/bentonite nanocomposite for degradation of methylene blue with enhanced photocatalytic activity[J]. Material Research Express, 6(3): 035013.

JUAN S, LEO A D, 2013. Iron-pillared clays as catalysts for dye removal by the heterogeneous photo-Fenton technique[J]. Reaction Kinetic Mechanisms and Catalysits, 110(1): 101-117.

LEO A D, 2008. Catalytic activity of an iron-pillared montmorillonitic clay mineral in heterogeneous photo-Fenton process[J]. Catalysis Today, 133: 600-605.

LIN X, WANG L, JIANG S, et al., 2019. Iron-doped chitosan microsphere for As(III) adsorption in aqueous solution: Kinetic, isotherm and thermodynamic studies[J]. Korean Journal of Chemical Engineering, 36(7): 1102-1114.

LIU X, CHENG H, GUO Z, et al., 2018. Bifunctional, moth-eye-like nanostructured black titania nanocomposites for solar-driven clean water generation[J]. American Chemical Society Applied Materials and Interfaces, 10: 39661-39669.

RASHID S, SHEN C, CHEN X, et al., 2015. Enhanced catalytic ability of chitosan-Cu-Fe bimetal complex for the removal of dyes in aqueous solution[J]. Royal Society of Chemistry Advances, 5(110): 90731-90741.

VENKATA SUBBAIAH Y P, SAJI K J, TIWARI A, 2016. Atomically thin MoS_2: A versatile nongraphene 2D material[J]. Advanced Functional Materials, 26(13): 2046-2069.

WANG Q, TIAN S, NING P, 2014. Degradation mechanism of methylene blue in a heterogeneous fenton-like reaction catalyzed by ferrocene[J]. Industrial and Engineering Chemistry Research, 53(2): 643-649.

WANG L, ZHANG J, WANG A, 2008. Removal of methylene blue from aqueous solution using chitosan-g-poly(acrylic acid)/montmorillonite superadsorbent nanocomposite[J]. Colloids and Surfaces A: Physicochemical and Engineering Aspects, 322(1): 47-53.

WEI J, YUE Q, SUN Z, et al., 2012. Synthesis of dual-mesoporous silica using non-ionic diblock copolymer and cationic surfactant as co-templates[J]. Angewandte Chemie International Edition, 51(25): 6149-6153.

YANG L, WANG Q, RANGEL-MENDEZ J R, et al., 2020. Self-assembly montmorillonite nanosheets supported hierarchical MoS_2 as enhanced catalyst toward methyl orange degradation[J]. Materials Chemistry and Physics, 246: 122829.

ZHANG T, ZHAO Y, KANG S, et al., 2019. Formation of active $Fe(OH)_3$ in situ for enhancing arsenic removal from water by the oxidation of Fe(II) in air with the presence of $CaCO_3$[J]. Journal of Cleaner Production, 227: 1-9.

ZHAO Y, KANG S, QIN L, et al., 2020. Self-assembled gels of Fe-chitosan/montmorillonite nanosheets: Dye degradation by the synergistic effect of adsorption and photo-Fenton reaction[J]. Chemical Engineering Journal, 379: 122322.

第6章 蒙脱石纳米片基储热材料

能源是人类生存、工业发展、经济建设的重要物质基础。自工业革命以来，煤、石油、天然气等化石能源迅速大量消耗，能源危机与环境污染问题日益突出，向全人类的生存提出了严峻挑战。坚持可持续发展，实现资源高效利用、环境保护与经济建设的协调与平衡是全人类的迫切需求。推动能源革命，建设低碳化的能源结构和安全高效的现代能源体系是能源发展改革的重大历史使命。

在众多能源利用方式中，热能是最基本、最主要的能源利用形式。据统计，世界上一切与生产和生活活动相关的能量，70%以上是以热能的形式出现。我国是能源消费大国，传统能源的利用和新能源的开发过程中均存在能源利用效率低下、能源利用方式不合理、能源浪费等现象。在能量转换和利用的过程中，常常存在供与需在时间和空间上不匹配的矛盾。热能储存技术可以实现将波动性、间歇性及供需不匹配的热能储存起来，待到有需求时转化为稳定连续的热能资源输出。开发高效热能储存技术可解决能量供与需在时间和空间上不匹配的矛盾，在可再生能源储存利用、电力资源移峰转谷、工业余废热回收利用等领域有广泛的应用前景，因而是提高能源利用效率、促进可持续发展的有效手段。

6.1 蒙脱石/水纳米流体太阳光热收集与显热储存

显热储存是最简单、应用最普遍的热能储存技术。但是，目前常用的显热储存介质，例如水、矿物油等，均存在热传导能力不足、储能密度小等缺陷。此外，显热储存技术是通过储热材料本身温度的变化实现热量的储存与释放，储/放热过程不恒温，而且与周围环境存在的温度差所造成的热量损失等限制了显热储存技术的进一步发展。

纳米流体是指通过向基液中添加粒度为纳米级别的固态颗粒而制备出来的均匀、稳定、高导热的悬浮液。固体的导热系数远高于液体，因此纳米流体由于高导热固体颗粒的混合而导热系数远高于纯流体；此外，纳米颗粒在流体介质中的布朗运动有助于热量快速扩散，从而实现热量的快速传递。因此，纳米流体一般具有极为优异的传热特性，在强化传热等方面表现出巨大的优势，在光热转换、微电子、生物医药和水合物蓄冷材料等方面都有着潜在的应用前景。然而，纳米流体中纳米颗粒表面能高、分散稳定性差、易于聚团沉降，易引发换热管道堵塞，造成热交换过程中热阻增大和热损失严重等后果。因此，开发分散性能好、热传导性能高的新型功能纳米流体尤为必要。

蒙脱石具有天然的稳定分散特性，并且其仅在超声等物理作用下即可实现二维剥离制备蒙脱石纳米片（MMTNS），二维剥离后的 MMTNS 在水溶液中具有更加优异的稳定分散性能。相对其他纳米颗粒，MMTNS 具有天然的稳定分散性能、简单方便的合成方法及绿色环保的制备过程。MMTNS 基纳米流体不仅可提升流体的传热性能、解决当前纳米流体稳定性差的缺陷，还可有效降低纳米流体的生产成本。

6.1.1 MMTNS/H$_2$O 纳米流体制备与表征

为了研究蒙脱石纳米片颗粒大小对纳米流体强化传热性能的影响，采用 150 W 及 450 W 的超声功率剥离制备两种不同颗粒大小的蒙脱石纳米片，即 MMTNS-150 与 MMTNS-450，采用 AFM 观察两种蒙脱石纳米片的片径大小及厚度尺寸。由图 6.1（a）可知，当超声功率为 150 W 时，蒙脱石纳米片片径为 200～600 nm，厚度小于 6 nm；由图 6.1（b）可知，当超声功率为 450 W 时，蒙脱石纳米片片径为 100～300 nm，厚度小于 4 nm。对比图 6.1（a）与（b）可知，超声功率越大，二维剥离的蒙脱石片径越小，厚度越薄。剥离制备的两种蒙脱石纳米片具有明显的粒度差异，满足用来研究纳米粒子尺寸对纳米流体不同强化传热性能的要求。

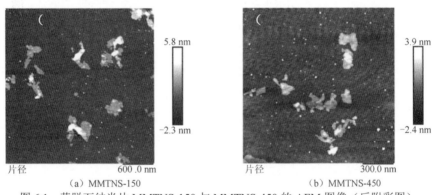

（a）MMTNS-150　　　　　　　　　　　（b）MMTNS-450

图 6.1　蒙脱石纳米片 MMTNS-150 与 MMTNS-450 的 AFM 图像（后附彩图）

为进一步确定蒙脱石纳米片的粒度大小，采用 Zetasizer nano 系列粒度分析仪对制备的 MMTNS-150 与 MMTNS-450 两种纳米片进行粒度测试，结果如图 6.2 所示。当超声功率为 150 W 时，蒙脱石纳米片平均粒径为 351.3 nm；当超声功率为 450 W 时，蒙脱石纳米片平均粒径为 269.4 nm。超声功率越高，越容易破坏蒙脱石层间的相互吸引力，蒙脱石剥离效果越好。该结果与 AFM 图的结果保持一致，表明两种蒙脱石纳米片的粒度均为纳米级别，满足制备纳米流体的要求。值得注意的是，基于动态光散射（dynamic light scattering，DLS）法测量的粒径为同体积球体的粒径，而本蒙脱石纳米片样品为片状样品，故所测量的粒径绝对值并不准确。图 6.2 所展示的结果仅用于表征剥离制备的蒙脱石纳米片的粒度处于纳米级别，并且在超声功率高的条件下剥离的蒙脱石纳米片的平均粒径更小。

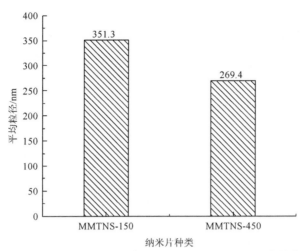

图 6.2　蒙脱石纳米片 MMTNS-150 与 MMTNS-450 的粒度

6.1.2　MMTNS/H$_2$O 纳米流体稳定性与稳定机理

稳定的分散性能对纳米流体的应用至关重要,它决定了纳米流体的悬浮可持续性和稳定循环性能。浊度表示溶液中由大量单个颗粒引起的液体的浑浊度。一般而言,浊度越高意味着分散在溶液中的胶体颗粒越多。胶体颗粒若在溶液中稳定分散,则其浊度保持不变;胶体颗粒若沉降或团聚,则会导致溶液浊度的降低。因此,在线浊度法可用于表征 MMTNS/H$_2$O 纳米流体的悬浮稳定性。不同 MMTNS 颗粒大小和不同浓度的 MMTNS/H$_2$O 纳米流体的浊度随沉降时间的变化如图 6.3 所示。由图可知,所有 MMTNS/H$_2$O 纳米流体的浊度在静置 12 h 后仍保持不变,表明 MMTNS 在溶液中稳定分散,颗粒并未发生团聚或沉降。因此,MMTNS 在水溶液中表现出优异的悬浮分散性能。为了进一步确定 MMTNS/H$_2$O 纳米流体的悬浮稳定性能,拍摄了静置 10 天的 MMTNS/H$_2$O 纳米流体的图片。如图 6.4 所示,制备的 MMTNS/H$_2$O 纳米流体即使在沉降 10 天后仍然均匀分散且

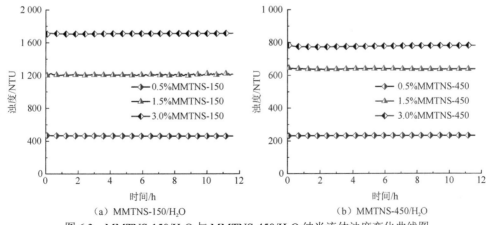

图 6.3　MMTNS-150/H$_2$O 与 MMTNS-450/H$_2$O 纳米流体浊度变化曲线图

（a）MMTNS-150/H₂O　　　　　　　　　　（b）MMTNS-450/H₂O

图 6.4　MMTNS-150/H₂O 与 MMTNS-450/H₂O 纳米流体静置沉降效果（后附彩图）

稳定悬浮。不同粒径纳米颗粒和浓度的纳米流体在玻璃瓶底部均未出现沉淀，进一步证明了 MMTNS/H₂O 纳米流体具有良好的稳定分散性能。因此，MMTNS/H₂O 可以作为一种稳定性能优异的纳米流体。

采用 Zeta 电位分析仪研究 MMTNS 在水溶液中的分散稳定机理。经典的 DLVO 理论（Derjaguin-Landau-Verwey-Overbeek theory）通常用于解释胶体颗粒的分散稳定性。一般而言，Zeta 电位小于–30 mV 或大于+30 mV 的胶体颗粒将在溶液中表现出极好的稳定性；Zeta 电位处于–30～+30 mV 的胶体颗粒则可能会发生沉降聚团。如图 6.5 所示，MMTNS-150 的 Zeta 电位为–31.9 mV，而 MMTNS-450 的 Zeta 电位为–46.2 mV，表明蒙脱石纳米片在水中因颗粒之间强烈的静电排斥作用而具有良好的分散稳定性。此外，蒙脱石纳米片颗粒粒度越小，Zeta 电位越负，其分散稳定性能越好。因此，相对其他纳米颗粒，蒙脱石纳米片在制备稳定分散性能优异的纳米流体方面更具有优势。

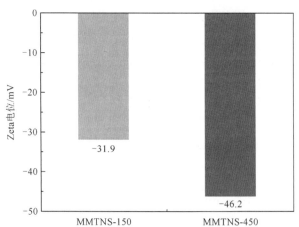

图 6.5　蒙脱石纳米片 MMTNS-150 与 MMTNS-450 的 Zeta 电位

另外，蒙脱石表面由于水化作用形成厚度为 1～2 nm 的水化膜。蒙脱石表面形成的一层水化膜，既可以降低蒙脱石的表面能，也会阻止蒙脱石纳米片相互接近（Zhao et al.，2017；Yi et al.，2016）。因此，蒙脱石表面的水化作用导致了蒙脱石纳米片之间强烈的水化排斥作用，使蒙脱石纳米片在水中具有良好的分散稳定性。蒙脱石表面水化膜之间的水化排斥作用被认为是导致蒙脱石纳米片在溶液中稳定分散的另一个作用机理。

综上所述，蒙脱石纳米片之间强烈的静电排斥作用和蒙脱石纳米片表面水化膜之间的水化排斥作用共同决定了 MMTNS/H_2O 纳米流体良好的分散稳定性能，分散机理如图 6.6 所示。

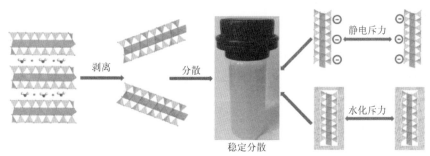

图 6.6　MMTNS/H_2O 纳米流体稳定分散机理示意图

6.1.3　MMTNS/H_2O 纳米流体强化传热性能

纳米流体的主要功能是强化传热。对纯水流体及制备的几种不同 MMTNS/H_2O 纳米流体的强化传热与光热转换性能进行研究。图 6.7 为在太阳模拟灯的照射下，纯水流体及 MMTNS/H_2O 纳米流体的温度随光照时间的变化结果图。随着太阳模拟灯的照射，流体的温度逐渐升高，表明流体收集了太阳光并转化为热能。纳米流体升温速率明显快于水基液，其温度平衡值也明显高于水基流体。该结果证明了纳米流体可强化流体的传热能力，促进流体对太阳能的收集能力。MMTNS/H_2O 纳米流体表现出强化传热特性的原因：①在水中加入纳米颗粒，改善了水基液原本的传热结构，从纯液体传热到粒子与粒子、粒子与液体、液体与液体传热；②纳米流体中纳米颗粒强烈的布朗运动，加快了溶液体系中的热量扩散的速率，进而大幅提高了 MMTNS/H_2O 纳米流体的传热能力。

对于相同粒径的蒙脱石纳米片，随着 MMTNS/H_2O 纳米流体浓度增大，温度上升速度越快，平衡温度也越高；即浓度越大，MMTNS/H_2O 纳米流体传热速率越快。当关闭太阳模拟灯时，MMTNS/H_2O 纳米流体开始自然降温，浓度越大，温度下降速度也越快。浓度越大，对基液的传热结构改变越大，液体内部的传热过程得以增强，进而提高其传热能力。此外，浓度越大，流体中的纳米粒子越多，布朗运动越强，溶液体系中热量的扩散与传递越快。因此，MMTNS/H_2O 纳米流体的浓度越大，有效热导率和热扩散率随纳米流体中颗粒浓度的增加而升高，导致传热能力的巨大提升与光热转换效率的大幅提高。

对于相同浓度的 MMTNS/H_2O 纳米流体，蒙脱石纳米片粒度越小，MMTNS/H_2O 纳米流体的升温速率越快，溶液平衡温度越高，表明传热效率越高。根据布朗运动理论，粒子粒度越小，粒子的运动速度越快，移动越频繁，其与周围的基液进行能量交换传递的频率越高，因此传热能力越强。此结果表明较小的颗粒有助于更快地传热，从而达到更高的光热转换效率。

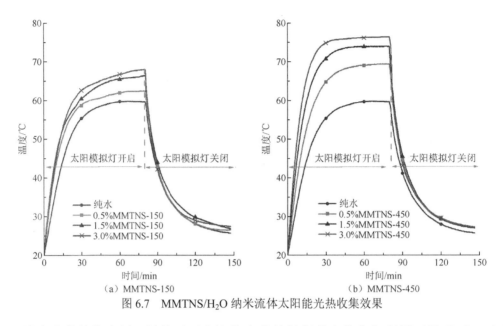

（a）MMTNS-150　　　　（b）MMTNS-450

图 6.7　MMTNS/H$_2$O 纳米流体太阳能光热收集效果

　　纳米流体的稳定循环性能对于太阳能光热的长期稳定收集与利用至关重要。对质量分数为 3%的蒙脱石纳米片（MMTNS-450）/水纳米流体进行储热/放热循环试验，结果如图 6.8 所示。在每次储热/放热循环中，对 MMTNS/H$_2$O 纳米流体光照一段时间后自然冷却。在太阳模拟灯的照射下，纳米流体的温度会升高，关闭太阳模拟灯后纳米流体的温度会降低。在每个加热/冷却循环中，MMTNS/H$_2$O 纳米流体显示出几乎相同的升温/降温速率。在加热/冷却循环试验中，即使在几个循环之后，也没有观察到明显的升温/降温速率的变化，这表明 MMTNS/H$_2$O 纳米流体具有优异的循环稳定性能。结果表明，蒙脱石纳米片在水溶液中具有良好的稳定分散性能，这对纳米流体稳定的循环性能起着重要的作用。此外，由于蒙脱石纳米片的化学惰性和热稳定性，其在水中

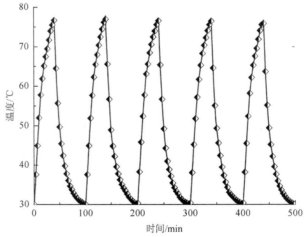

图 6.8　MMTNS/H$_2$O 纳米流体稳定循环性能

分散后不会改变其状态或性质，这也有助于 MMTNS/H_2O 纳米流体稳定地光热转换。因此，MMTNS/H_2O 纳米流体具有优异的分散稳定性能、光热转换性能和太阳光热收集性能。

6.1.4　MMTNS/H_2O 纳米流体太阳能收集与利用

在我国北方，冬天天气寒冷，需要燃烧大量的煤或消耗大量的电力资源来进行供暖，导致了化石燃料的过度消耗和二氧化碳的大量排放。有数据表明，建筑能耗约占我国总能源消耗的 30% 左右，其占比还在逐年增加，而建筑能耗中，以采暖和空调能耗为主，占比 50%～70%。建筑能耗过高，开发一种新型节能的供暖技术势在必行。考虑纳米流体的流动特性和高性能太阳光热收集效果，可以将纳米流体收集太阳能之后传递到建筑物中对其进行供暖。可再生、无毒无害太阳能在建筑中的应用在节能减排领域展现出巨大的前景，有利于实现可持续发展。

为了研究利用太阳能进行建筑供暖的可行性，设计如图 6.9 所示的自制装置来测试太阳能的收集和传热性能。装置图中房屋模型的长为 140 mm，宽为 120 mm，高为 175 mm。在太阳模拟灯（2 kW/m^2）的照射下，纳米流体对太阳能光热进行收集与储存后，通过泵抽入房屋模型中进行释放热能供暖。图 6.10 为使用温度记录仪实时测量房屋模型室内的温度结果图。在太阳模拟器的照射下，纳米流体吸收太阳能并转化为热能。将纳米流体抽入房屋模型中后，由于室内温度较低，收集的太阳热能的释放导致房屋模型中的温度上升。如图 6.10 所示，模型房内的温度从初始室温（26℃）开始升高，直至达到平衡（约 35℃）。由于 MMTNS/H_2O 纳米流体优异的太阳能光热收集效果及卓越的热交换功能，纳米流体可收集清洁的太阳能并对建筑进行有效供暖。

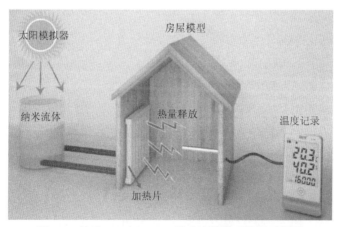

图 6.9　基于 MMTNS/H_2O 纳米流体供暖装置示意图

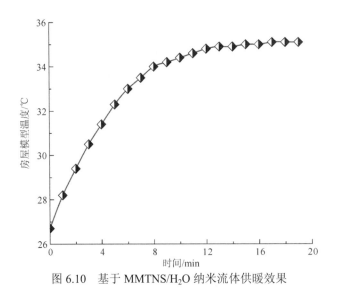

图 6.10　基于 MMTNS/H_2O 纳米流体供暖效果

6.2　蒙脱石纳米片/硬脂酸微胶囊相变材料

相变材料是指在其物态变化（固-液、液-固等）时所吸收/放出的大量热能能被用于能量储存的材料。相变储能（包括冷和热）技术是以相变材料为基础的高新储能技术，因为它储能密度大且输出的温度和能量相当稳定，所以具有显热储能难以比拟的优点。然而，相变材料导热性能差、固-液相变过程中液化后容易流动泄漏，限制了相变材料在热能储存领域的大规模应用。

为了阻止泄漏和提升储热性能，常将相变材料与其他有机或者无机基底材料复合从而制备复合相变材料。常见的基底材料包括一些有机高分子材料、多孔材料及天然多孔矿物等。天然多孔矿物优点众多，不仅储量丰富、价格低廉，而且各种物化性能优异，在复合相变材料制备领域具有重大的发展潜力。寻找合适的天然矿物基底材料，利用天然矿物材料为基底制备性能优异的相变储热材料是当前的发展趋势。

黏土矿物是天然的层状多孔矿物，具有良好的热稳定性能、优异的有机兼容特性、价格低廉的成本优势，是一种较好的基底材料。然而，黏土矿物孔洞体积有限，限制了相变材料的负载量，导致当前黏土基复合相变材料的潜热容较小、储能密度低。微胶囊技术是制备高潜热复合相变材料的有效方法之一，通过壁材将相变材料包覆在核心内部，不仅可以有效阻止泄漏，还可大幅提升潜热容。蒙脱石易二维剥离制备性能优异的纳米片。采用厚度超薄、比表面积超大的蒙脱石纳米片封装有机相变材料硬脂酸（stearic acid，SA）制备核壳结构的微胶囊复合相变材料（MMTNS/SA），不仅可以有效封装相变材料、阻止泄漏，还可大幅提升对相变材料的负载量，获得较大的潜热容（Yi et al.，2019a）。

6.2.1 MMTNS/SA 微胶囊复合相变材料设计与合成

微胶囊技术一般指通过膜材料包裹相变材料从而形成核壳结构复合材料的技术,在相变材料领域可有效阻止相变材料的泄漏、增大传热面积、提升复合相变材料储能密度。本小节开发以 MMTNS 为壁材、SA 有机相变材料为芯材制备核壳结构的 MMTNS/SA 微胶囊复合相变储能材料,达到利用廉价的天然蒙脱石矿物制备高性能复合相变材料的目的。

为实现 MMTNS 在 SA 相变材料表面的包覆,首先要配制均匀的 SA 颗粒悬浮液。SA 为有机相,与水溶液相容性较差,可借助水包油(oil in water,O/W)型乳液的制备技术实现稳定分散的 SA 颗粒悬浮溶液的配制。以硬脂酸作为相变材料,在 90 ℃条件下使硬脂酸熔融并分散于水溶液中,使用十二烷基硫酸钠作为乳化稳定剂,制取 O/W 型乳液,如图 6.11 所示。

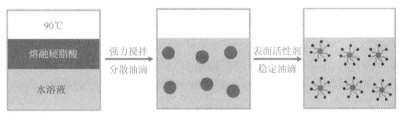

图 6.11 SA 乳液制备示意图

由于十二烷基硫酸钠为阴离子表面活性剂,制备的 SA 乳液中硬脂酸乳胶颗粒表面荷负电,将 MMTNS 通过十六烷基三甲基溴化铵改性后其表面荷正电,MMTNS 与 SA 乳液即可通过静电自组装形成 MMTNS/SA 微胶囊复合相变材料,如图 6.12 所示。

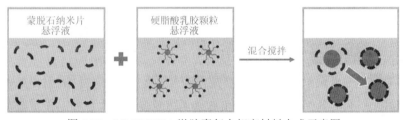

图 6.12 MMTNS/SA 微胶囊复合相变材料合成示意图

最终制备的以 SA 为芯材、MMTNS 为壁材的微胶囊复合相变储能材料,由于壁材超薄,复合相变材料中没有储热功能的蒙脱石组分含量较少,可实现超高的储能密度与潜热容。MMTNS/SA 微胶囊颗粒为微米级别,传热面积较大,加上蒙脱石纳米片较高的导热系数,可提升复合相变材料的导热性能;MMTNS 壁材对相变材料的有效保护可以阻止相变材料在固-液相变过程中的流动泄漏。

6.2.2 MMTNS/SA 微胶囊复合相变材料表征与合成机理

为了探索 MMTNS 厚度对制备的 MMTNS/SA 微胶囊复合相变储能材料热性能的影

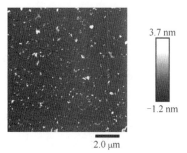

图 6.13 300 W 超声功率下制备的蒙脱石
纳米片（MMTNS-300）的 AFM 图
（后附彩图）

响，采用不同超声功率（150 W、300 W、450 W）
对钠基蒙脱石进行二维剥离，制备了不同厚度
的蒙脱石纳米片（MMTNS-150、MMTNS-300、
MMTNS-450）。使用原子力显微镜（AFM）对
剥离的蒙脱石纳米片进行形貌观察与厚度测
量，图 6.13 为在 300 W 超声功率下得到的蒙脱
石纳米片（MMTNS-300）的 AFM 图。由图 6.13
可知，MMTNS-300 的形貌为片状，片径尺寸
约为几百纳米，厚度为 1～4 nm。蒙脱石晶体
结构中单片的厚度约为 1 nm，故超声剥离后的
蒙脱石仅由单片或者几个片层构成。

对 MMTNS-150、MMTNS-300、MMTNS-450 三种不同厚度的蒙脱石纳米片拍摄大
量的 AFM 图，并在 AFM 图上任意选取 250 个 MMTNS 进行厚度统计。MMTNS-150、
MMTNS-300、MMTNS-450 三种 MMTNS 厚度的统计结果如图 6.14 所示。MMTNS-150
中单片层蒙脱石占比为 8.7%，片层厚度大于 10 nm 的 MMTNS 的占比高达 32%；
MMTNS-300 中单片层蒙脱石有 8.7%，片层厚度为 2～5 nm 的 MMTNS 所占比例较高，

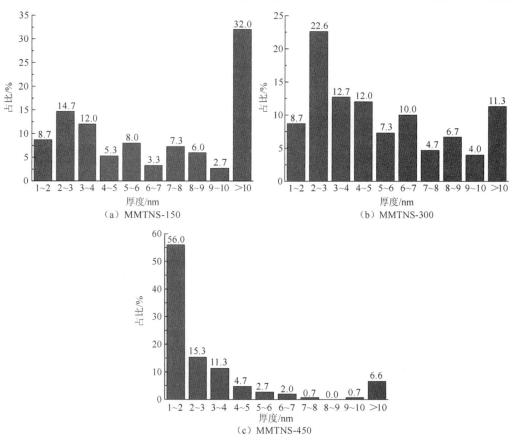

图 6.14 蒙脱石纳米片 MMTNS-150、MMTNS-300 及 MMTNS-450 厚度分布统计结果图

百分比为 47.3%，片层厚度大于 10 nm 的 MMTNS 所占比例减少至 11.3%；相比而言，MMTNS-450 中单片层蒙脱石占比高达 56%，片层厚度大于 10 nm 的 MMTNS 仅为 6.6%。超声功率越大，MMTNS 平均厚度越薄，表明控制超声功率可以实现对剥离蒙脱石纳米片厚度的调控。因此，通过不同超声强度可以成功地制备三种不同厚度的 MMTNS。

在硬脂酸乳液的制备过程中，熔融的 SA 在强烈搅拌作用下分散成微小的油滴分散于溶液中，从而形成稳定的水包油型（O/W）乳液。降至室温后，熔融的 SA 固化并形成稳定分散的 SA 乳胶颗粒。通过扫描电子显微镜（SEM）观察制备的 SA 乳胶颗粒的微观形貌与结构。如图 6.15 所示，SA 乳胶颗粒形貌表现为类似球体的结构，颗粒粒径为 30～40 μm。形成的 SA 乳胶颗粒表面光滑，颗粒大小均为微米级别。稳定分散的 SA 乳液的成功制备为下一步蒙脱石纳米片基微胶囊复合相变储能材料的合成制备提供了基础。

图 6.15　SA 乳胶颗粒 SEM 图

如图 6.16 所示，合成的 MMTNS/SA 微胶囊复合相变材料仍为球形颗粒，表面大量片状物质即为蒙脱石纳米片。结合图 6.15 与图 6.16 的 SEM 结果可知，二维剥离的蒙脱石纳米片包覆在硬脂酸乳胶颗粒表面，形成了以 MMTNS 为壁材、SA 为芯材的球形微胶囊结构的复合相变储能材料。MMTNS/SA 微胶囊复合相变储能材料的大小为 20～40 μm，与合成的硬脂酸乳胶颗粒大小较为接近，表明形成的核壳结构复合相变材料中 MMTNS 壁材的厚度较薄，有利于大幅降低仅起保护作用的壁材组分的占比。因此，MMTNS/SA 复合相变储能材料中具有储热功能的有效组分含量会相应提高，有利于提升黏土基复合相变储能材料的潜热容。

采用 FTIR 分析蒙脱石纳米片与硬脂酸之间的作用机理。图 6.17 为 MMTNS、SA 及 MMTNS/SA 微胶囊复合相变材料的 FTIR 谱图。对于蒙脱石纳米片而言，1 032 cm^{-1} 处为 Si—O 键的伸缩振动峰，是蒙脱石晶体结构中的特征红外吸收峰；464 cm^{-1} 处为 Al—O 键的弯曲振动峰；1 641 cm^{-1} 和 3 624 cm^{-1} 处分别为蒙脱石结构中羟基（—OH）的弯曲和伸缩振动峰，3 624 cm^{-1} 处为蒙脱石层间的结合水的振动峰（Wang et al.，2018）。对于硬脂酸而言，1 703 cm^{-1} 表示 C═O 的伸缩振动，为羧酸类有机分子的特征峰；719 cm^{-1} 和 1 472 cm^{-1} 分别表示—CH$_2$ 的摇摆振动和—CH$_3$ 的形变振动，1 000～1 500 cm^{-1}

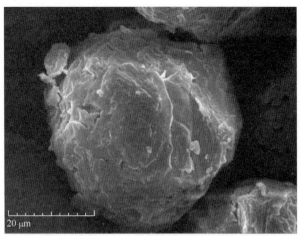

图 6.16　MMTNS/SA 微胶囊复合相变材料 SEM 图

的振动峰表示 C—H 键的弯曲振动。对于用三种不同厚度蒙脱石纳米片制备的微胶囊复合相变储能材料，FTIR 谱图中既能观察到蒙脱石的特征振动峰（Si—O: 1 032 cm⁻¹），也能观察到硬脂酸的特征振动峰（C=O: 1 703 cm⁻¹），证明 MMTNS 与 SA 成功地复合在一起。此外，复合相变材料的 FTIR 谱图中没有其他新的红外吸收峰生成，表明 MMTNS 与 SA 之间未发生化学作用，MMTNS 仅依靠物理作用包覆在 SA 乳胶颗粒表面，从而形成核壳结构的 MMTNS/SA 微胶囊复合相变材料。

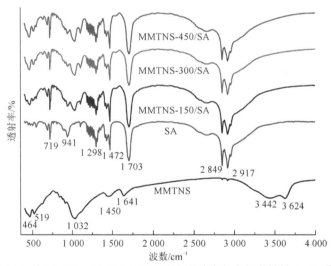

图 6.17　MMTNS、SA 及 MMTNS/SA 微胶囊复合相变材料 FTIR 谱图

　　Zeta 电位是对颗粒之间相互排斥力或者吸引力的强度的度量。为了进一步研究 MMTNS 与 SA 之间具体的物理作用机理，使用 Zeta 电位仪测定了十二烷基硫酸钠稳定后的 SA 乳胶颗粒、十六烷基三甲基溴化铵（cetyltrimethylammonium bromide，CTAB）改性 MMTNS 前后的 Zeta 电位，结果如图 6.18 所示。在十二烷基硫酸钠的稳定作用下，生成的 SA 乳胶颗粒表面 Zeta 电位为−33.57 mV。被十六烷基三甲基溴化铵改性后的

MMTNS-150、MMTNS-300、MMTNS-450 表面 Zeta 电位分别为 35.87 mV、41.87 mV、43.83 mV；MMTNS 厚度越薄，改性后表面 Zeta 电位越高。SA 乳胶颗粒表面负电性较强，而改性 MMTNS 表面电位为正，故 SA 乳胶颗粒与改性 MMTNS 之间存在较强的静电吸引作用。因此，Zeta 电位的测试结果证明 SA 乳胶颗粒与 MMTNS 之间的物理作用为静电吸引作用。

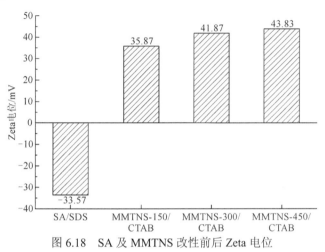

图 6.18 SA 及 MMTNS 改性前后 Zeta 电位

综上所述：FTIR 谱图结果表明 MMTNS 与 SA 之间仅发生物理作用；Zeta 电位测试结果表明 SA 在阴离子表面活性剂十二烷基硫酸钠的稳定作用下生成了表面荷负电的 SA 乳胶颗粒，而阳离子表面活性剂十六烷基三甲基溴化铵改性后的 MMTNS 表面荷正电。MMTNS 与 SA 之间强烈的静电吸引作用促使 MMTNS 吸附并包裹在 SA 乳胶颗粒表面，形成了以 MMTNS 为壁材、SA 为芯材的 MMTNS/SA 微胶囊复合相变储能材料。该核壳结构的 MMTNS/SA 微胶囊复合相变储能材料的合成机理如图 6.19 所示。

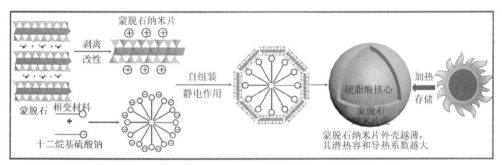

图 6.19 MMTNS/SA 微胶囊复合相变材料合成机理示意图

6.2.3 蒙脱石纳米片厚度对复合相变材料性能的影响

潜热容是评判复合相变储能材料热性能的重要技术指标，开发设计较大潜热容、较高储能密度的复合相变材料显得尤为必要。本小节采用三种不同厚度的 MMTNS 合成了不同壁材厚度的微胶囊复合相变材料并进行热性能对比。利用差示扫描量热仪（differential scanning calorimeter，DSC）测量了 SA 相变材料与 MMTNS/SA 微胶囊复合相变储能材料的相变潜热值，结果如图 6.20 所示。以 SA 相变材料的热流-温度曲线为例，随着环境温度升高，SA 在 70.23 ℃ 处出现了一个吸热峰，该吸热峰的面积即表示熔化热焓变值，即 SA 在固液相变过程中可以吸收储存 206.05 J/g 的热能。当环境温度降低时，SA 在 68.00 ℃ 时出现了一个放热峰，意味着 SA 在液固相变过程中可以释放出 208.00 J/g 的热能。对于 MMTNS/SA 微胶囊复合相变储能材料而言，MMTNS 没有储热功能，但是占据了复合材料的一部分体积，潜热容会相应减少。表 6.1 列出了纯硬脂酸相变材料及复合相变储能材料的相变潜热值，MMTNS-150/SA、MMTNS-300/SA、MMTNS-450/SA 的熔化相变潜热分别为 148.44 J/g、157.99 J/g 及 181.04 J/g；凝固相变潜热分别为 151.83 J/g、163.69 J/g 及 184.88 J/g。由于 MMTNS 不发生固液相变，复合相变材料中仅有 SA 具有储热功能，故复合相变材料的潜热容与纯相变材料硬脂酸的潜热容之比即表示复合相变材料中 SA 组分的质量分数。通过计算可得，三种复合相变材料对 SA 相变材料的负载量分别为 72.99%、78.70%、88.88%。随着蒙脱石纳米片厚度变薄，MMTNS/SA 微胶囊复合相变材料中 MMTNS 壁材的质量分数减小，SA 芯材的相对含量增大，即潜热容相应提高。因此，采用厚度较薄的 MMTNS 与 SA 复合可制备潜热容较大、储能密度较高的微胶囊复合相变储能材料。

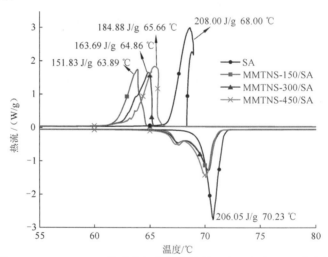

图 6.20　MMTNS/SA 微胶囊复合相变材料及纯硬脂酸 DSC 曲线图

表 6.1　SA 相变材料及 MMTNS/SA 复合相变材料相变热物性

样品	熔化温度/℃	熔化焓值/(J/g)	凝固温度/℃	凝固焓值/(J/g)	SA 负载量（占比）/%
SA	70.23	206.05	68.00	208.00	—
MMTNS-150/SA	70.25	148.44	63.89	151.83	72.99
MMTNS-300/SA	70.33	157.99	64.86	163.69	78.70
MMTNS-450/SA	70.09	181.04	65.66	184.88	88.88

表 6.2 列出了最近几年以黏土矿物为基底的复合相变材料的热物特性。以往文献中制备的复合相变储能材料中有效储能组分最高的负载率仅为 62.83%，相变潜热值仅为 142.00 J/g。本书制备的 MMTNS/SA 微胶囊复合相变储能材料有效储能组分质量分数高达 88.88%，相变潜热高达 181.04 J/g 与 184.88 J/g。与以往制备的黏土基复合相变储能材料相比，MMTNS/SA 微胶囊复合相变材料的储能密度具有显著的优势。

表 6.2　黏土矿物基复合相变材料潜热值

黏土基复合相变材料	熔化焓值/（J/g）	凝固焓值/（J/g）	负载率/%	文献
高岭土/硬脂酸	66.30	65.60	35.15	Liu 等（2014）
海泡石/癸酸	76.16	75.19	41.29	Sari 等（2019）
蛭石/十八烷	142.00	126.50	62.83	Chung 等（2015）
蒙脱石/硬脂酸	84.40	88.50	47.47	Wang 等（2012）
硅藻土/十八烷	142.10	139.80	58.38	Qian 等（2018）
珍珠岩/石蜡	147.43	141.15	57.06	Karaipekli 等（2017）
MMTNS/SA	**181.04**	**184.88**	**88.88**	本书

导热系数影响复合相变材料实际应用效果中吸（储）热/放热的速率，也是评判复合相变材料热性能的另一个重要技术参数。采用导热系数仪测量了不同 MMTNS 厚度制备的 MMTNS/SA 微胶囊复合相变材料的导热系数，考察 MMTNS 厚度对微胶囊复合相变材料导热性能的影响。图 6.21 为 SA 相变材料及 MMTNS/SA 微胶囊复合相变储能材料的导热系数结果。由图可知，SA 的导热系数为 0.20 W/mK，表明有机相变材料较差的热传导能力。MMTNS-150、MMTNS-300 及 MMTNS-450 的导热系数分别为 0.35 W/mK、0.45 W/mK 及 0.46 W/mK，表明 MMTNS 的导热系数随着厚度的变薄而增大。MMTNS 相对较高

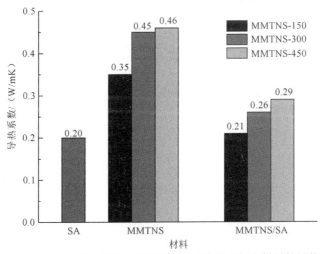

图 6.21　MMTNS、SA 及 MMTNS/SA 微胶囊复合相变材料的导热系数

的导热系数能够提升复合相变材料的导热能力，MMTNS-150/SA、MMTNS-300/SA 及 MMTNS-450/SA 微胶囊复合相变材料的导热系数分别为 0.21 W/mK、0.26 W/mK 及 0.29 W/mK。相较 SA 相变材料而言，MMTNS-150/SA、MMTNS-300/SA 及 MMTNS-450/SA 微胶囊复合相变材料的导热系数分别提升了 5%、30%及 45%。此结果证明，MMTNS 厚度越薄对 SA 相变材料热传导能力的提升效果越好，提升效果最高可达 45%。因此，使用厚度更薄的 MMTNS 不仅可实现潜热容的巨大提升，也可实现热传导能力的有效提升。

为了更直观表征制备的 MMTNS/SA 微胶囊复合相变储能材料的传热性能，采用红外热像仪拍摄了 SA 及 MMTNS/SA 微胶囊复合相变材料在太阳模拟灯照射下的红外热像图。如图 6.22 所示，SA 在模拟太阳光下照射 1 min 时，温度仅为 28.5 ℃，照射 5 min 后，温度上升至 41.9 ℃。此结果表明有机相变材料较差的导热能力，在长时间太阳光的照射下，温度仍较低，低于 SA 的熔点，因此未能进行对潜热的储存。对于 MMTNS/SA 微胶囊复合相变材料而言，在模拟太阳光的照射下，温度迅速升高。照射 1 min 时，三种 MMTNS/SA 微胶囊复合相变材料的温度均接近 40 ℃；照射 3 min 时，三种 MMTNS/SA 复合相变材料温度高于 60 ℃。4 min 之后，MMTNS/SA 微胶囊复合相变储能材料表面温度上升的速率减缓，表明部分 SA 开始吸热熔化。三种 MMTNS/SA 微胶囊复合相变材料在太阳模拟灯下发生了固-液相变，吸收大量热量的同时即意味着 MMTNS/SA 微胶囊复合相变材料成功储存了大量的潜热，实现了光热的转化与储存。

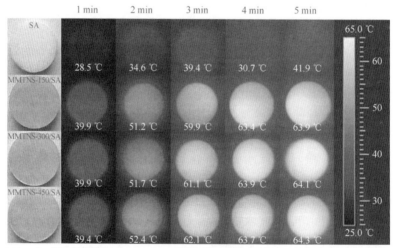

图 6.22　SA 相变材料及 MMTNS/SA 微胶囊复合相变材料红外热像图（后附彩图）

微胶囊技术的主要目的是阻止相变材料在固-液相变过程中的泄漏问题，采用壁材将相变材料包裹至其内部从而保障复合相变材料的结构稳定性。实现复合相变储能材料高性能的同时，保证它的结构稳定性也尤为重要。对制备的 MMTNS/SA 微胶囊复合相变储能材料进行结构稳定性的测试表征。如图 6.23 所示，在加热的条件下，SA 颗粒随着温度的升高逐渐发生固-液相变，随着加热时间延长最终全部液化。若不与基底材料复合，单纯的 SA 相变材料在液化后因流动泄漏而无法回收进行再次热能储存。对制备的 MMTNS/SA 复合相变材料而言，随着加热时间的延长也未观察到熔融硬脂酸的泄漏，

MMTNS 壁材可对 SA 相变材料进行有效的保护。

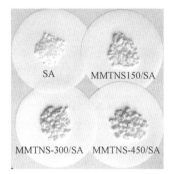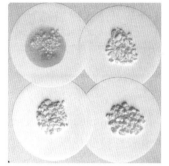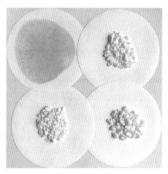

（a）无光照　　　　　　　（b）光照1 min　　　　　　　（c）光照5 min

图 6.23　MMTNS/SA 微胶囊复合相变材料结构稳定性测试

除结构稳定性之外，循环稳定性也是影响复合相变材料实际应用效果的重要影响因素之一。图 6.24 为 MMTNS-300/SA 微胶囊复合相变材料的加热/冷却循环测试的差示扫描量热仪测试结果。第一次吸热/放热相变循环时，MMTNS/SA 微胶囊复合相变材料的固-液及液-固相变温度分别为 69.36 ℃ 及 63.20 ℃，相应的相变潜热分别为 166.21 J/g 及 161.87 J/g。经历 50 次吸热/放热相变循环后，蒙脱石纳米片/硬脂酸微胶囊复合相变储能材料的熔化温度为 69.51 ℃，相应的相变潜热为 165.12 J/g；凝固温度为 64.29 ℃，相应的相变潜热为 159.63 J/g。与循环前相比，相变温度及相变潜热均没有发生显著变化，表明制备的 MMTNS/SA 微胶囊复合相变材料具有优异的循环稳定性。

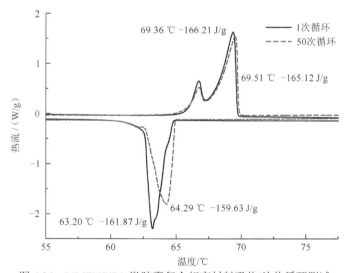

图 6.24　MMTNS/SA 微胶囊复合相变材料吸热/放热循环测试

6.2.4　MMTNS/SA/AgNP 微胶囊复合相变材料合成与热物性能

MMTNS/SA 微胶囊复合相变材料具有较高的潜热容与较大的储能密度，但是其导热性能还有较大的提升空间。基于此，将导热性能优异的银纳米颗粒（AgNP）作为导热填料分别负载至微胶囊相变材料的壁材与芯材部分，合成银纳米颗粒修饰蒙脱石纳米片（AgNP@MMTNS/SA）及银纳米颗粒修饰硬脂酸乳胶颗粒（MMTNS/AgNP@SA）的微胶囊复合相变材料，以提升复合相变材料的热传导能力。本小节对 AgNP@MMTNS/SA 与 MMTNS/AgNP@SA 两种相变材料的热物性能进行研究，探讨银纳米颗粒对 MMTNS/SA 微胶囊复合相变材料导热性能、潜热容及结构稳定性等性能的影响。

采用 X 射线光电子能谱（X-ray photo-electron spectroscopy，XPS）和高分辨透射电子显微镜（TEM）表征所合成银纳米颗粒的化学态。如图 6.25（a）所示，两个特征峰 368.75 eV 和 374.76 eV 分别属于 Ag 3d5/2 和 Ag 3d3/2 轨道（Qian et al.，2015），表明银纳米颗粒以金属 Ag 的形式存在。在图 6.25（b）中，银纳米颗粒的晶格条纹间距 $d_{(111)}$ 为 2.4 nm，对应于面心立方晶格（face centered cubic，FCC）结构银的（111）面，进一步证明了银纳米颗粒的成功制备。

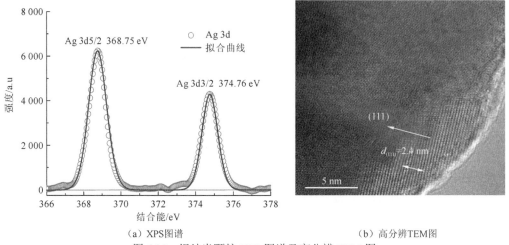

（a）XPS图谱　　　　　　　　　　　（b）高分辨TEM图

图 6.25　银纳米颗粒 XPS 图谱及高分辨 TEM 图

图 6.26（a）和（b）分别为 AgNP@MMTNS 与 AgNP@SA 微观结构的 SEM 图，在 MMTNS 和 SA 乳胶颗粒上均可观察到银纳米颗粒，表明成功合成了银纳米颗粒修饰型的蒙脱石纳米片及硬脂酸乳胶颗粒。图 6.26（c）和（d）为 AgNP@MMTNS 与 AgNP@SA 的 SEM-EDS 图，表明负载至蒙脱石纳米片与硬脂酸乳胶颗粒上的为银纳米颗粒，并且分布均匀。AgNP@MMTNS/SA 与 MMTNS/AgNP@SA 两种微胶囊复合相变材料的 SEM 图如图 6.26（e）和（f）所示，合成的 AgNP@MMTNS/SA 与 MMTNS/AgNP@SA 两种复合相变材料均为核壳结构的微胶囊复合相变材料。所合成的 MMTNS/AgNP@SA 与 AgNP@MMTNS/SA 两种银纳米颗粒修饰型微胶囊复合相变材料的结构示意图如图 6.27 所示。

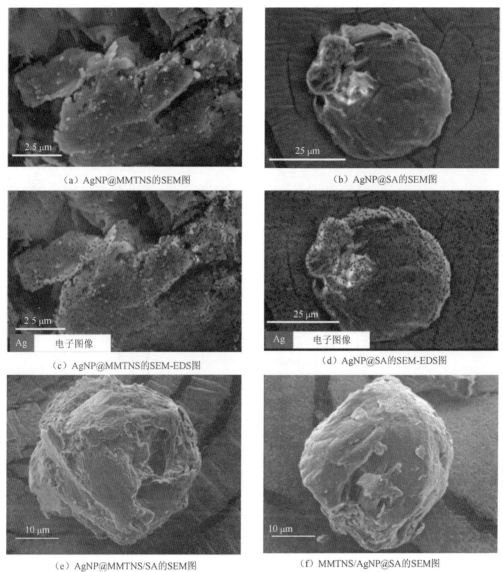

（a）AgNP@MMTNS的SEM图　　　　　　　（b）AgNP@SA的SEM图

（c）AgNP@MMTNS的SEM-EDS图　　　　　　（d）AgNP@SA的SEM-EDS图

（e）AgNP@MMTNS/SA的SEM图　　　　　　（f）MMTNS/AgNP@SA的SEM图

图 6.26　银纳米颗粒修饰型微胶囊复合相变材料 SEM 图像

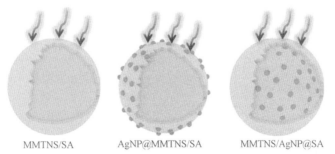

MMTNS/SA　　　　AgNP@MMTNS/SA　　　　MMTNS/AgNP@SA

图 6.27　MMTNS/SA、AgNP@MMTNS/SA、MMTNS/AgNP@SA

三种微胶囊复合相变材料结构示意图

采用差示扫描量热法表征所合成的 MMTNS/AgNP/SA 微胶囊复合相变材料的潜热容。由图 6.28 可知，MMTNS/SA 微胶囊相变材料与 MMTNS/AgNP/SA 微胶囊复合相变材料的潜热容基本相同，表明银纳米颗粒在复合相变材料中所占的质量分数较小。银纳米颗粒体积小，复合银纳米颗粒后，几乎不会降低复合相变材料对 SA 的负载量，MMTNS/AgNP/SA 微胶囊复合相变材料依然具有巨大的潜热容。此外，负载有 AgNP 导热填料的两种复合相变材料的相变温度与 MMTNS/SA 微胶囊复合相变材料依然保持一致，证明银纳米颗粒的负载不会影响 SA 的相变储热性能。

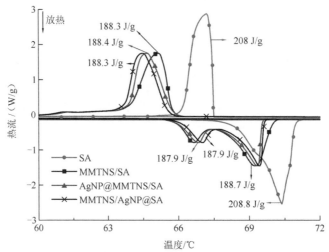

图 6.28　SA 相变材料及 MMTNS/AgNP/SA 微胶囊复合相变材料的 DSC 曲线

测量导热系数用于评判制备的几种复合相变材料的热传导速率。SA、MMTNS/SA、MMTNS/AgNP@SA、AgNP@MMTNS/SA 的导热系数如图 6.29 所示。掺入银纳米颗粒后，复合相变材料的导热系数显著提升。将银纳米颗粒负载至 MMTNS 壁材上时，

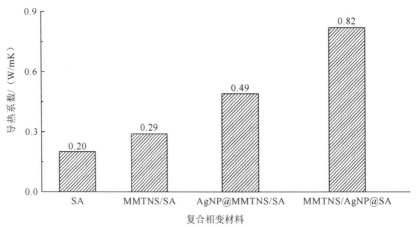

图 6.29　SA、MMTNS/SA、AgNP@MMTNS/SA 及 MMTNS/AgNP@SA
微胶囊复合相变材料的导热系数

AgNP@MMTNS/SA 微胶囊复合相变材料的导热系数为 0.49 W/mK，相较 SA 相变材料提升了 1.45 倍。将银纳米颗粒负载至 SA 芯材上时，MMTNS/AgNP@SA 微胶囊复合相变材料的导热系数为 0.82 W/mK，相较于 SA 提升了 3.10 倍。由于微胶囊复合相变材料结构中有机相变材料含量较高，MMTNS/SA 微胶囊复合相变材料的导热系数较低，仅为 0.29 W/mK。有机相变材料芯材部分较差的热传导性能导致微胶囊复合相变材料的导热性能仍然较差。因此，将银纳米颗粒负载至有机相变材料的核心部分比将其负载至蒙脱石壁材部分对导热系数的提升效果更好。

通过红外热像仪记录复合相变材料在太阳光模拟灯照射下的温度变化。如图 6.30（a）所示，在太阳模拟光照条件下，MMTNS/AgNP/SA 微胶囊复合相变材料温度上升速率显著提升，表明银纳米颗粒修饰型复合相变材料优异的光热转换性能。此外，MMTNS/AgNP@SA 微胶囊复合相变材料比 AgNP@MMTNS/SA 微胶囊复合相变材料的光热转换性能优异，表明将 AgNP 负载至 SA 芯材比将其负载至 MMTNS 壁材部分对热传导与光热转换的提升效果更优异。在冷却过程中[图 6.30（b）]，负载 AgNP 的微胶囊复合相变材料比普通微胶囊复合相变材料的释放热量速率快。此外，将 AgNP 负载至微胶囊结构的 SA 芯材结构中表现出更快的热量释放速率。因此，将银纳米颗粒与有机相变材料复合制备 MMTNS/AgNP/SA 微胶囊复合相变材料可更高效地提升热传导能力与光热转换能力。

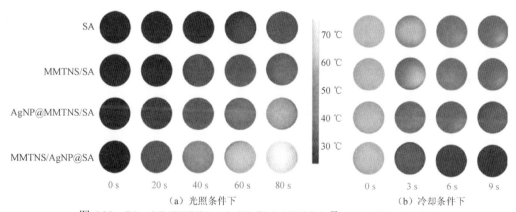

图 6.30 SA、MMTNS/SA、AgNP@MMTNS/SA 及 MMTNS/AgNP@SA
微胶囊复合相变材料的光热转换性能（后附彩图）

复合相变材料长期稳定的循环利用是实现相变材料在可持续能源领域大规模商业化应用的必要条件，对合成的 AgNP@MMTNS/SA 及 MMTNS/AgNP@SA 两种微胶囊复合相变材料进行了 100 次吸热/放热循环试验。图 6.31（a）和（b）分别展示了两种银纳米颗粒修饰型复合相变材料经历 100 次吸热/放热循环试验后的 SEM 图像，该复合相变材料仍保持微胶囊结构，证实了该材料的结构稳定性。图 6.31（c）和（d）为两种银纳米颗粒修饰型复合相变材料在经历 100 次加热/冷却循环试验前后的 DSC 曲线，该曲线表明所合成的复合相变材料在循环前后的相变温度与相变潜热几乎没有发生变化。图 6.31（e）为两种银纳米颗粒修饰复合相变材料经历 100 次吸热/放热循环实验前后的导热系数结果，该结果表明循环前后复合相变材料的导热系数也几乎保持不变。综上所述，合成的 AgNP@MMTNS/SA 及 MMTNS/AgNP@SA 两种微胶囊复合相变材料在结构、相变潜热、相变温度、热传导性能等方面均具有优越的循环稳定性能。

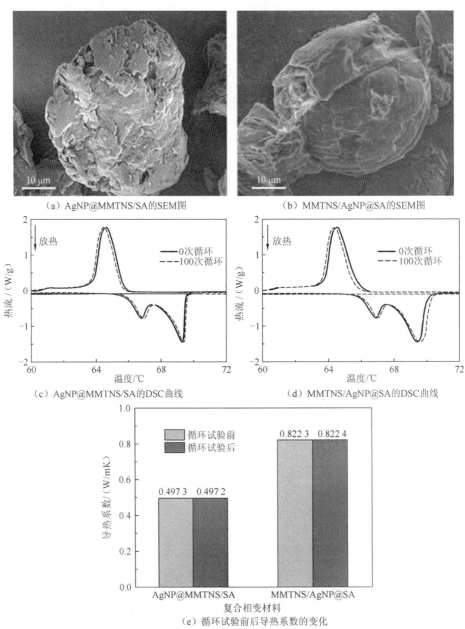

（a）AgNP@MMTNS/SA的SEM图　　　　（b）MMTNS/AgNP@SA的SEM图

（c）AgNP@MMTNS/SA的DSC曲线　　　　（d）MMTNS/AgNP@SA的DSC曲线

（e）循环试验前后导热系数的变化

图 6.31　AgNP@MMTNS/SA 及 MMTNS/AgNP@SA 两种微胶囊复合相变材料
100 次吸热/放热循环前后 SEM 图、DSC 曲线及导热系数变化

6.3　三维网状蒙脱石纳米片/硬脂酸定形复合相变材料

除微胶囊技术之外，合成三维网状的骨架结构并用以封装相变材料，从而制备三维定形复合相变材料也是合成高性能复合相变材料的方法。三维多孔结构可以负载大量的相变材料从而实现超高的潜热容；内部三维连通的网状结构可以提供快速的传热通道从而实现优异的导热性能；三维多孔结构对液化相变材料的毛细作用可有效阻止泄漏实现良好的定形效果。MMTNS 棱面丰富的官能团具有较强的反应活性，在交联剂分子的桥连作用下容易形成三维网状的框架结构（3D-MMTNS）。若利用 MMTNS 组装成 3D-MMTNS 骨架结构并封装有机相变材料 SA 制备定形复合相变材料（3D-MMTNS/SA），将能同时实现超高潜热容、良好导热性能、低廉成本、优异结构稳定性与定形效果的复合相变材料的合成。

6.3.1　3D-MMTNS/SA 定形复合相变材料设计与合成

本书 6.2 节合成了核壳结构的 MMTNS/SA 微胶囊复合相变材料，其热性能相对以前的黏土矿物基复合相变材料有了巨大的提升，有机相变材料质量分数虽然高达 88.88%，但仍有进步的空间；MMTNS/SA 微胶囊复合相变材料的热传导能力相对于纯硬脂酸最高仅提升 45%，可提升的潜力仍较高。

蒙脱石端面的断裂键由于水化而形成各种羟基，具有较强的反应活性，在静电作用及有机交联剂分子的桥连作用下可形成三维网状蒙脱石纳米片（3D-MMTNS）骨架结构。若利用该 3D-MMTNS 骨架结构封装 SA 制备 3D-MMTNS/SA 定形复合相变材料，可制备同时具有优异传热性能与超高潜热的高性能定形复合相变材料（Yi et al.，2020）。

6.3.2　3D-MMTNS/SA 定形复合相变材料表征与合成机理

将蒙脱石剥离制备纳米片之后组装合成三维多孔的框架结构。图 6.32 为制备的 3D-MMTNS 骨架结构的 SEM 图。由图 6.32 可知，在有机交联剂分子的桥连作用下，MMTNS 组装成了三维连通的多孔骨架结构。制备的 3D-MMTNS 骨架结构具有大量的孔洞，孔径为 200~500 nm。3D-MMTNS 骨架结构中丰富的孔洞可以负载大量的有机相变材料，因此可以实现较高的潜热容；其次，大量的微孔结构则能提供较强的毛细作用力阻止液化相变材料的泄漏；此外，三维骨架结构中三维连通的蒙脱石纳米片可提供传热通道从而有效提升复合相变材料的热传导能力。

制备的 3D-MMTNS 骨架结构具有疏松多孔、质量轻且比表面大的特点，可以用来封装相变材料制备超高潜热容的定形相变储能材料。图 6.33（a）为制备的 3D-MMTNS 骨架结构的宏观实物图，将该骨架结构与 SA 混合后采用真空浸渍法制备的 3D-MMTNS/SA 定形复合相变储能材料实物图如图 6.33（b）所示。三维蒙脱石纳米片骨架结构的孔洞中均吸入了大量的硬脂酸，体现了较高的封装率，具有较高相变潜热容的潜力。

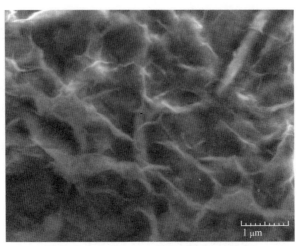

图 6.32　3D-MMTNS 骨架结构的 SEM 图

（a）3D-MMTNS骨架结构　　　　　　　　　（b）3D-MMTNS/SA定形复合相变材料

图 6.33　3D-MMTNS 骨架结构形貌图与 3D-MMTNS/SA 定形复合相变材料形貌图

　　采用 FTIR 分析 MMTNS、交联剂分子及 SA 之间的相互作用机理。FTIR 的结果如图 6.34 所示，1 032 cm^{-1} 处为蒙脱石 Si—O 键的振动特征峰，3 621 cm^{-1} 处吸收峰为蒙脱石结构中的棱面羟基（—OH）。对交联剂分子壳聚糖而言，1 200～1 700 cm^{-1} 的吸收峰表明氨基（—NH$_3^+$）的存在。蒙脱石棱面上存在的羟基与壳聚糖分子中的氨基之间能形成氢键作用（—OH···NH$_3^+$—）（Kang et al.，2018）。因此，蒙脱石纳米片与有机交联剂分子在氢键作用下发生桥连作用形成了三维网状的多孔骨架结构，相应的机理如图 6.35 所示。

　　图 6.34 中也展示了制备的 3D-MMTNS/SA 定形复合相变材料的 FTIR 结果。对于硬脂酸而言，其特征吸收峰分别位于 1 704 cm^{-1}（—COO—）和 1 472 cm^{-1}（—C=O）。对于 3D-MMTNS/SA 定形复合相变材料而言，既能观察到蒙脱石的红外特征吸收峰，也能观察到硬脂酸的红外特征吸收峰，表明两者成功复合。3D-MMTNS/SA 定形复合相变材料中没有发现新的特征峰，表明 3D-MMTNS 骨架结构与 SA 相变材料之间仅发生物理作用形成定形复合相变材料。

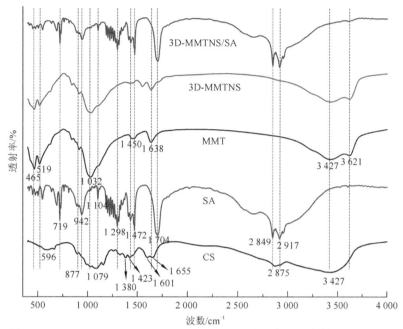

图 6.34 MMTNS、CS、SA 及 3D-MMTNS/SA 定形复合相变材料 FTIR 结果

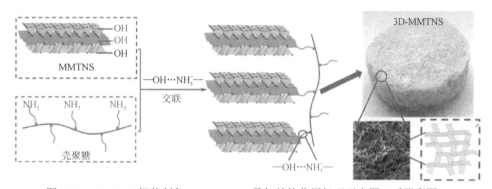

图 6.35 MMTNS 组装制备 3D-MMTNS 骨架结构作用机理示意图（后附彩图）

综合分析可得，蒙脱石二维剥离后，在有机交联剂分子的桥连作用下通过氢键作用形成三维网状的多孔骨架结构。随后通过真空浸渍法将熔融的硬脂酸压入三维网状蒙脱石纳米片骨架结构中，即成功制备复合的定形相变储能材料。制备的复合定形相变材料可以实现太阳热能的转化、吸收与储存。

6.3.3 3D-MMTNS/SA 定形复合相变材料热物性能

采用 DSC 表征了 SA 相变材料及 3D-MMTNS/SA 定形复合相变储能材料的相变性能。如图 6.36 所示：SA 的熔化温度为 69.85 ℃，对应的固-液相变潜热为 206.05 J/g；其凝固温度为 67.12 ℃，对应的液-固相变潜热为 208.80 J/g。对于 3D-MMTNS/SA 定形相变材料而言，熔化与凝固温度分别为 69.91 ℃、68.07 ℃，对应的熔化与结晶相变潜热分别为 195.75 J/g、198.78 J/g。通过计算，3D-MMTNS/SA 定形复合相变材料中 SA 质量分数高达 95.20%，不仅远高于以前报道的黏土矿物基的复合相变储能材料，也高于之前设计的 MMTNS/SA 微胶囊复合相变材料（表 6.3）。

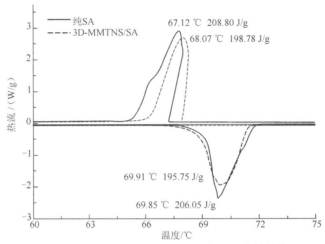

图 6.36　SA 相变材料及 3D-MMTNS/SA 定形复合相变材料的 DSC 曲线图

表 6.3　MMTNS/SA 与 3D-MMTNS/SA 复合相变材料的热性能参数

样品	熔化焓值/（J/g）	凝固焓值/（J/g）	SA 占比/%	导热系数/（W/mK）
MMTNS/SA	181.04	184.88	88.88	0.290
3D-MMTNS/SA	195.75	198.78	95.20	0.308

过冷现象为液体由于缺少凝结核在温度低于凝固点时仍不结晶的现象。当温度降低时，硬脂酸本应该于 69.85 ℃发生凝固，但实际上硬脂酸于 67.12 ℃凝固，这之间的温度差值称为过冷度。根据计算可得，硬脂酸的过冷度为 2.73 ℃。三维蒙脱石纳米片/硬脂酸定形复合相变材料的过冷度为 1.84 ℃，相较于纯硬脂酸相变材料降低了 32.60%。蒙脱石纳米片三维交错地贯穿于整个复合相变材料结构中，为相变材料提供了成核附着点，实现了蒙脱石纳米片与硬脂酸更好的相容性，在一定程度上降低了相变材料的过冷度。因此，三维蒙脱石纳米片骨架结构不仅实现了对硬脂酸超高的负载量和复合相变材料超高的潜热容，也有效改善了相变材料的过冷现象。

本小节将 MMTNS 制备成 3D-MMTNS 骨架结构，然后将熔融硬脂酸吸附进入多孔骨架结构的孔洞中，达到了定形的目的。3D-MMTNS/SA 定形复合相变材料的结构稳定性测试效果如图 6.37 所示，加热后，3D-MMTNS/SA 定形复合相变材料中明显观察到 SA 发生固-液相变，但是液化的 SA 并未流动泄漏出来，该复合相变材料依然保持固-液相变之前的形状，证实了该复合相变材料良好的定形效果与优异的结构稳定性。3D-MMTNS 骨架结构对 SA 相变材料提供了较好的保护作用，从而赋予了 SA 相变材料良好的定形效果，阻止了液相相变材料的流动与泄漏。该定形复合相变材料阻止泄漏的机理被认为是 3D-MMTNS 骨架结构中大量的孔洞结构对液化的 SA 相变材料提供了较强的毛细作用力，保障液化 SA 相变材料被固定吸附在蒙脱石纳米片骨架结构的孔洞中，从而实现了 SA 相变材料在固–液相变过程中良好的定形效果。

（a）加热前定形效果　　　　　　（b）加热后定形效果　　　　　　（c）阻止泄漏机理

图 6.37　3D-MMTNS/SA 定形相变材料加热前与加热后定形效果及阻止泄漏机理

除结构稳定性之外，热稳定性也是复合相变材料实际应用中重要的影响因素之一。通过热重分析表征了 3D-MMTNS/SA 定形复合相变储能材料的热稳定性。SA 相变材料与 3D-MMTNS/SA 定形复合相变材料的热重曲线如图 6.38 所示，SA 相变材料与 3D-MMTNS/SA 定形复合相变材料均在 200 ℃ 左右开始热分解。该分解温度远高于硬脂酸的熔点与凝固点，表明 3D-MMTNS/SA 定形复合相变材料在正常使用情况下不会发生热分解，证实了其良好的热稳定性。硬脂酸在 250 ℃ 左右时失重率达到 100%，而定形复合相变储能材料失重率为 95.63%，4.37% 的残留物可能为该复合相变材料热分解之后的蒙脱石基底材料，这与之前计算出的硬脂酸 95.20% 的封装率结果一致，证明差示扫描量热法计算的复合相变材料中硬脂酸的负载率结果较为准确。因此，热重分析结果证实了 3D-MMTNS/SA 定形复合相变材料中超高的 SA 负载率，也证明了该复合相变材料良好的热稳定性。

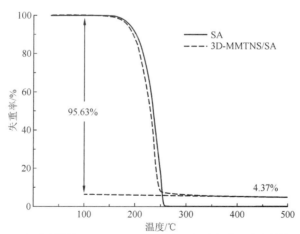

图 6.38　SA 相变材料与 3D-MMTNS/SA 定形复合相变储能材料热重分析图

图 6.39 为 3D-MMTNS/SA 定形复合相变材料经历 100 次吸热/放热循环前后的差示扫描量热法分析结果。该 3D-MMTNS/SA 定形复合相变储能材料经历 100 次循环前后的差示扫描量热法分析曲线几乎一致，相变温度及相变潜热均没有发生显著变化，表明制

备的 3D-MMTNS/SA 定形复合相变材料有较好的循环稳定性。3D-MMTNS 骨架结构对 SA 相变材料提供的保护作用保障了该定形复合相变材料在固-液或者液-固相变过程中的结构稳定性、热稳定性与循环可靠性。

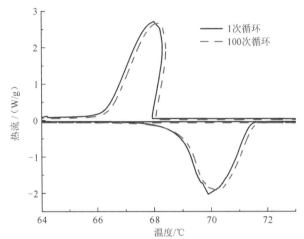

图 6.39　3D-MMTNS/SA 定形复合相变材料 100 次吸热/放热循环测试

6.3.4　3D-MMTNS/SA/AgNW 定形复合相变材料合成与热物性能

6.3.3 节中开发的 3D-MMTNS/SA 型复合相变储能材料，具有超高的潜热容、优异的定形与阻止泄漏效果与吸热/放热循环性能等。然而，相比以石墨烯、金属或者其他高导热材料为基底的定形复合相变材料，其导热系数仍有提升的空间。本小节将导热系数高和体积小的一维银纳米线作为导热填料与 MMTNS 一起组装至三维骨架结构中，制备成三维网状蒙脱石纳米片/银纳米线多孔骨架结构（AgNW@3D-MMTNS），然后封装硬脂酸制备出三维网状蒙脱石纳米片/银纳米线/硬脂酸（AgNW@3D-MMTNS/SA）定形相变材料。在该材料中，银纳米线被三维交错的蒙脱石纳米片固定住，避免了导热填料在固-液相变过程中的聚团沉降，保障了导热填料在相变材料中的稳定分散。对 AgNW@3D-MMTNS/SA 定形复合相变材料的热物性能进行研究，重点探讨银纳米线对定形复合相变材料导热性能的提升效果。

金属中银的导热系数最高，达 429 W/mK。与其他导热填料相比，一维导热填料较大的长径比使其更容易形成导热网络结构，不仅可大幅降低导热填料的用量，还可有效提升热传导能力。因此，采用水热法合成了银纳米线作为复合相变材料的导热填料，并使用 SEM 对合成的银纳米线进行形貌表征。如图 6.40（a）所示，制备的银纳米线具有明显的线性结构，银纳米线具有较小的半径和相对较长的直径。银纳米线直径为 50～100 nm，长度为十几微米，证明合成了纳米线。为了进一步确认合成产物的化学态，采用 XPS 对其化学态进行表征。图 6.40（b）为银纳米线的光电子能谱，Ag 3d5/2 及 Ag 3d3/2 的结合能分别为 367.55 eV 和 373.55 eV；此外，3d 双峰的分裂能为 6 eV，证明合成的为单质银。综上所述，已成功地制备出银纳米线。纳米材料体积小且质量轻，若使用银纳米线作为导热填料，将大幅提升有机相变材料的热导率。

(a) SEM图　　　　　　　　　(b) XPS图

图 6.40　银纳米线 SEM 图与 XPS 图

由于银纳米线具有超强的热传导能力，将 MMTNS 与银纳米线一起组装制备 AgNW@3D-MMTNS 骨架结构，并用于封装有机相变材料，从而合成同时具备超高潜热容与优异热传导能力的先进复合储能材料。图 6.41 为合成的 AgNW@3D-MMTNS 骨架结构，在有机交联剂分子的桥连作用下，MMTNS 组装成了三维连通的多孔骨架结构，并且该三维网状骨架结构中穿插着大量的银纳米线。银纳米线被固定在三维蒙脱石纳米片骨架结构中，几乎不影响该骨架结构的孔洞结构，故依然可实现超高的潜热容。银纳米线在三维骨架结构中的复合可以形成传热网络通道从而有效提升复合相变材料的导热性能。此外，将银纳米线与蒙脱石纳米片一起自组装形成三维网状的骨架结构，银纳米线被三维交错的蒙脱石纳米片固定住，不会聚团沉降，因此可保障导热填料在相变材料中的稳定分散与长期提升热传导的效果。

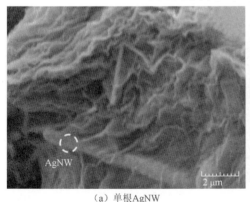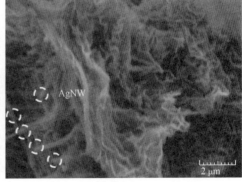

(a) 单根AgNW　　　　　　　　　(b) 多根AgNW

图 6.41　AgNW@3D-MMTNS/SA 骨架结构 SEM 图

采用 DSC 表征 SA 相变材料及 AgNW@3D-MMTNS/SA 定形复合相变材料的热性能，所制备复合相变材料的热物性能见表 6.4。如图 6.42 所示，3D-MMTNS/SA 定形复合相变材料的熔化与凝固相变潜热分别为 195.75 J/g 及 198.78 J/g。相变潜热随着银纳米线掺杂量的增加而稍微降低。复合相变储能材料中，由于组分中的三维蒙脱石纳米片骨架及导热填料无储热功能并且占据了一定的体积，其潜热容低于 SA 相变材料的相变焓值。通过计算，AgNW@3D-MMTNS/SA 定形复合相变材料中硬脂酸质量分数均高于94%，仅略微低于 3D-MMTNS/SA 定形复合相变材料。因此，尽管添加了银纳米线作为导热填料，该复合定形相变材料仍然保证了超大的硬脂酸负载量与超高的潜热容。

表 6.4 SA 相变材料与 AgNW@3D-MMTNS/SA 定形复合相变材料的热性能参数

样品	熔化焓值/（J/g）	凝固焓值/（J/g）	SA 负载率/%
SA	206.05	208.80	—
3D-MMTNS/SA	195.75	198.78	95.2
1.5% AgNW@3D-MMTNS/SA	195.02	197.52	94.6
2.5% AgNW@3D-MMTNS/SA	194.43	197.11	94.4
5.0% AgNW@3D-MMTNS/SA	193.72	196.48	94.1

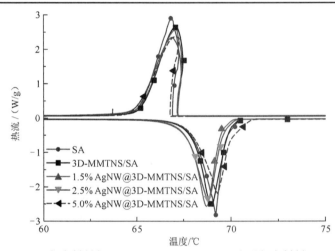

图 6.42 SA 相变材料与 AgNW@3D-MMTNS/SA 定形相变材料 DSC 曲线

银纳米线掺杂的主要目的是提升导热能力，采用热常量分析仪测量 AgNW@3D-MMTNS/SA 定形复合相变材料的导热系数，以表征该复合相变材料热能储存与释放速率的性能。如图 6.43 所示，硬脂酸导热系数为 0.205 W/mK，蒙脱石纳米片导热系数为0.464 W/mK，3D-MMTNS/SA 定形复合相变材料的导热系数为 0.308 W/mK。通过添加银纳米线导热填料之后，三种 AgNW@3D-MMTNS/SA 定形复合相变材料的导热系数分别为 0.492 W/mK、0.579 W/mK、0.613 W/mK，相对纯硬脂酸分别提升了 140.00%、182.44%、199.02%。由于导热填料的复合，所有 AgNW@3D-MMTNS/SA 定形复合相变材料的导热能力均大幅提升，并且导热能力提升的幅度随着银纳米线导热填料的增加而增加。蒙脱石纳米片和银纳米线共同组装成了三维网状的骨架结构，其热传导能力优于纯蒙脱石骨架结构的传热能力，故对复合相变材料导热系数的提升幅度较高。因此，

AgNW@3D-MMTNS 骨架结构可有效提升相变材料的热传导能力,并且少量的银纳米线导热填料即可大幅提升复合相变材料的导热性能。

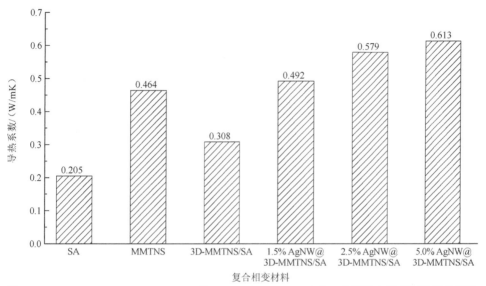

图 6.43　SA、MMTNS、3D-MMTNS 及 AgNW@3D-MMTNS/SA 定形复合相变材料导热系数

利用红外热像仪进一步表征银纳米线对复合相变材料传热能力提升的效果。如图 6.44 所示,在太阳模拟灯的照射下,硬脂酸经过 90 s 的光照后温度仅升高至 34.4 ℃,证实有机相变材料热传导能力较差。对于未掺杂银纳米线的 3D-MMTNS/SA 定形复合相变材料而言,在太阳模拟灯照射 20 s、40 s、60 s、90 s 时,该复合相变材料温度分别达到 38.5 ℃、42.9 ℃、49.2 ℃、57.1 ℃。在 90 s 的光照下,3D-MMTNS/SA 定形复合相变材料依然未达到相变温度点,未实现太阳光热的储存。

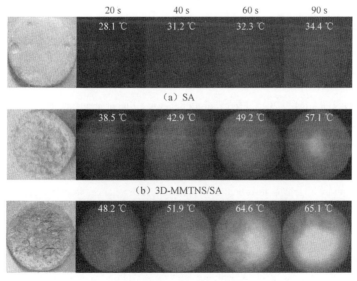

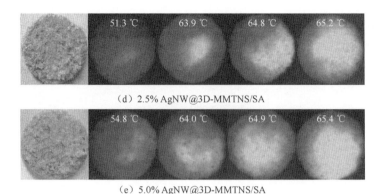

（d）2.5% AgNW@3D-MMTNS/SA

（e）5.0% AgNW@3D-MMTNS/SA

图 6.44 SA 相变材料与 AgNW@3D-MMTNS/SA 定形复合相变材料红外热像图（后附彩图）

对于银纳米线掺杂的复合相变材料 AgNW@3D-MMTNS/SA 而言，其热传导能力大幅提升。当掺杂质量分数为 1.5% 的银纳米线时，对应的定形复合相变材料在太阳模拟灯照射 20 s、40 s、60 s、90 s 时其温度分别达到 48.2 ℃、51.9 ℃、64.6 ℃、65.1 ℃。该复合相变材料在 60 s 后升温速率减缓，表明 SA 相变材料开始发生固-液相变并吸收储存大量热量，证明光热转换效率的提升。当掺杂质量分数为 2.5% 的银纳米线时，对应的复合相变材料在太阳模拟灯照射 20 s、40 s、60 s、90 s 时其温度分别达到 51.3 ℃、63.9 ℃、64.8 ℃、65.2 ℃。该复合相变材料在 40 s 后温度上升速率开始减缓，表明光热转换效率更进一步提升。当掺杂质量分数为 5% 的银纳米线时，对应的复合相变材料在太阳模拟灯照射 20 s、40 s、60 s、90 s 时其温度分别达到 54.8 ℃、64.0 ℃、64.9 ℃、65.4 ℃，热传导能力与光热转换效率最高。随着银纳米线质量分数的增加，AgNW@3D-MMTNS/SA 定形复合相变材料的热传导与光热转换效率显著增强。因此，银纳米线作为导热填料可以有效增强复合相变材料的导热能力，较强的热传导能力又可促进太阳光热的高效转换与储存。此外，少量银纳米线的复合可以大幅提升相变材料的热传导能力，并且几乎不降低复合相变材料的潜热容。

参 考 文 献

CHUNG O, JEONG S G, KIM S, 2015. Preparation of energy efficient paraffinic PCMs/expanded vermiculite and perlite composites for energy saving in buildings[J]. Solar Energy Materials and Solar Cells, 137: 107-112.

KANG S, ZHAO Y, WANG W, et al., 2018. Removal of methylene blue from water with montmorillonite nanosheets/chitosan hydrogels as adsorbent[J]. Applied Surface Science, 448: 203-211.

KARAIPEKLI A, BICER A, SARI A, et al., 2017. Thermal characteristics of expanded perlite/paraffin composite phase change material with enhanced thermal conductivity using carbon nanotubes[J]. Energy Conversion and Management, 134: 373-381.

LIU S, YANG H, 2014. Stearic acid hybridizing coal-series kaolin composite phase change material for thermal energy storage[J]. Applied Clay Science, 101: 277-281.

QIAN T, LI J, 2018. Octadecane/C-decorated diatomite composite phase change material with enhanced thermal conductivity as aggregate for developing structural-functional integrated cement for thermal energy storage[J]. Energy, 142: 234-249.

QIAN T, LI J, MIN X, et al., 2015. Enhanced thermal conductivity of PEG/diatomite shape-stabilized phase change materials with Ag nanoparticles for thermal energy storage[J]. Journal of Materials Chemistry A, 3(16): 8526-8536.

SARI A, SHARMA R K, HEKIMOĞLU G, et al., 2019. Preparation, characterization, thermal energy storage properties and temperature control performance of form-stabilized sepiolite based composite phase change materials[J]. Energy and Buildings, 188-189: 111-119.

TANG J, YANG M, YU F, et al., 2017. 1-Octadecanol@hierarchical porous polymer composite as a novel shape-stability phase change material for latent heat thermal energy storage[J]. Applied Energy, 187: 514-522.

WANG W, ZHAO Y, BAI H, et al., 2018. Methylene blue removal from water using the hydrogel beads of poly(vinyl alcohol)-sodium alginate-chitosan-montmorillonite[J]. Carbohydrate Polymers, 198: 518-528.

WANG Y, ZHENG H, FENG H X, et al., 2012. Effect of preparation methods on the structure and thermal properties of stearic acid/activated montmorillonite phase change materials[J]. Energy and Buildings, 47: 467-473.

WU B, ZHENG G, CHEN X, 2015. Effect of graphene on the thermophysical properties of melamine-urea-formaldehyde/N-hexadecane microcapsules[J]. Royal Society of Chemistry Advances, 5(90): 74024-74031.

YI H, AI Z, ZHAO Y, et al., 2020. Design of 3D-network montmorillonite nanosheet/stearic acid shape-stabilized phase change materials for solar energy storage[J]. Solar Energy Materials and Solar Cells, 204: 110233.

YI H, ZHAN W, ZHAO Y, et al., 2019a. Design of MtNS/SA microencapsulated phase change materials for enhancement of thermal energy storage performances: Effect of shell thickness[J]. Solar Energy Materials and Solar Cells, 200: 109935.

YI H, ZHAN W, ZHAO Y, et al., 2019b. A novel core-shell structural montmorillonite nanosheets/stearic acid composite PCM for great promotion of thermal energy storage properties[J]. Solar Energy Materials and Solar Cells, 192: 57-64.

YI H, ZHANG X, ZHAO Y, et al., 2016. Molecular dynamics simulations of hydration shell on montmorillonite (001) in water[J]. Surface and Interface Analysis, 48(9): 976-980.

ZHAO Y, YI H, JIA F, et al., 2017. A novel method for determining the thickness of hydration shells on nanosheets: A case of montmorillonite in water[J]. Powder Technology, 306: 74-79.

第 7 章

蒙脱石纳米片/壳聚糖薄膜阻燃材料

得益于其独特的缓冲性能和物理特性,聚合物材料(如聚氨酯等)已被广泛应用于各个领域。但由于大多数聚合物材料易于燃烧且燃烧过程中还会释放大量烟尘和有毒气体,提高聚合物材料的阻燃性能已引起广泛关注。目前聚合物材料中通常会被填充有机卤化物和磷化物类阻燃剂以抑制其可燃性,但由于这些阻燃剂对环境和人体健康存在潜在负面影响,需要寻找更为天然环保的阻燃剂。

蒙脱石作为最为常见的层状硅酸盐矿物之一,因其具有储量丰富、无毒无害且绝热性能优异等特点,其作为阻燃添加剂已引起广泛关注。使用层层自组装技术在聚合物材料表面形成阻燃薄膜是抑制聚合物可燃性的一种有效方法。基于蒙脱石纳米片(MMTNS)较大比表面积和天然负电荷的特性,通过层层自组装技术将 MMTNS 沉积在聚合物材料表面形成阻燃薄膜,对聚合物材料进行保护。虽然已有研究表明 MMTNS 在降低聚合物材料可燃性方面具有优异的性能,但很少有关于 MMTNS 厚度对聚合物材料可燃性影响的研究报道。然而片层厚度是蒙脱石纳米片最主要的特性指标,明晰蒙脱石纳米片片层厚度与其所构建薄膜阻燃性能的关系,有利于促进蒙脱石纳米片在阻燃领域的实际应用。本章将通过制备不同片层厚度的蒙脱石纳米片,利用层层自组装技术将其与壳聚糖涂覆到聚氨酯泡沫塑料(polyurethane foam,PUF)表面以形成阻燃薄膜,并通过对涂覆后 PUF 的热稳定性和阻燃性能进行考察,以探究蒙脱石纳米片片层厚度与其所构建薄膜的阻燃性能的关系(Chen et al.,2019)。

7.1 层层自组装制备蒙脱石纳米片/壳聚糖薄膜

将 50 g 蒙脱石粉末添加到 1 L 的超纯水中并在 1 000 r/min 的转速下强烈机械搅拌 5 h,以使蒙脱石分散均匀并充分水化膨胀。随后将该悬浮液在 1 000 r/min 的转速下离心 3 min,所获得的沉淀即为较厚的蒙脱石纳米片(MMTNS-1)。而较薄的蒙脱石纳米片(MMTNS-2)是通过对水化膨胀后的蒙脱石悬浮液进行超声剥离所获得的。具体步骤:在 60% 振幅下使用超声破碎机(Cole Parmer 公司,750 W)对蒙脱石悬浮液进行超声剥离 4 min。随后在 13 000 r/min 的转速下对超声剥离后的悬浮液进行高速离心 4 min 以分离剥离不完全的蒙脱石纳米片,所获得的上清液即为 MMTNS-2 悬浮液。通过原子力显微镜(AFM)对所制备的蒙脱石纳米片进行表征,结果如图 7.1(a)和(b)所示,可以看出所制备的两种蒙脱石纳米片的片层厚度均匀。通过对纳米片进行截面分析,发现

MMTNS-1 的片层厚度主要分布在 15～17 nm，而 MMTNS-2 的片层厚度主要分布在 1.5～3.0 nm，说明 MMTNS-1 的片层厚度显著高于 MMTNS-2。

　　基于蒙脱石纳米片与壳聚糖分子之间的静电力，利用层层自组装技术在 PUF 表面制备了蒙脱石纳米片/壳聚糖薄膜，具体过程如图 7.1（c）所示。首先对 PUF 进行预处理，即利用 0.1% 的硝酸溶液对 PUF 进行浸泡 5 min 以实现 PUF 的质子化，使其表面带正电。随后挤出 PUF 内多余的硝酸溶液，再将其置于质量分数为 1% 的聚丙烯酸溶液中浸泡 5 min 以提高其表面的黏附力。经预处理后，将 PUF 依次浸泡在壳聚糖溶液和 MMTNS-1 或 MMTNS-2 悬浮液中。每次浸泡后，用去离子水漂洗 2 min 以去除其表面多余的壳聚糖分子和蒙脱石纳米片。在浸泡和漂洗一个循环后会在 PUF 表面形成一个蒙脱石纳米片/壳聚糖双层膜，再将涂覆后的 PUF 在 60 ℃ 下干燥 24 h。通过对沉积后的 PUF 进行质量测定，发现 MMTNS-1 和 MMTNS-2 沉积后 PUF 中蒙脱石的添加量分别为 4.65% 和 2.44%。

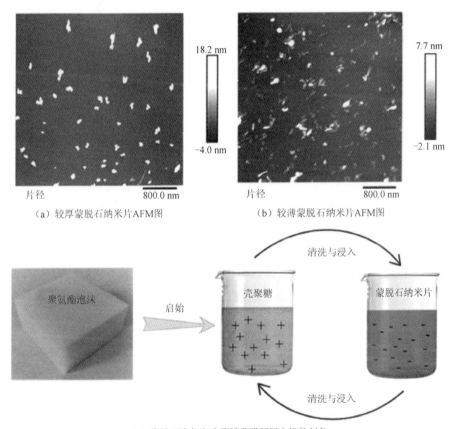

（a）较厚蒙脱石纳米片 AFM 图　　　　　（b）较薄蒙脱石纳米片 AFM 图

（c）蒙脱石纳米片/壳聚糖薄膜层层自组装制备

图 7.1　较厚和较薄的蒙脱石纳米片的 AFM 结果及蒙脱石纳米片/壳聚糖薄膜层层自组装制备示意图（后附彩图）

7.2　蒙脱石纳米片/壳聚糖薄膜阻燃性能

7.2.1　热稳定性

为了评估蒙脱石纳米片的片层厚度对涂覆后 PUF 热稳定性的影响，对样品进行了热重测试，热重和微分热重结果如图 7.2 所示。所有的 PUF 样品都有两个明显的热分解阶段：第一阶段发生在 215～320℃，为 PUF 中氨基甲酸乙酯和双取代尿素基团的解聚，质量损失为 29%；第二阶段发生在 320～410℃，为聚醚链的热解，造成约 68% 的质量损失。此外，从该结果可以看出 MMTNS-1/壳聚糖薄膜对 PUF 的保护主要发生在第一阶段，而 MMTNS-2/壳聚糖薄膜对 PUF 的保护主要发生在第二阶段。这是因为 MMTNS-1 涂覆 PUF 的 $T_{10\%}$ 略高于 MMTNS-2 涂覆 PUF，而 MMTNS-2 涂覆 PUF 的 $T_{50\%}$ 显著高于 MMTNS-1 涂覆 PUF。PUF 的残碳量是评估蒙脱石纳米片/壳聚糖薄膜阻燃性能的重要指标，由表 7.1 可知，对照 PUF、MMTNS-1 和 MMTNS-2 涂覆后 PUF 热重测试后的残碳量分别为 0.988%、1.59% 和 2.47%。显然，MMTNS-1 和 MMTNS-2 涂覆后 PUF 的残碳量均高于对照 PUF，但 MMTNS-2 涂覆后 PUF 的残碳量约为 MMTNS-1 涂覆后 PUF 的1.55 倍。结果表明，MMTNS-1/壳聚糖薄膜和 MMTNS-2/壳聚糖薄膜均能抑制 PUF 的热分解，但 MMTNS-2/壳聚糖薄膜的抑制能力更强。

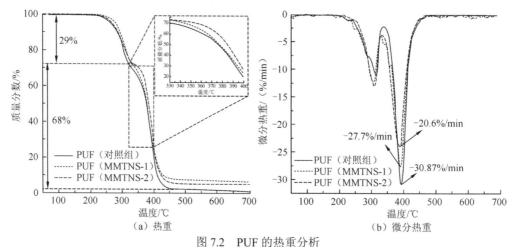

图 7.2　PUF 的热重分析

表 7.1　PUF 的热重分析结果

样品	添加量/%	$T_{5\%}$/℃	$T_{10\%}$/℃	$T_{50\%}$/℃	残余量/%	残碳量/%
对照组	0	265.7	284.6	376.4	0.988	0.988
MMTNS-1	4.65	279	290.3	376.7	6.24	1.59
MMTNS-2	2.44	277.5	287.6	384.2	4.91	2.47

7.2.2　阻燃特性

为了研究涂覆后 PUF 的可燃性，用手持丁烷点火器对 PUF 进行点燃，然后将 PUF 直接暴露于火焰中 10 s。对照 PUF 暴露在火焰中会剧烈燃烧并熔融滴落，并在 103 s 后燃烧完全。MMTNS-1 和 MMTNS-2 涂覆后的 PUF 在点燃后均未观察到熔融体滴落，火焰在 PUF 表面蔓延后熄灭。对燃烧后的 PUF 进行剖解，发现涂覆 MMTNS/壳聚糖的 PUF 内部并未燃烧完全。通过对残余 PUF 厚度进行测量，发现 MMTNS-2/壳聚糖薄膜涂覆后 PUF 的残留量为 64%，大于 MMTNS-1/壳聚糖薄膜涂覆后的 PUF（52%）。该结果表明，MMTNS/壳聚糖薄膜均能显著降低 PUF 的可燃性，但 MMTNS-2/壳聚糖薄膜的阻燃效果显著优于 MMTNS-1/壳聚糖薄膜。

对涂覆后的 PUF 进行锥形量热测试以定量研究 MMTNS-1/壳聚糖薄膜和 MMTNS-2/壳聚糖薄膜的阻燃性能。PUF 的热释放速率结果如图 7.3 所示，所有 PUF 的热释放速率曲线均由两个峰构成，这与 PUF 中聚异氰酸酯和多元醇的分解有关（Cain et al.，2013）。涂覆后 PUF 的两个峰值均远低于对照 PUF，说明蒙脱石纳米片/壳聚糖薄膜层能有效限制 PUF 的燃烧性。另外，MMTNS-1 涂层 PUF 的两个峰值均高于 MMTNS-2 涂层 PUF，表明 MMTNS-2 薄膜比 MMTNS-1 薄膜更能有效地抑制 PUF 的燃烧性。从总热释放量曲线也可以得到类似的结果，对照 PUF 和 MMTNS-2 涂覆 PUF 之间的总热释放量差值是对照组和 MMTNS-1 涂覆 PUF 之间的 2 倍。

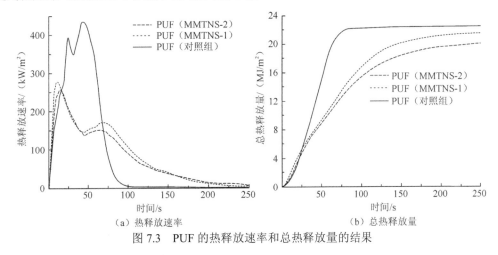

图 7.3　PUF 的热释放速率和总热释放量的结果

7.3　蒙脱石纳米片/壳聚糖薄膜阻燃机理

为了探究不同片层厚度的蒙脱石纳米片与壳聚糖沉积所形成的薄膜对 PUF 阻燃性存在差异的机理，首先采用 SEM 对 PUF 的形貌结构进行表征，结果如图 7.4 所示。对照 PUF 内壁表面十分光滑，当 MMTNS-1/壳聚糖和 MMTNS-2/壳聚糖沉积到 PUF 上时，

PUF 内壁均变粗糙，说明两者均已成功涂覆到 PUF 表面。从放大的 SEM 图可以看出，MMTNS-1/壳聚糖和 MMTNS-2/壳聚糖在 PUF 表面涂覆所形成薄膜的形貌存在较大差异。MMTNS-2 均匀紧密地沉积在 PUF 表面，形成一层致密的薄膜[图 7.4（e）]。而对于 MMTNS-1，尽管大部分 PUF 表面被 MMTNS-1 覆盖[图 7.4（f）]，但层层自组装所沉积的 MMTNS-1/壳聚糖薄膜存在缺陷，因此没有形成致密的薄膜。蒙脱石纳米片/壳聚糖薄膜的形貌差异影响了 PUF 的可燃性，如图 7.5（a）和（b）所示。由于 MMTNS-2/壳聚糖在 PUF 表面沉积形成了致密的薄膜，可以有效降低 PUF 与外界之间的热传导和氧渗透，从而抑制 PUF 的热分解，降低其可燃性。与此同时，PUF 燃烧所形成的残碳同样也可通过减少热量、氧气和挥发性气体的转移，抑制 PUF 的燃烧。相比之下，由于 MMTNS-1 和壳聚糖在 PUF 表面所形成的薄膜存在缺陷，该薄膜对 PUF 热传导、氧渗透及挥发气体转移的阻隔作用减弱，从而呈现较弱的阻燃性能。

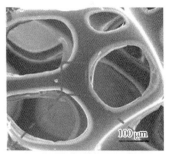

（a）对照PUF，100 μm

（b）对照PUF，20 μm

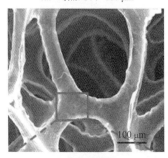

（c）MMTNS-2/壳聚糖涂覆PUF，100 μm

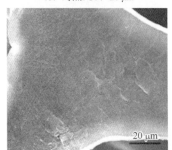

（d）MMTNS-2/壳聚糖涂覆PUF，20 μm

（e）MMTNS-1/壳聚糖涂覆PUF，100 μm

（f）MMTNS-1/壳聚糖涂覆PUF，20 μm

图 7.4　PUF 的 SEM 图像

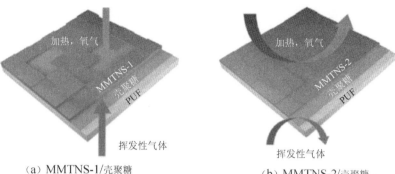

（a）MMTNS-1/壳聚糖　　　　　　　　　　　（b）MMTNS-2/壳聚糖

图 7.5　MMTNS-1/壳聚糖薄膜和 MMTNS-2/壳聚糖薄膜对 PUF 的阻燃示意图

为研究 MMTNS-1 和 MMTNS-2 在 PUF 表面的沉积行为差异的原因，在 pH=9 的条件下分别对 MMTNS-1 和 MMTNS-2 的 Zeta 电位进行测定。测定结果发现 MMTNS-2 的 Zeta 电位峰值位于–42 mV，而 MMTNS-1 的 Zeta 电位峰值位于–25 mV。该结果表明，MMTNS-2 在水溶液中具有更高的分散稳定性。此外，壳聚糖分子链与 MMTNS-2 之间的静电引力大于其与 MMTNS-1 之间的静电引力。根据 Zeta 电位和 AFM 分析结果，MMTNS-1 和 MMTNS-2 在 PUF 表面沉积行为如图 7.6 所示。当被壳聚糖包覆的 PUF 分别在 MMTNS-1 和 MMTNS-2 悬浮液中浸泡时，MMTNS-1 和 MMTNS-2 均通过静电吸附作用在 PUF 表面紧密沉积。在接下来的漂洗过程中，由于 MMTNS-1 质量较大且其与壳聚糖分子链之间的静电力较弱，片层较厚的 MMTNS-1 颗粒会从 PUF 表面脱落，从而导致 MMTNS-1/壳聚糖薄膜存在部分碎裂现象。与之相反，由于 MMTNS-2 质量较小且其与壳聚糖分子链之间具有较强的静电力，该纳米片能紧密地沉积在 PUF 表面，从而形成致密的 MMTNS-2/壳聚糖薄膜。

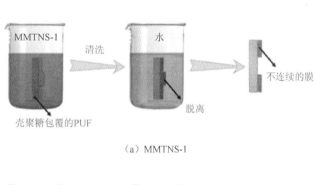

（a）MMTNS-1

（b）MMTNS-2

图 7.6　MMTNS-1 和 MMTNS-2 在 PUF 表面的沉积行为示意图

参 考 文 献

CAIN A, NOLEN C, LI Y, et al., 2013. Phosphorous-filled nanobrick wall multilayer thin film eliminates polyurethane melt dripping and reduces heat release associated with fire[J]. Polymer Degradation and Stability，98(12): 2645-2652.

CHEN P, ZHAO Y, WANG W, et al., 2019. Correlation of montmorillonite sheet thickness and flame retardant behavior of a chitosan-montmorillonite nanosheet membrane assembled on flexible polyurethane foam[J]. Polymers, 11(2): 213.

MoS₂@蒙脱石纳米片/聚丙烯酸/聚丙烯酰胺-铜水凝胶抑菌材料

基于前面的研究，蒙脱石纳米片水凝胶从二元体系到三元体系，交联剂仅与蒙脱石纳米片的棱面反应，其层面作为最主要的基面没有参与反应，且完全地暴露，因此展现出极好的阳离子吸附性能。但这些完全暴露的基面除了作为吸附的位点，还可以作为功能性材料的生长位点，赋予蒙脱石纳米片凝胶特殊的性能。本章将研究过渡金属二硫化物 MoS_2 在蒙脱石纳米片（MMTNS）表面的原位生长，然后利用 MoS₂@MMTNS 棱面暴露的 Al—OH 实现 MoS₂@蒙脱石纳米片/聚（丙烯酸-co-丙烯酰胺）（MoS₂@MMTNS/P(AA-co-AM)）多功能水凝胶的制备。

目前，水体环境多呈现重金属与病原性微生物的交叉污染，且这些病原性微生物长时间处于重金属环境而产生了抗性。本章将探究 MoS₂@MMTNS/P(AA-co-AM)多功能水凝胶对重金属 Cu(II)的吸附去除及病原性微生物的生长抑制。通过 MoS₂@MMTNS/P(AA-co-AM)多功能水凝胶对 Cu(II)的吸附作用在水凝胶表面富集，这些富集在水凝胶表面的 Cu(II)比环境中 Cu(II)浓度要高得多，而高浓度的 Cu(II)对这些对低浓度 Cu(II)产生抗性的病原性微生物将有一定的生长抑制甚至致死作用。另外由于 MoS_2 半导体的性质，在光照条件下会产生高氧化的活性自由基，对病原性微生物有很好的生长抑制作用。

8.1 MoS₂@蒙脱石纳米片/聚（丙烯酸-co-丙烯酰胺）水凝胶构建

8.1.1 水凝胶构建机理

MoS₂@MMTNS/P(AA-co-AM)水凝胶构建机理同第 4 章 MMTNS/P(AA-co-AM)水凝胶，不同的是蒙脱石纳米片表面负载一定量的 MoS_2，如图 8.1 所示。在引发剂（过硫酸钾）和交联剂（N，N′-亚甲基双丙烯酰胺）的作用下，丙烯酸和丙烯酰胺单体可以相互作用形成长链聚丙烯酸（poly acrylic acid，PAA）、聚丙烯酰胺（polyacrylamide，PAM）和聚（丙烯酸-co-丙烯酰胺）（P(AA-co-AM)）。使用催化剂（4-二甲基氨基吡啶）促进—COOH 和—NH₂ 基团之间的脱水缩合（即酰胺化），从而实现了 PAA、PAM 和 P(AA-co-AM)的交织和结合（图 8.1a）。同时，MoS₂@MMTNS 边缘的羟基（—OH）通过氢键（—OH⋯NH₂—）作用与丙烯酰胺中的氨基（—NH₂）连接（图 8.1b）。因此，在包含上述所有成分的体系中，可以形成具有三维结构 MoS₂@MMTNS/P(AA-co-AM)水凝胶（图 8.1c）。

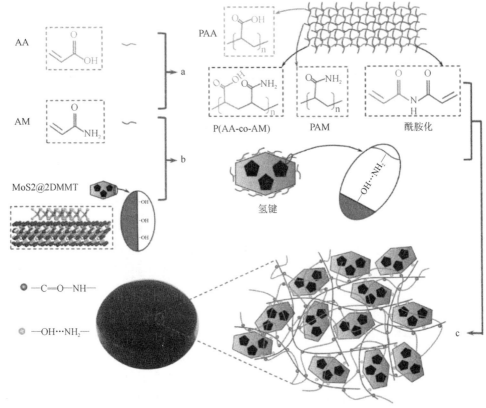

图 8.1　MoS₂@MMTNS/P(AA-co-AM)水凝胶形成示意图

a—丙烯酸与丙烯酰胺单体之间的聚合及酰胺化相互作用；b—丙烯酰胺单体通过氢键作用连接在 MoS₂@MMTNS 边缘；

c—三维结构的 MoS₂@MMTNS/P(AA-co-AM)多功能水凝胶

8.1.2　水凝胶制备

取适量的钼酸铵（0~0.3165 g）和一定量的硫脲（0~0.5835 g）以 1∶1.8436 的质量比溶解在 30 mL 去离子水中，充分溶解后加入 60 mL MMTNS 悬浮液。完全混合后，将混合物转移到 100 mL 四氟乙烯内衬不锈钢的高压釜中，在 220 ℃水热条件下反应 6 h。将所得产物分散在 1 L 去离子水中，搅拌 30 min，然后离心分离。该过程重复三次，直到未反应的试剂被完全除去，然后通过真空冷冻干燥机脱水得到 MoS₂@MMTNS 粉末。根据上述方法制备 MoS₂/MMTNS 质量比为 0∶0、0∶1、1∶8、1∶4 和 1∶3 几种样品。

将 0.24 g MoS₂@MMTNS 粉末分散在 40 mL 去离子水中，超声处理（300 W 强度）5 min，得到分散均匀的悬浮液。然后将 1.6 g 丙烯酰胺溶解于上述悬浮液中，接着加入 0.8 mL 丙烯酸。充分混合后，依次加入并溶解 0.16 g 过硫酸钾、0.32 g N，N′-亚甲基双丙烯酰胺和 0.04 g 4-二甲氨基吡啶。将混匀的混合物密封后在 90 ℃水热条件下反应 24 h。得到的产物经水洗去除未反应的药剂残留，然后通过真空冷冻干燥机脱水得到干燥的 MoS₂@MMTNS/P(AA-co-AM)多功能水凝胶。通过上述方法制备 MoS₂/MMTNS 质量比为 0：0、0：1、1：8、1：4 和 1：3 的 5 种凝胶，分别命名为 Hydrogel-I、Hydrogel-II、Hydrogel-III、Hydrogel-IV 和 Hydrogel-V。

8.2 MoS₂@蒙脱石纳米片/聚（丙烯酸-co-丙烯酰胺）水凝胶表征

8.2.1 XRD 分析

利用 XRD 对蒙脱石纳米片及合成的 MoS₂、MoS₂@MMTNS、MoS₂@MMTNS/P(AA-co-AM)水凝胶进行表征。如图 8.2 所示，蒙脱石纳米片在 5.73°(001)、19.77°(100)、28.56°(005)、34.86°(110)和 61.73°(300)处具有特征衍射峰（Wang et al.，2019），合成的 MoS₂ 在 14.09°(002)、33.31°(100)和 58.81°(110)处具有对应的特征衍射峰。然而，在蒙脱石纳米片表面原位生长一定量的 MoS₂ 后，对应的特征衍射峰出现了一些变化。可以发现，MoS₂@MMTNS（质量比分别为 1：8、1：4、1：3）谱图中位于 7.23°(001)处由板状颗粒定向堆叠引起的衍射峰相较于蒙脱石纳米片偏移了约 1.5°。这是因为 MoS₂ 在蒙脱石纳米片表面原位生长使其层状结构更加致密，从而导致较小的层间距和较大的衍

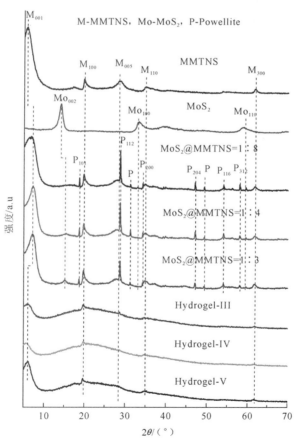

图 8.2 蒙脱石纳米片、MoS₂、MoS₂@MMTNS 及 MoS₂@MMTNS/P(AA-co-AM)水凝胶的 XRD 谱图

射峰。同样，MoS$_2$ 谱图中位于 14.97°(002)处由板状颗粒定向堆叠引起的衍射峰在合成 MoS$_2$@MMTNS（1∶8、1∶4、1∶3）后偏移了约 0.88°，这进一步反映了层状结构变紧实的现象。另外，在水热反应过程中存在 MoO$_4^{2-}$（来自钼酸铵）和 Ca^{2+}（存在于蒙脱石纳米片表面或层间），因此很容易在蒙脱石纳米片的表面或层间形成不溶性钼钙矿颗粒。根据粉末衍射标准图谱（JCPDS 编号：29-0351）可以证实，MoS$_2$@MMTNS 中位于 18.64°(101)、28.70°(112)、34.23°(200)、47.05°(204)、54.07°(116)和 58.02°(312)处的衍射峰对应于钼钙矿的特征峰，其余峰对应于蒙脱石纳米片和 MoS$_2$ 的特征峰，表明成功合成了 MoS$_2$@MMTNS。在制备 MoS$_2$@MMTNS/P(AA-co-AM)水凝胶之前，对 MoS$_2$@MMTNS 进行了超声处理，使其致密的结构变得疏松。因此在水凝胶（Hydrogel-III、Hydrogel-IV、Hydrogel-V）衍射图谱中，(001)处衍射峰变小，(002)处衍射峰减弱甚至消失。

8.2.2　FTIR 分析

图 8.3 为蒙脱石纳米片、MoS$_2$ 及 MoS$_2$@MMTNS/P(AA-co-AM)水凝胶的 FTIR 谱图。比较可以发现，水凝胶中 3 630 cm^{-1}、3 430 cm^{-1}、1 035 cm^{-1}、518 cm^{-1} 和 466 cm^{-1} 处出现

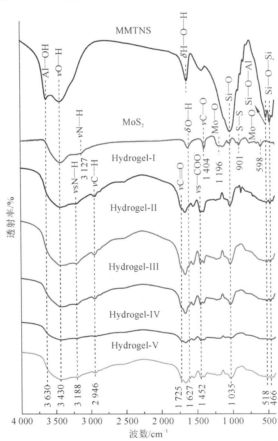

图 8.3　蒙脱石纳米片、MoS$_2$ 及 MoS$_2$@MMTNS/P(AA-co-AM)水凝胶的 FTIR 谱图

对应于蒙脱石纳米片中 Al—OH、O—H 的拉伸振动峰和 Si—O、Si—O—Al、Si—O—Si 的网络弯曲振动峰。蒙脱石纳米片中结构水的 H—O—H 弯曲振动造成 1 647 cm^{-1} 处的吸收峰。水凝胶中 O—H 在 1 627 cm^{-1} 处的变形振动与 MoS₂ 光谱相似（Massey et al., 2016）。同时，598 cm^{-1} 和 1 196 cm^{-1} 处的峰对应于钼硫化物中 S—S 和 Mo—O 的振动吸收峰。MoS₂ 合成原料的微量残留导致在 3 127 cm^{-1} 和 1 404 cm^{-1} 处出现 N—H 和 C—O 的振动吸收峰。位于 3 188 cm^{-1}、2 946 cm^{-1}、1 725 cm^{-1} 和 1 452 cm^{-1} 处的吸收峰对应于聚丙烯酰胺和聚丙烯酸中 N—H 的对称拉伸振动、C—H、C=O 的拉伸振动和—COO$^-$的对称拉伸振动。结果表明，合成的 MoS₂@MMTNS/P(AA-co-AM)水凝胶既具有蒙脱石纳米片和 MoS₂ 的骨架结构，又含有聚丙烯酰胺和聚丙烯酸的丰富官能团，利于提升水凝胶的机械性能及吸附性能。

8.2.3　形貌分析

通过 SEM 测试表征，直接观察 MoS₂@MMTNS 和 MoS₂@MMTNS/P(AA-co-AM) 水凝胶的微观结构。如图 8.4 所示，MoS₂@MMTNS 的结构随 MoS₂ 比例的不同而变化。MoS₂@MMTNS 质量比为 1∶8 时，多以花瓣状的薄片形式存在[图 8.4（a）]。质量比增加到 1∶4 时，花瓣状薄片更多更明显[图 8.4（c）]，并且这些薄片倾向于形成小的花状聚集体。当质量比增加到 1∶3 时，形成了较大的完整花状聚集体[图 8.4（e）]。图 8.4（b）、（d）和（f）为对应 MoS₂@MMTNS 所制备的水凝胶，具有丰富的多孔结构，且大部分孔直径超过 10 μm，有利于污染物快速进入水凝胶内部并与活性位点相结合，实现污染物的快速去除。

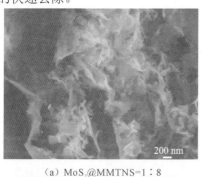

（a）MoS₂@MMTNS=1∶8

（b）Hydrogel-III

（c）MoS₂@MMTNS=1∶4

（d）Hydrogel-IV

 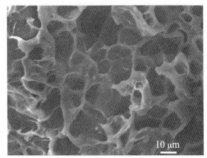

（e）MoS₂@MMTNS=1：3　　　　　（f）Hydrogel-V

图 8.4　MoS₂@MMTNS/P(AA-co-AM)水凝胶的 SEM 图像

8.3　Cu(II)吸附性能

8.3.1　溶液初始 pH 的影响

如图 8.5（a）所示，Cu(II)在几种不同比例的 MoS₂@MMTNS/P(AA-co-AM)水凝胶上的吸附趋势几乎相同。当溶液的 pH 不超过 4 时，水凝胶对 Cu(II)的吸附量随 pH 升高而快速增加，在 pH 为 4～6 时保持相对稳定的状态。在 pH 更高的条件下，Cu(II)将会以沉淀的形式堆积在水凝胶表面而阻碍吸附的进行。MoS₂@MMTNS/P(AA-co-AM)水凝胶对 Cu(II)的快速吸附（pH 为 2～4）主要归因于官能团的去质子化及 H⁺和 Cu(II)竞争吸附的减弱。在强酸性溶液中，水凝胶中的大部分官能团（—NH₂、—COOH、—OH 等）以质子化的形式存在，阻碍与 Cu(II)的有效结合（Yin et al.，2018）。质子化作用还导致 MoS₂@MMTNS/P(AA-co-AM)表面的负电性减弱[图 8.5（b）]，降低了 Cu(II)和水凝胶之间的静电吸附作用。此外，高浓度 H⁺的存在将与 Cu(II)竞争水凝胶中的吸附位点，导致吸附量的降低。随着溶液 pH 升高，质子化的官能团不断去质子化，释放了更多的吸附位点，促进与 Cu(II)的结合与吸附。并且水凝胶的表面负电性随着溶液 pH 升高而增强，从而加强了 Cu(II)与水凝胶之间的静电吸引作用（Wang et al.，2019）。因此，随着溶液 pH 的升高，MoS₂@MMTNS/P(AA-co-AM)水凝胶对 Cu(II)的吸附量增加，可以达到约 60 mg/g。同时，由于水凝胶中活性位点有限，一旦活性位点饱和，Cu(II)吸附量不会再增加。因此，在 pH 为 4～6 时存在一个相对稳定的状态。由于过渡金属二硫化合物具有很高的化学稳定性，Cu(II)在块状 MoS₂上的吸附几乎不随 pH 的变化而变化。而随 pH 升高而逐渐增强的负电荷[图 8.5（b）]将使 Cu(II)被更快地吸附到 MoS₂表面，快速达到吸附饱和。同时 MoS₂表面的硫原子不存在去质子化作用，在不同的 pH 下，反应位点的数量几乎相同，导致 Cu(II)的吸附容量也相似。通过上述分析，为使 MoS₂@MMTNS/P(AA-co-AM)水凝胶表现出优异的吸附性能，后续实验均在溶液初始 pH 为 5 的条件下进行。

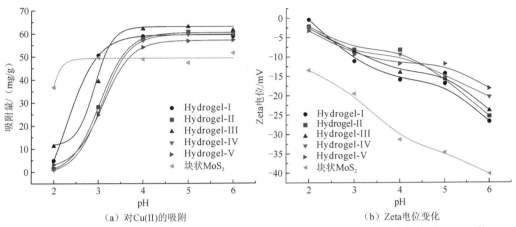

（a）对 Cu(II) 的吸附　　　　　　　　（b）Zeta 电位变化

图 8.5　不同溶液初始 pH 下块状 MoS₂ 及 MoS₂@MMTNS/P(AA-co-AM) 水凝胶对 Cu(II) 的吸附及 Zeta 电位变化曲线

8.3.2　吸附动力学

为了研究 Cu(II) 在 MoS₂@MMTNS/P(AA-co-AM) 水凝胶和块状 MoS₂ 上的吸附动力学，采用拟一级动力学模型 [式（4.1）] 和拟二级动力学模型 [式（4.2）] 来拟合实验数据。拟合结果如图 8.6 和表 8.1 所示。两种模型计算的 q_e 值差别不大，都接近实验吸附容量。然而，拟二级的相关系数 R_2^2（>0.999）比拟一级的 R_1^2 大得多。因此，Cu(II) 在 MoS₂@MMTNS/P(AA-co-AM) 水凝胶和块状 MoS₂ 上的吸附过程更符合拟二级动力学模型，表明存在化学吸附。由拟二级动力学模型计算得到的 k_2 约为 $0.006 \sim 0.020$ g/(mg·min)，表明 Cu(II) 在水凝胶上可以快速吸附。几种水凝胶的 k_2 值相似，表明由不同质量比的 MoS₂@MMTNS 所制备的水凝胶对 Cu(II) 的吸附趋势相似，这与图 8.6（a）的结果一致。与 MoS₂@MMTNS/P(AA-co-AM) 水凝胶吸附 Cu(II) 相比，块状 MoS₂ 对 Cu(II) 的吸附要慢得多（$k_2 = 0.001$），这主要是由其表面官能团少和粒径较大造成的。因此，Cu(II) 在块状 MoS₂ 上的吸附容量较低，吸附时间较长。

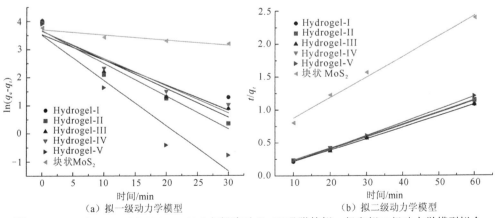

（a）拟一级动力学模型　　　　　　　　（b）拟二级动力学模型

图 8.6　MoS₂@MMTNS/P(AA-co-AM) 水凝胶对 Cu(II) 吸附的拟一级和拟二级动力学模型拟合

表 8.1   MoS$_2$@MMTNS/P(AA-co-AM)水凝胶对 Cu(II)吸附的动力学拟合参数

初始浓度 /（mg/L）	样品	拟一级动力学模型			拟二级动力学模型		
		q_e/(mg/g)	k_1/min^{-1}	R_1^2	q_e/(mg/g)	k_2/[g/（mg·min）]	R_2^2
100	Hydrogel-I	55.59	0.090	0.726 7	57.60	0.007	0.999 1
	Hydrogel-II	52.59	0.117	0.938 7	54.59	0.008	0.999 9
	Hydrogel-III	55.44	0.103	0.875 4	57.70	0.007	0.999 9
	Hydrogel-IV	52.22	0.097	0.900 3	54.82	0.006	0.999 9
	Hydrogel-V	49.71	0.161	0.891 4	50.63	0.020	0.999 7
	块状 MoS$_2$	34.52	0.029	0.884 0	43.30	0.001	0.985 9

8.3.3   吸附等温线

利用 Langmuir 等温线模型[式（4.3）]和 Freundlich 等温线模型[式（4.4）]分析了 Cu(II)在 MoS$_2$@MMTNS/P(AA-co-AM)水凝胶和块状 MoS$_2$ 上的吸附等温线。从图 8.7 很明显看出，Langmuir 模型更适合描述这一过程。表 8.2 中 Langmuir 的拟合系数 R_1^2（>0.99）更高也证实了这一结果，表明 Cu(II)在 MoS$_2$@MMTNS/P(AA-co-AM)水凝胶和块状 MoS$_2$ 上是以单层吸附的形式均匀地覆盖在吸附剂表面，并且 Cu(II)之间的相互作用可以忽略（Kang et al.，2018）。根据 Langmuir 模型计算的水凝胶最大吸附容量 q_m 为 57.05～65.75 mg/g，与实验数据接近，表明拟合结果是可信的。几种水凝胶的吸附指数 b 相似，表明对 Cu(II)的吸附强度相似。结果表明，水凝胶中的 MoS$_2$ 含量对 Cu(II)的去除性能几乎没有影响，这不仅是因为水凝胶中的 MoS$_2$ 含量较低，还因为 MoS$_2$ 与 MoS$_2$@MMTNS/P(AA-co-AM)水凝胶对 Cu(II)的吸附能力（43.30 mg/g）相似。MoS$_2$ 对 Cu(II)的吸附指数 b（0.03）偏小，导致其吸附强度较低。

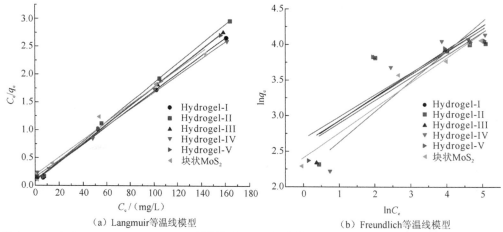

（a）Langmuir等温线模型　　　　　　　（b）Freundlich等温线模型

图 8.7   MoS$_2$@MMTNS/P(AA-co-AM)水凝胶对 Cu(II)吸附的 Langmuir 和 Freundlich 等温线模型拟合

表 8.2　MoS₂@MMTNS/P(AA-co-AM)水凝胶对 Cu(II)吸附的等温线拟合参数

温度/K	样品	Langmuir 参数			Freundlich 参数		
		$q_m/$（mg/g）	$b/$（L/mg）	R_1^2	$1/n$	K_f	R_2^2
303	Hydrogel-I	62.74	0.15	0.997 3	0.33	13.41	0.643 7
	Hydrogel-II	57.05	0.18	0.998 4	0.32	13.12	0.651 6
	Hydrogel-III	59.42	0.18	0.998 1	0.32	13.59	0.672 0
	Hydrogel-IV	65.75	0.10	0.997 7	0.42	9.11	0.806 1
	Hydrogel-V	59.28	0.21	0.998 8	0.31	14.52	0.700 5
	块状 MoS₂	43.30	0.03	0.968 3	0.43	4.43	0.997 6

8.3.4　吸附机理

通过能量色散 X 射线谱（EDS）表征观测了 Cu(II)在 MoS₂@MMTNS/P(AA-co-AM)水凝胶上吸附前后的元素分布变化。由图 8.8 可知，不含蒙脱石纳米片和 MoS₂ 的 Hydrogel-I[图 8.8（a）和（b）]仅检测到 C、N、O 和 S 的存在，而引入了蒙脱石纳米片的 Hydrogel-III 中，则出现了 Si 和 Al 元素[图 8.8（e）和（f）]。通过引入 MoS₂@MMTNS，

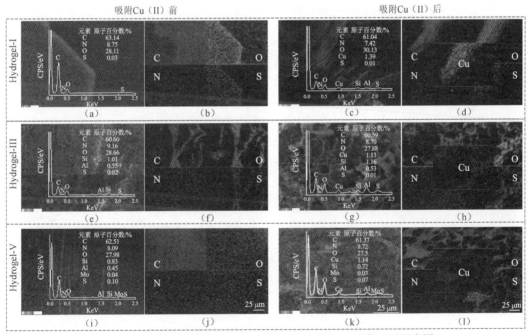

图 8.8　MoS₂@MMTNS/P(AA-co-AM)水凝胶的 EDS 图像（后附彩图）

Cu(II)吸附前（a）、（e）、（i）和吸附后（c）、（g）、（k）MoS₂@MMTNS/P(AA-co-AM)水凝胶的 EDS 能谱图像；

Cu(II)吸附前（b）、（f）、（j）和吸附后（d）、（h）、（l）MoS₂@MMTNS/P(AA-co-AM)水凝胶的元素分布图

在 Hydrogel-V 中成功检测到 Mo 元素[图 8.8（i）和（j）]。几种水凝胶吸附 Cu(II)后，其元素分布曲线中出现了 Cu 的特征峰[图 8.8（c）、（g）、（k）]，表明 Cu(II)成功吸附到水凝胶表面。吸附后的 Hydrogel-I、Hydrogel-III 和 Hydrogel-V 中的铜原子百分数（1.13%～1.39%）基本相同，与吸附试验结果一致。Cu 元素在水凝胶上分布均匀，且遵循拟二级动力学模型[图 8.6（b）]，说明水凝胶中官能团对 Cu(II)的吸附起重要作用。

为了进一步探究吸附机理，通过 XPS 表征检测了吸附 Cu(II)前后水凝胶中官能团及键能的变化。图 8.9（a）为 Cu 2p 的 XPS 谱图分析结果，吸附前 MoS$_2$@MMTNS/P(AA-co-AM)水凝胶中未发现 Cu 2p 的光电子峰，而吸附后在 930～955 eV 出现明显的光电子峰。其中 952.78 eV 和 932.88 eV 处的主峰分别为 Cu 2p1/2 和 Cu 2p3/2。943.88 eV 和 939.58 eV 处的光电子峰是由 Cu(II)引起的卫星峰，即吸附后部分 Cu 以二价离子的自由形态存在于水凝胶中，说明吸附过程中存在离子交换作用。然后对 Cu 2p3/2 进行分峰拟合处理，在 932.88 eV、934.48 eV 和 935.48 eV 处的光电子峰分别对应于(—COO)$_2$Cu、(—O)$_2$Cu 和(—NH$_2$)$_2$Cu^{2+}的结合能，说明羧基（—COOH）、羟基（—OH）和氨基（—NH$_2$）等官能团在吸附过程中与 Cu(II)发生了反应。为了证实这一机理，对 C、O 和 N 谱也进行了分峰拟合处理。在 C 1s 谱图中[图 8.9（b）]，288.90 eV、288.0 eV、285.37 eV 和 284.77 eV 处的光电子峰分别对应 O—C≡O、C≡O、C—O/C—N 和 C—C/C≡C 的结合能。吸附

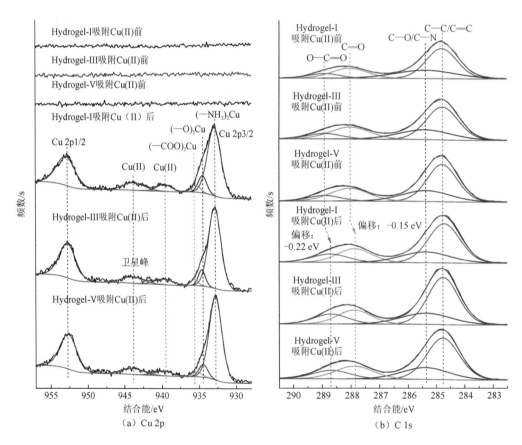

（a）Cu 2p

（b）C 1s

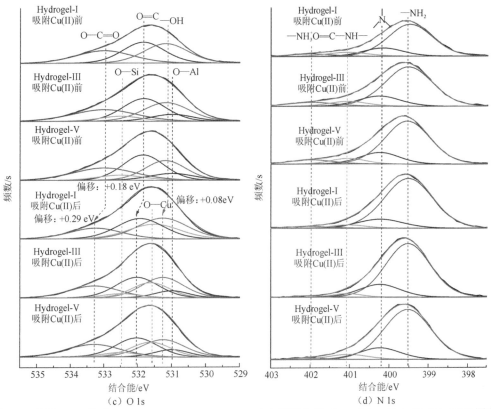

图 8.9　吸附 Cu(II)前后 MoS₂@MMTNS/P(AA-co-AM)水凝胶中 Cu 2p、C 1s、O 1s 和 N 1s XPS 图谱

后，O—C=O 和 C=O 的峰值分别偏移至 288.68 eV 和 287.85 eV 处，证实了 Cu(II) 和羧基（—COOH）之间存在化学吸附。O 1s 谱图中 [图 8.9（c）]，O—C=O、O=C 和—OH 基团的光电子峰分别在 533.00 eV、531.81 eV 和 531.16 eV 处。水凝胶中加入了 MMTNS 和 MoS₂@MMTNS 后，在 530.97 eV 和 532.50 eV 处出现了 O—Al 和 O—Si 的 光电子峰。吸附 Cu(II)后，出现了 O—Cu 的光电子峰（531.58 eV），并且 O—C=O、 O=C 和—OH 峰值明显发生了偏移，含量也略有下降，说明羧基（—COOH）和羟基 （—OH）参与了 Cu(II)吸附反应。同时，吸附 Cu(II)后，水凝胶中 401.98 eV 处的—NH₃ 基团显著减少，表明—NH₃ 会失去 H⁺ 并与 Cu(II)结合形成(—NH₂)₂Cu²⁺（Wang et al., 2019）。在 401.08 eV、400.20 eV 和 399.53 eV 处的峰分别对应于酰胺（O=C—NH—）、 叔胺（C—N）和伯胺（—NH₂）的光电子峰。其中伯胺（—NH₂）也可以结合 Cu(II) 形成(—NH₂)₂Cu²⁺。因此，Cu(II)在 MoS₂@MMTNS/P(AA-co-AM)水凝胶上的吸附机理 可总结为

$$R-COOH + Cu^{2+} \longrightarrow (R-COO)_2Cu + H^+ \tag{8.1}$$

$$R-OH + Cu^{2+} \longrightarrow (R-O)_2Cu + H^+ \tag{8.2}$$

$$R-NH_3^+ + Cu^{2+} \longrightarrow (R-NH_2)_2Cu + H^+ \tag{8.3}$$

8.4 MoS₂@蒙脱石纳米片/聚（丙烯酸-co-丙烯酰胺）水凝胶抑菌性能

8.4.1 MoS₂含量对抑菌性能的影响

通过琼脂扩散法研究了吸附 Cu(II)后的 MoS₂@MMTNS/P(AA-co-AM)水凝胶和块状 MoS₂ 对革兰氏阴性菌（*E.coli*，大肠杆菌）和革兰氏阳性菌（*S. aureus*，金黄色葡萄球菌）的抗菌活性。由图 8.10 可知，与空白组相比，吸附 Cu(II)后的 5 个 MoS₂@MMTNS/P(AA-co-AM)水凝胶均对细菌生长有一定的抑制作用。抗菌活性趋势为 Hydrogel-V > Hydrogel-IV > Hydrogel-III > Hydrogel-II > Hydrogel-I，但根据上述吸附测试可知，5 种水凝胶中吸附 Cu(II)的量几乎相同，故造成性能差异的原因在于水凝胶中 MoS₂ 的含量，表明 MoS₂ 在抑制细菌生长过程中起着重要的作用，并且光照条件下 MoS₂@MMTNS/P(AA-co-AM)水凝胶（图 8.11）的抗菌性能更好。实验结果表明水凝胶对革兰氏阴性菌（*E.coli*）和革兰氏阳性菌（*S.aureus*）均有较好的抑制效果，表明对与水污染相关的最常见致病性菌株具有普遍抑制性（Wang et al., 2018）。然而吸附 Cu(II)后的块状 MoS₂ 不论是在有光照或无光照条件下对细菌的生长抑制相比于水凝胶并没有提高。造成这种结果的原因主要是块状 MoS₂ 对 Cu(II)的吸附能力较小（图 8.7）且具有较大的粒径。Cu(II)可以直接杀死细菌，而块状 MoS₂ 中 Cu(II)含量较低，导致无光照条件下菌落数量略有增加。在光照条件下，MoS₂ 可以产生活性氧（reactive oxygen species，ROS），但由于其较大的粒径，光很难进入其内部，ROS 产生的效率降低。因此，使用块状 MoS₂ 与制备成水凝胶相比，其抗菌性能几乎没有提高。

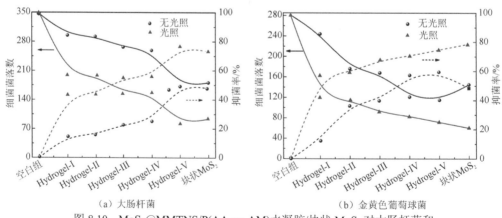

（a）大肠杆菌　　　　　　　　　（b）金黄色葡萄球菌

图 8.10　MoS₂@MMTNS/P(AA-co-AM)水凝胶/块状 MoS₂ 对大肠杆菌和

金黄色葡萄球菌的生长抑制率及菌落数统计

水凝胶及块状 MoS₂ 用量为 0.2 mg/mL

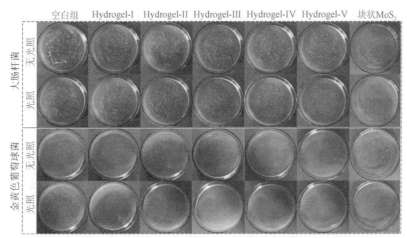

图 8.11　大肠杆菌和金黄色葡萄球菌经 MoS₂@MMTNS/P(AA-co-AM)
水凝胶/块状 MoS₂ 抑制处理后在琼脂平板上的生长情况

8.4.2　水凝胶用量对抑菌性能的影响

用量和效率是评价抑菌剂的重要参数,因此挑选抑菌效果较好的 Hydrogel-V 来进行水凝胶用量对大肠杆菌和金黄色葡萄球菌的生长抑制研究。菌落数目和抑菌率如图 8.12 所示,大肠杆菌和金黄色葡萄球菌经 Hydrogel-V 处理后在琼脂平板上的生长照片如图 8.13 所示。可以发现,即使 Hydrogel-V 用量很小,对细菌的生长也会抑制,而且随着水凝胶用量增加,抑菌效果显著增强。无光照条件下,0.5 mg/mL 的 Hydrogel-V 对大肠杆菌的抑菌率达到 45%,在 0.8 mg/mL 时抑菌率达到 90%。相同剂量时,有光照条件下的抑菌率能分别达到 88%和 99%,表明 Hydrogel-V 中 MoS₂ 在光照条件下产生的 ROS 抑制了细菌生长。金黄色葡萄球菌对 Hydrogel-V 更为敏感,低剂量(0.8 mg/mL)下即可达到 100%抑菌效果(光照条件)。以上结果表明,吸附 Cu(II)后的 MoS₂@MMTNS/P(AA-co-AM) 水凝胶是一种性能优异的抑菌材料。

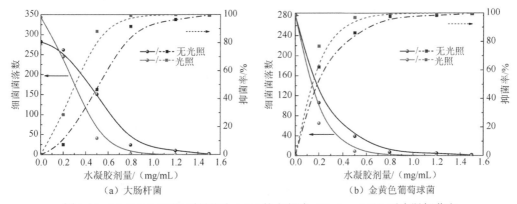

图 8.12　MoS₂/MMTNS 质量比为 1∶3 的水凝胶(Hydrogel-V)对大肠杆菌和
金黄色葡萄球菌的生长抑制率及菌落数统计

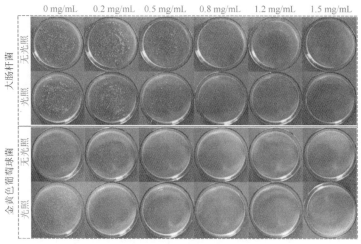

图 8.13　大肠杆菌和金黄色葡萄球菌经 MoS₂@MMTNS/P(AA-co-AM)
水凝胶抑制处理后在琼脂平板上的生长情况

8.4.3　抑菌机理

Cu(II)通过破坏细胞膜和阻断生化途径起到抑制细菌生长甚至致死的作用，被广泛应用于抑菌领域（Zhang et al.，2018）。而现阶段水环境多呈现重金属与病原性微生物交叉污染，且这些病原性微生物长时间处于重金属环境产生了抗性。因此，通过MoS₂@MMTNS/P(AA-co-AM)水凝胶对 Cu(II)的吸附作用使其在凝胶表面富集，这些富集在凝胶表面的 Cu(II)较环境中 Cu(II)浓度要高得多，而高浓度的 Cu(II)对这些已对低浓度 Cu(II)产生抗性的病原性微生物有一定的生长抑制甚至致死作用。另外由于 MoS₂的半导体性质，在光照条件下会产生高氧化性的 ROS，ROS 进入细菌体内后会对其 DNA 产生极大的破坏，对病原性微生物有很好的生长抑制作用（图 8.14）。

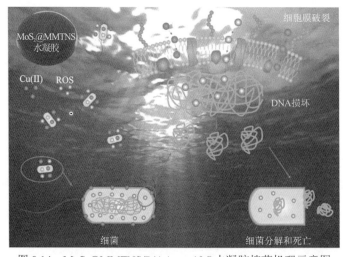

图 8.14　MoS₂@MMTNS/P(AA-co-AM)水凝胶抑菌机理示意图

参 考 文 献

KANG S, ZHAO Y, WANG W, et al., 2018. Removal of methylene blue from water with montmorillonite nanosheets/chitosan hydrogels as adsorbent[J]. Applied Surface Science, 448: 203-211.

MASSEY A T, GUSAIN R, KUMARI S, et al., 2016. Hierarchical microspheres of MoS$_2$ nanosheets: Efficient and regenerative adsorbent for removal of water-soluble dyes[J]. Industrial and Engineering Chemistry Research, 55(26): 7124-7131.

WANG W, BAI H, ZHAO Y, et al., 2019. Synthesis of chitosan cross-linked 3D network-structured hydrogel for methylene blue removal[J]. International Journal of Biological Macromolecules, 141: 98-107.

WANG Y, DANG Q, LIU C, et al., 2018. Selective Adsorption toward Hg(II) and Inhibitory Effect on Bacterial Growth Occurring on Thiosemicarbazide-Functionalized Chitosan Microsphere Surface[J]. American Chemical Society Applied Materials & Interfaces, 10(46): 40302-40316.

YIN Z, LIU Y, LIU S B, et al., 2018. Activated magnetic biochar by one-step synthesis: Enhanced adsorption and coadsorption for 17β-estradiol and copper[J]. Science of the Total Environment, 639: 1530-1542.

ZHANG T, WEN T, ZHAO Y, et al., 2018. Antibacterial activity of the sediment of copper removal from wastewater by using mechanically activated calcium carbonate[J]. Journal of Cleaner Production, 203: 1019-1027.

附　图

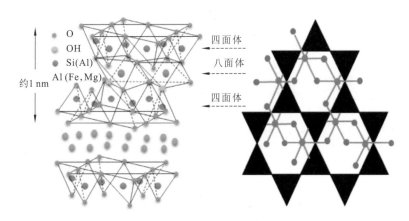

（a）单元侧视图　　　　　　　　　　（b）单元俯视图

图 1.1　蒙脱石结构示意图

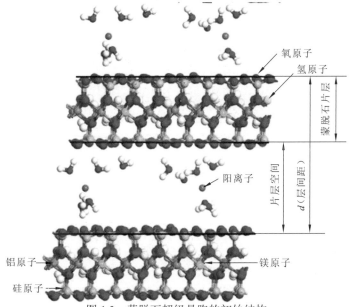

图 1.3　蒙脱石超级晶胞的初始结构

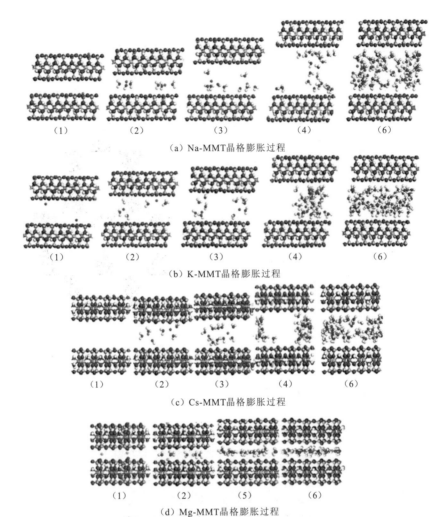

（a）Na-MMT晶格膨胀过程

（b）K-MMT晶格膨胀过程

（c）Cs-MMT晶格膨胀过程

（d）Mg-MMT晶格膨胀过程

图 1.5　不同层间阳离子的蒙脱石晶格膨胀过程

（1）—无水分子；（2）—3 个水分子；（3）—5 个水分子；（4）—20 个水分子；（5）—9 个水分子；（6）—饱和水分子

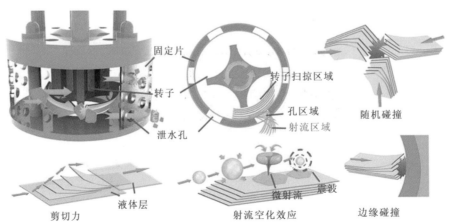

图 2.5　高剪切分散液仪的 3D 截面图，以及通过剪切力、射流空化和边缘碰撞作用剥
离制备二维纳米片的机理示意图

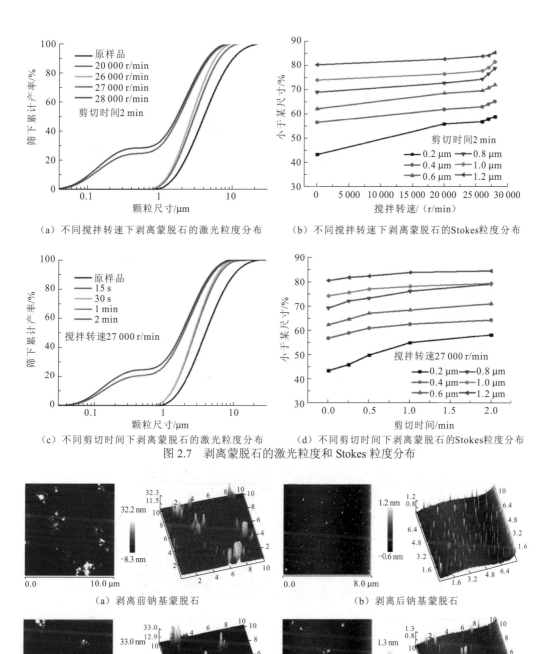

（a）不同搅拌转速下剥离蒙脱石的激光粒度分布　　（b）不同搅拌转速下剥离蒙脱石的Stokes粒度分布

（c）不同剪切时间下剥离蒙脱石的激光粒度分布　　（d）不同剪切时间下剥离蒙脱石的Stokes粒度分布

图 2.7　剥离蒙脱石的激光粒度和 Stokes 粒度分布

（a）剥离前钠基蒙脱石　　　　　　　　　　（b）剥离后钠基蒙脱石

（c）剥离前钙基蒙脱石　　　　　　　　　　（d）剥离后钙基蒙脱石

图 2.17　剥离前、后钠基蒙脱石和钙基蒙脱的的二维、三维 AFM 形貌图

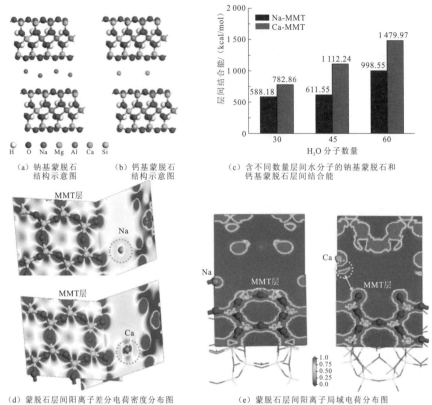

（a）钠基蒙脱石
结构示意图

（b）钙基蒙脱石
结构示意图

H　O　Na　Mg　Al　Ca　Si

（c）含不同数量层间水分子的钠基蒙脱石和
钙基蒙脱石层间结合能

（d）蒙脱石层间阳离子差分电荷密度分布图

（e）蒙脱石层间阳离子局域电荷分布图

图 2.21　不同层间阳离子蒙脱石层间结合能的分子模拟计算

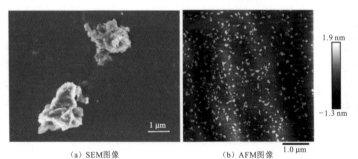

（a）SEM图像

（b）AFM图像

图 2.22　蒙脱石在异丙醇溶液中分散的 SEM 及水溶液中分散的 AFM 图像

测试条件：2 000 rev/min 搅拌 3 min

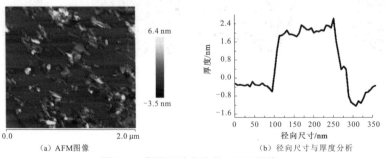

（a）AFM图像

（b）径向尺寸与厚度分析

图 3.3　蒙脱石纳米片的 AFM 图像

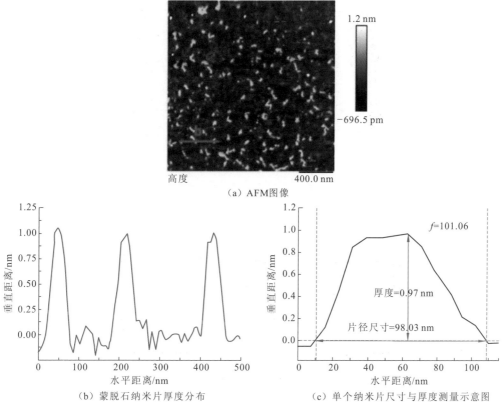

（a）AFM图像

（b）蒙脱石纳米片厚度分布

（c）单个纳米片尺寸与厚度测量示意图

图 3.14 蒙脱石纳米片的 AFM 图、厚度分布及单个纳米片尺寸与厚度测量示意图

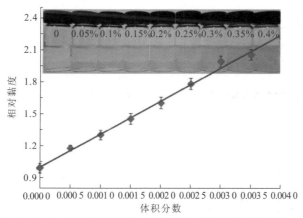

图 3.15 MMT 纳米片分散的相对黏度与体积分数的关系曲线图

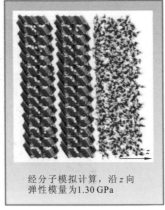

经分子模拟计算，沿 z 向
弹性模量为 2.32 GPa

经分子模拟计算，沿 z 向
弹性模量为 1.30 GPa

（a）蒙脱石纳米片　　　　　　（b）含水化膜的蒙脱石纳米片

图 3.16　分子模拟计算 MMT 纳米片和含水化膜的 MMT 纳米片沿 z 向的杨氏模量

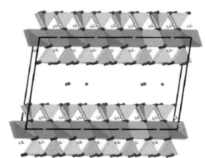

（a）单晶胞模型　　　　　　　　（b）超晶胞模型

图 3.17　蒙脱石的单晶胞模型和超晶胞模型

氧位于硅四面体和氧化铝八面体的顶点，硅和铝分别位于硅氧四面体和铝氧八面体的中心，

羟基与铝氧八面体相连，钠在层间

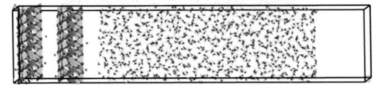

图 3.18　蒙脱石（001）面与水界面系统模型

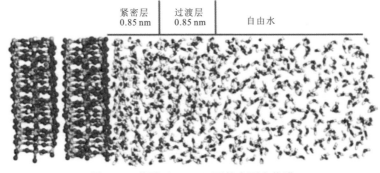

图 3.20　蒙脱石（001）面的表面水化膜

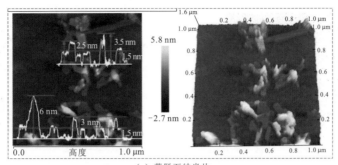

（a）蒙脱石纳米片

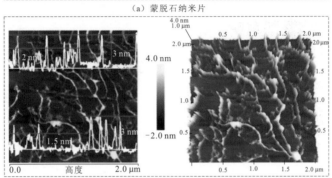

（b）壳聚糖

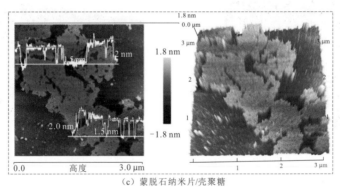

（c）蒙脱石纳米片/壳聚糖

图 4.7　蒙脱石纳米片、壳聚糖和蒙脱石纳米片/壳聚糖的二维及三维 AFM 图像

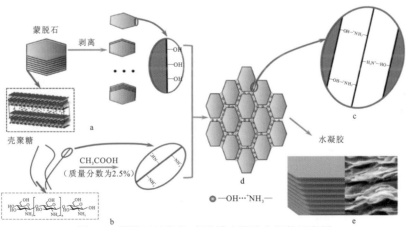

图 4.8　蒙脱石纳米片/壳聚糖水凝胶自组装示意图

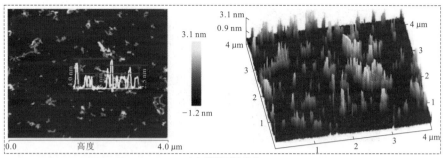

（a）蒙脱石纳米片

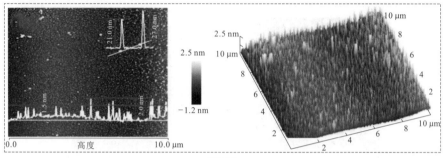

（b）TiO₂

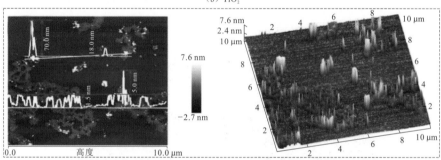

（c）TiO₂@蒙脱石纳米片

图 4.9　蒙脱石纳米片、TiO₂ 和 TiO₂@蒙脱石纳米片的二维及三维 AFM 图像

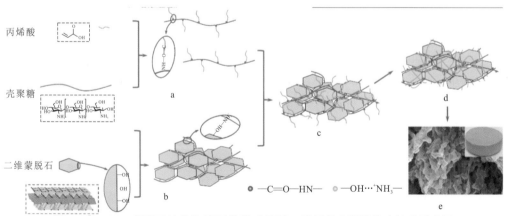

图 4.10　TiO₂@蒙脱石纳米片/聚丙烯酸/壳聚糖三维网状水凝胶构建机理示意图

（a）丙烯酸小分子单体通过酰胺化作用接枝到壳聚糖链上；（b）蒙脱石纳米片通过氢键相互作用与壳聚糖自组装结合；（c）TiO₂@蒙脱石纳米片、壳聚糖与丙烯酸通过酰胺化及自组装作用相结合；（d）丙烯酸小分子单体聚合；（e）结构稳定、强度高的三维网状水凝胶

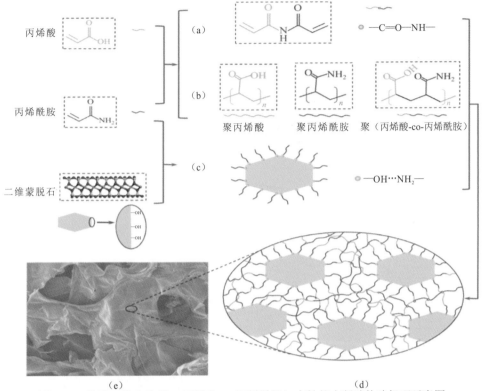

图 4.17　蒙脱石纳米片/聚（丙烯酸-co-丙烯酰胺）高性能水凝胶构建机理示意图

（a）单体的丙烯酸与丙烯酰胺发生酰胺化脱水缩合作用；（b）单体的丙烯酸与丙烯酰胺聚合形成聚丙烯酸、聚丙烯酰胺和聚（丙烯酸-co-丙烯酰胺）；（c）丙烯酰胺单体通过氢键作用连接在蒙脱石纳米片边缘；（d）酰胺化、聚合和氢键的相互作用下丙烯酸单体、丙烯酰胺单体和蒙脱石纳米片沿二维方向生长形成巨大的薄片；（e）三维结构的高性能水凝胶

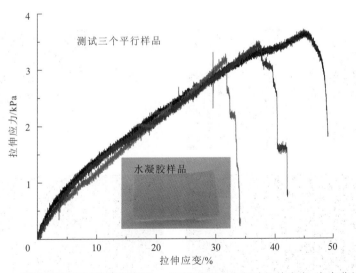

图 4.18　蒙脱石纳米片/聚（丙烯酸-co-丙烯酰胺）水凝胶拉伸应变-应力曲线图

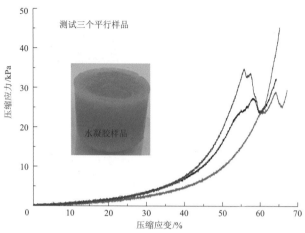

图 4.19　蒙脱石纳米片/聚（丙烯酸-co-丙烯酰胺）水凝胶压缩应变-应力曲线图

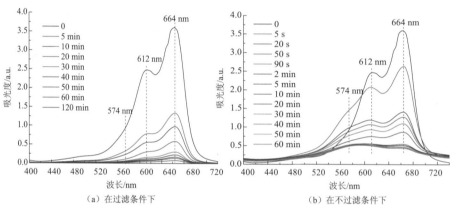

（a）在过滤条件下　　　　　　　　　　　　（b）在不过滤条件下

图 4.31　蒙脱石纳米片/聚（丙烯酸-co-丙烯酰胺）水凝胶吸附亚甲基蓝时溶液在过滤和
不过滤条件下的紫外-可见吸收光谱

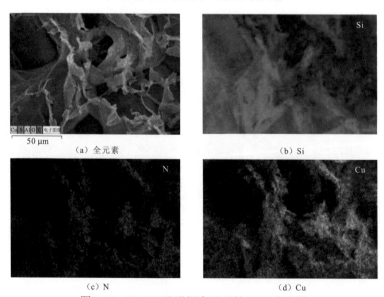

（a）全元素　　　　　　　　　　　　（b）Si

（c）N　　　　　　　　　　　　（d）Cu

图 4.40　IIMNC 吸附铜离子后的 EDS 分布图

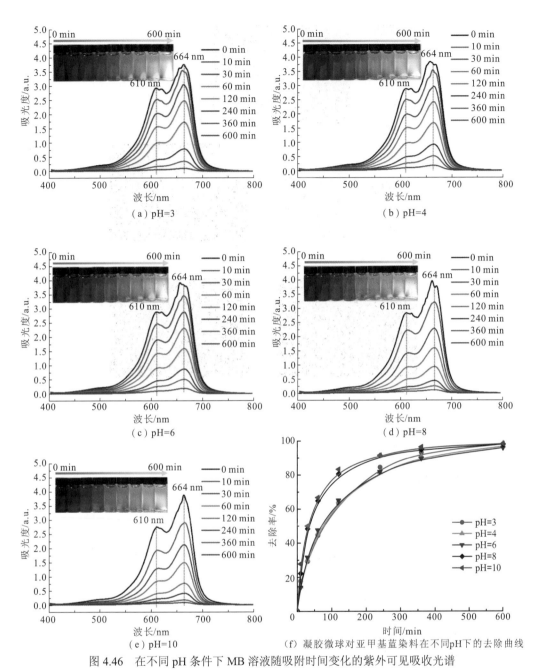

图 4.46　在不同 pH 条件下 MB 溶液随吸附时间变化的紫外可见吸收光谱

凝胶微球中 MMTNS 含量（29.70%）、MB 初始浓度（25 mg/L×500 mL）、凝胶微球用量（1.0 g）及溶液温度（30 ℃）

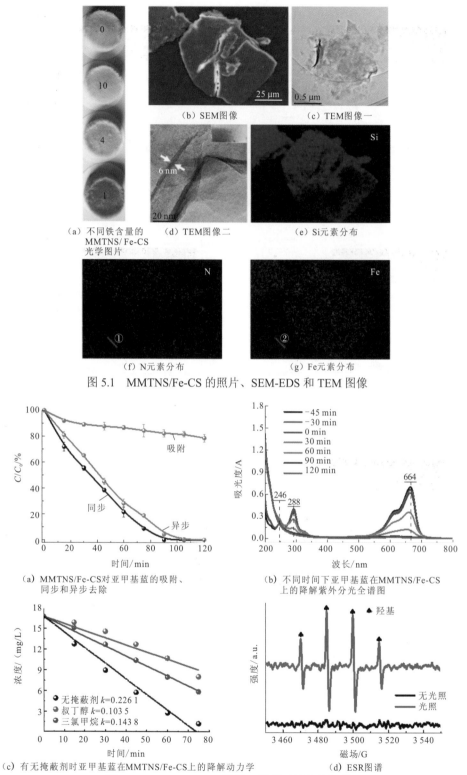

（a）不同铁含量的 　　（d）TEM图像二 　　（e）Si元素分布
　　MMTNS/Fe-CS
　　光学图片

（b）SEM图像 　　（c）TEM图像一

（f）N元素分布 　　　　（g）Fe元素分布

图 5.1　MMTNS/Fe-CS 的照片、SEM-EDS 和 TEM 图像

（a）MMTNS/Fe-CS对亚甲基蓝的吸附、
　　同步和异步去除

（b）不同时间下亚甲基蓝在MMTNS/Fe-CS
　　上的降解紫外分光全谱图

无掩蔽剂 $k=0.226\ 1$
叔丁醇 $k=0.103\ 5$
三氯甲烷 $k=0.143\ 8$

（c）有无掩蔽剂时亚甲基蓝在MMTNS/Fe-CS上的降解动力学

（d）ESR图谱

图 5.4　MMTNS/Fe-CS 吸附、降解亚甲基蓝机理

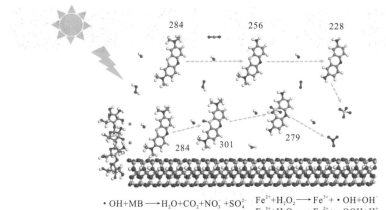

$\cdot OH+MB \longrightarrow H_2O+CO_2+NO_3^- +SO_4^{2-}$ $Fe^{2+}+H_2O_2 \longrightarrow Fe^{3+}+ \cdot OH+OH^-$
$Fe^{3+}+H_2O_2 \longrightarrow Fe^{2+}+ \cdot OOH+H^+$

图 5.5 亚甲基蓝在 MMTNS/Fe-CS 的降解示意图

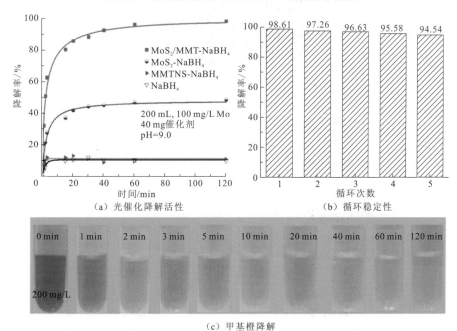

（a）光催化降解活性

（b）循环稳定性

（c）甲基橙降解

图 5.9 MMTHC/MoS$_2$ 复合材料的光催化降解活性、循环稳定性试验结果及甲基橙降解照片

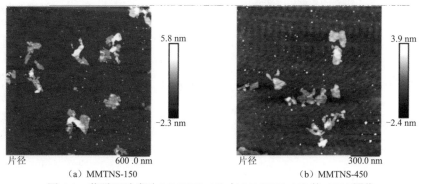

（a）MMTNS-150

（b）MMTNS-450

图 6.1 蒙脱石纳米片 MMTNS-150 与 MMTNS-450 的 AFM 图像

（a）MMTNS-150/H₂O

（b）MMTNS-450/H₂O

图 6.4　MMTNS-150/H₂O 与 MMTNS-450/H₂O 纳米流体静置沉降效果

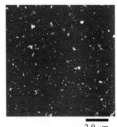

图 6.13　300 W 超声功率下制备的蒙脱石纳米片（MMTNS-300）的 AFM 图

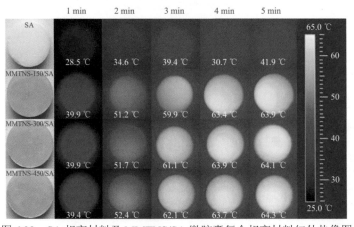

图 6.22　SA 相变材料及 MMTNS/SA 微胶囊复合相变材料红外热像图

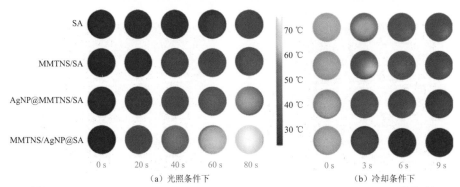
（a）光照条件下　　　　　　　（b）冷却条件下

图 6.30　SA、MMTNS/SA、AgNP@MMTNS/SA 及 MMTNS/AgNP@SA 微胶囊
复合相变材料的光热转换性能

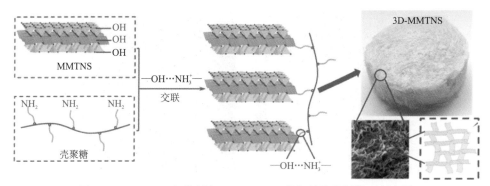

图 6.35 MMTNS 组装制备 3D-MMTNS 骨架结构作用机理示意图

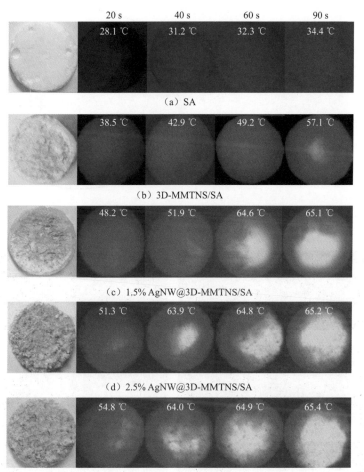

图 6.44 SA 相变材料与 AgNW@3D-MMTNS/SA 定形复合相变材料红外热像图

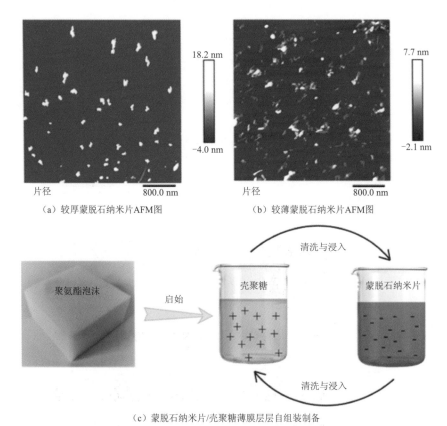

（a）较厚蒙脱石纳米片AFM图　　　　　　　　（b）较薄蒙脱石纳米片AFM图

（c）蒙脱石纳米片/壳聚糖薄膜层层自组装制备

图 7.1　较厚和较薄的蒙脱石纳米片的 AFM 结果及蒙脱石纳米片/壳聚糖薄膜层层自组装制备示意图

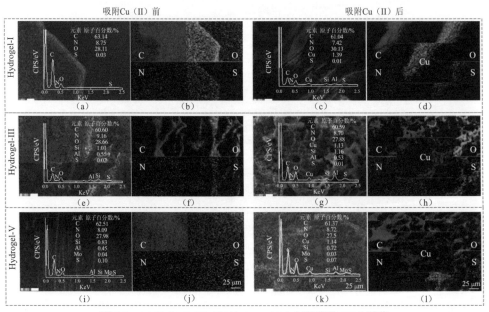

图 8.8　MoS₂@MMTNS/P(AA-co-AM)水凝胶的 EDS 图像

Cu(II)吸附前（a）、（e）、（i）和吸附后（c）、（g）、（k）MoS₂@MMTNS/P(AA-co-AM)水凝胶的 EDS 能谱图像；

Cu(II)吸附前（b）、（f）、（j）和吸附后（d）、（h）、（l）MoS₂@MMTNS/P(AA-co-AM)水凝胶的元素分布图